本シリーズ、すなわち『　　　　　　　　　　　　　　　　　
の教科書』シリーズは、う　　　　　　　　　　　　　　　　
edition）から「細胞生物　　　　　　　　　　　　　　　分子」
の３つの分野を抽出して翻訳したものである。『LIFE』のなか
でも、この３つの分野は出色のできであり、その図版の素晴ら
しさは筆舌に尽くしがたい。図版を眺めるだけでも生物学の重
要事項をおおよそ理解することができるが、その説明もまこと
に要領を得たもので、なおかつ奥が深い。我々はこの３分野を
『LIFE』の精髄と考え、訳出したが、本書を読んでさらに生物
学に興味を持った方々は、大部ではあるが是非原著に「挑戦」
してほしい。

　『LIFE』は全57章からなる教科書で、学生としての過ごし方
や実験方法からエコロジーまで幅広く網羅している。世界的に
名高い執筆陣を誇り、アメリカの大学教養課程における生物学
の教科書として、最も信頼されていて人気が高いものである。
例えばマサチューセッツ工科大学（MIT）では、一般教養科
目の生物学入門の教科書に指定されており、授業はこの教科書
に沿って行われているという。このような教科書を作成し得る
こと（第一線の研究者の執筆能力とそれを出版することができ
る経済力）は、ある分野では日本は未だ「後進国」であること
を認識させる。

　MITでは生物学を専門としない学生もすべてこの教科書の
内容を学ばなければならない。生物学を専門としない学生が生
物学を学ぶ理由は何であろうか？　一つは一般教養を高めて人
間としての奥行きを拡げるということがあろう。また、その学
生が専門とする学問に生物学の考え方・知識を導入して発展さ

せるという可能性もある。さらには、文系の学生が生物学の考え方・知識を学んでおけば、その学生が将来官界・財界のトップに立ったときに、バイオテクノロジーの最先端の研究者とのあいだの意思疎通が容易になり、バイオテクノロジー分野の発展が大いに促進されることも期待できる。すなわち技術立国の重要な礎となる可能性がある。また、一般社会常識として、さまざまな研究や新薬を冷静に評価できるようになろう。例えば、癌治療法として生物学的には有害な可能性が高い療法が存在している。人間も生物である以上、人間社会を考えるには生物を知らなければならない。

　本シリーズを手に取る読者はおそらく次の三者であろう。第一は生物学を学び始めて学校の教科書だけでは満足できない高校生。彼らにとって本書は生物学のより詳細な俯瞰図を提供してくれるだろう。第二は大学で生物学・医学を専門として学び始めた学生。彼らにとっては、生物学・医学の大海に乗り出す際の良い羅針盤となるに違いない。第三は現在のバイオテクノロジーに関心を持つが、生物学を本格的に学んだことのない社会人。彼らにとっては、本書は世に氾濫するバイオテクノロジー関連の情報を整理・理解するための良い手引書になるだろう。

　本シリーズは以下の構成となっている。
■第1巻（細胞生物学）：細胞の基本構造、エネルギー代謝、植物の光合成
■第2巻（分子遺伝学）：染色体と遺伝子の構造と機能
■第3巻（分子生物学）：情報伝達、遺伝子工学、免疫、発生と分化
　まず第1巻で古典的とも言うべき細胞の構造と生化学的な反

応を説明し、第2巻では、今日の生物学を支えている分子遺伝学、そして第3巻ではそれらの応用を概説する。

　細胞とはなにか？　一言で言えば外界と遮断された袋である。そして、生命とは外界とは異なった環境をこの袋の中で維持する活動である。この袋を包み込んでいる膜を細胞膜と呼ぶ。ウイルスはそれだけでは単なる化合物であるが、細胞の中に侵入すると細胞を乗っ取って生命体として活動を開始する。細菌は単純な1個の袋であるが、ヒトなどより高等な生物では、それぞれが独特の個性を持つ袋が機能を分担しつつ組み合わさって、生命活動はさらに効率的なものとなる。

　生命活動とは、この細胞という袋を維持し、さらに増やすことである。維持するためにはエネルギーが必要である。エネルギーはグルコース（ブドウ糖）をゆっくりと酸化（燃焼）させて得る。この反応系がエネルギー代謝である。光合成では逆に太陽のエネルギーを利用してグルコースを水と二酸化炭素から作り出す。しかし、植物が自分に必要なエネルギーを得るためには、グルコースを燃やして二酸化炭素を発生しているのである。

　第1巻は、第1章から第5章までとなる。まず第1章では生命の機能単位としての細胞の構造と機能について説明する。まず細胞とは何かという解説から始めて、原核生物（古細菌と真正細菌）の特徴、次に真核細胞（動物、植物、真菌類、原生生物の細胞）の特徴とその内部に存在する多様な小器官について説明する。第2章では細胞膜などを構成する生体膜の構造と機能について説明する。第3章では、生命活動に関連する化学反応（生化学反応）におけるエネルギー変換の基礎をなす物理法則と、この物理法則がどのように生物学に当てはまるのかを解

説し、ATP（アデノシン三リン酸）が細胞で果たす「エネルギー通貨」としての役割を説明する。また、生命活動に関連する化学反応のほとんどすべてを触媒する酵素について説明する。第4章では、細胞が生命維持に必要なエネルギーを、どのようにして獲得し、どのように利用しているかを説明すると共に、生命にとって重要な4種類の物質である「糖質」「脂質」「タンパク質」「核酸」の代謝について解説する。第5章では、植物がどのようにして光エネルギーを生命維持に必要な化学エネルギーに変換するのか、またこの化学エネルギーを利用してどのようにグルコースを合成するのかを説明する。

　第1巻により細胞と生命の基本を理解したら、これらの生命活動の設計図である遺伝を第2巻で概観しよう。そして、第3巻では生物学の応用が明らかになる。

2010年2月　　　　　　　　　　監訳者　石崎泰樹、丸山敬

付記：本書翻訳過程における渡辺圭太氏ら講談社ブルーバックス出版部の学問的チェックを含めた多大の貢献に深く感謝する。また、出版不況という厳しい状況で学術書の刊行を英断した講談社経営陣にも感謝する。デフレ経済とともに、インターネットによりサービスに対する対価の基準が揺らぎ低下している。良質のサービスを最低以下の価格で提供することが求められている。しかし、コストは誰かが負担しなければならない。書籍は信頼に足る良質な情報源として、玉石混淆の情報が氾濫するインターネット社会だからこそ、ますます重きをなしており、それを得るためには相応の対価が必要であることを改めて強調しておく。

第2巻・第3巻の構成内容

【各章の翻訳担当者】
第1章〜第5章 ……… 石崎泰樹
第6章〜第8章 ……… 丸山　敬（翻訳協力／浅井　将）
第9章〜第11章 ……… 丸山　敬（翻訳協力／吉河　歩）
第12章〜第15章 ……… 丸山　敬
第16章〜第17章 ……… 石崎泰樹

第 1 章

細胞：生命の機能単位

生命の最古の証拠は？

　チャールズ・ダーウィン（Charles Darwin）はジレンマに直面していた。彼はその偉大な書『種の起源』の中で、異なった種類の生命体が徐々に出現しては消滅していくことを説明するために、自然淘汰説を提唱した。しかし、この説を打ち立てる基盤となった化石の記録が不完全であること、とくに生命の誕生に関する記録が不完全であることに気付いていた。ダーウィンの時代、すなわち19世紀の中頃には、最古の化石は5億5000万年前（カンブリア紀）の岩の中で見つかった比較的複雑な生命体であった。それ以前に、より単純な生命体が存在したのではないだろうか？　もしそうだとしたらそれらの化石はどこにあるのだろうか？　これらの化石が見つかれば生命の起源への手がかりとなるであろうに。

　40億年前までには、すなわち地球が形成され始めてから6億

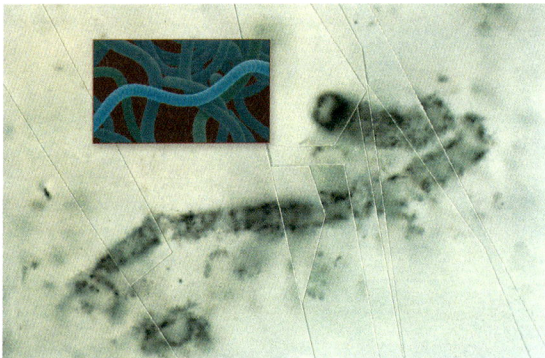

図1-1　生命の最古の証拠？
ウェスタンオーストラリアで発見されたこの化石は35億年前のものである。その形態は現代の線維状シアノバクテリア（挿入写真）に類似している。

年後には、地球上の環境は生命の出現に適したものになっていたと考えられる。しかし20世紀初頭では最古の知られた化石は10億年前に遡る藻類（単純な水生の光合成生物）の塊であり、生命の起源にはまだまだ遠い存在だった。もっと古い化石を見つけることは可能であろうか？　古代の岩石のほとんどは火成岩、すなわち火山の噴火などの高温の過程で形成されたものであり、地質学的作用を受けて長年のあいだに大きく変化している。したがって、細胞の化石がこれらの極端な条件下で残っているとは考えにくい。

　1990年代に入ってようやく、もっと古い生命の証拠が見つかった。科学者たちが、地球の表面上の数ヵ所で比較的元の状態が保たれた35億年前の岩石を見つけたのである。地質学者のJ・ウィリアム・ショプフ（J. William Schopf）は、オーストラリアで見つかった岩石の中に、鎖状あるいは塊状の、現代のシアノバクテリア（藍色細菌）に非常によく似たものを発見した（**図1-1**）。ショプフはこれらが単なる化学反応の結果ではなく、かつては生命を持っていたことを証明しなければならなかった。彼とその同僚は光合成の化学的証拠を探した。

　光合成で二酸化炭素を利用することが生命の大きな特徴であり、生成する糖質に炭素の同位元素である^{13}Cと^{12}Cを一定の割合で取り込むので、これが生命現象固有の化学的特徴となる。ショプフはオーストラリアの岩石にこの化学的特徴が残っていることを示した。さらにこの試料を顕微鏡で観察すると、単なる化学反応の結果ではあり得ない生命体に特徴的な構造が明らかになった。これらのことからオーストラリアで見つかったものは古代の生命体の痕跡であることが示唆された。

　ショプフが発見した化石は、地球上の最古の生命の存在を証明したことに加えて、生命体では適切な高分子が集合するだけ

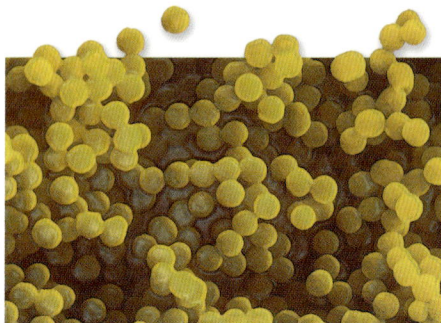

図1-2　実験室で作られた原始的 "細胞"
地球の生命誕生以前の条件を再現した実験で生成したアミノ酸集合体と脂質を混合すると、プロテイノイドと呼ばれる細胞に似た構造が形成される。プロテイノイドは脂質二重層によって囲まれており、いくつかの化学反応を行うことができる。

でなく、それらが区画化（仕切り分け）されていなければならないことを示唆している。生命を支える高分子は、相互にまた外部環境と隔てられた構造の中に囲い込まれているために、独特の機能を発揮するのである。この区画化は細胞という形をとり、さらには真核細胞の特徴である細胞小器官という形をとる。このような区画化はどのように生じたのであろうか？

　科学者たちは実験室で生命の起源をモデル化しようと試みてきた。そのようなモデル化実験で、分子の集合体は細胞と同様の丸い構造を形成する（**図1-2**）。これらの構造はいくつかの生化学反応を行うことができるし、それを取り囲む環境と物質を交換することができる。原始化学（生命の起源を化学的に探ろうとする学問）の実験結果と「RNAワールド（世界）」仮説とを考え合わせると、これらの実験結果から、このような集合体と類似のものが最初の細胞であったことが示唆される。

この章では 細胞という「生きたコンパートメント（区画物、分画）」の構造と機能を検証する。まず「細胞説」（細胞生物学の基盤）から始めて、原核生物という単細胞生物の単純な細胞を検証する。それからより複雑な真核細胞とその内部に存在する多様な小器官（細胞のために各々が特有な機能を果たす）を検証する。

1.1 細胞はどのような性質を持つために生命の基本単位となっているのだろうか？

　原子が化学の構成要素であるように、細胞は生命の構成要素である。**細胞説**は生物学の第一の統一的原則である。細胞説の非常に重要な教義は次の3つである。
- 細胞は生命の基本単位である。
- すべての生命体は細胞から構成される。
- すべての細胞はすでに存在している細胞から生じる。

　細胞は水および他の小分子、大分子から構成される。それぞれの細胞は少なくとも1万種類の異なる分子を含んでおり、それらのほとんどが多数個ずつ存在する。細胞はこれらの分子を利用して物質とエネルギーを変換し、環境に反応し、自己を再

17

生産する。

　細胞説から次の3つの重要な推論が導かれる。

■細胞生物学を研究することは、ある意味において生命を研究するのと同じことである。細菌の単一細胞の機能の基盤となっている原則は、あなたの体を構成するおよそ60兆個の細胞を支配する原則と同様のものである。

■生命は連続的なものである。あなたの体の中の細胞はすべて受精卵という単一細胞に由来する。そしてその受精卵はあなたの両親からの精子と卵子という2つの細胞の融合で形成される。精子も卵子もまた受精卵に由来し、その受精卵はあなたの祖父母の精子と卵子に由来し、というように連続している。

■地球上の生命の起源はすなわち最初の細胞の起源である。

細胞の大きさはその容積に対する表面積の比によって決まる

　ほとんどの細胞は非常に小さい。細胞の容積は$1 \sim 1000\,\mu\text{m}^3$である（図1-3）。例外もいくつかある。鳥の卵は、相対的に言えば、巨大であり、藻類や細菌の中には肉眼で見えるほどに大きいものもある。そしてニューロン（神経細胞）は、容積に関しては"正常"範囲に入るけれども、数メートルにも及ぶ繊細な突起を有することがあり、大きな動物の一部分から他の部分へ信号を伝搬している。

> ほとんどの細胞は非常に小さい。人の皮膚の細胞をおよそ2000個一列に並べても20cmの横幅ぐらいに収まってしまう。

　細胞が小さいことは、ある物体が大きくなるときにその**容積に対する表面積の比**が変化することにより生じる現実的な必要性によるのである。ある物体の容積が増加するとき、その表面

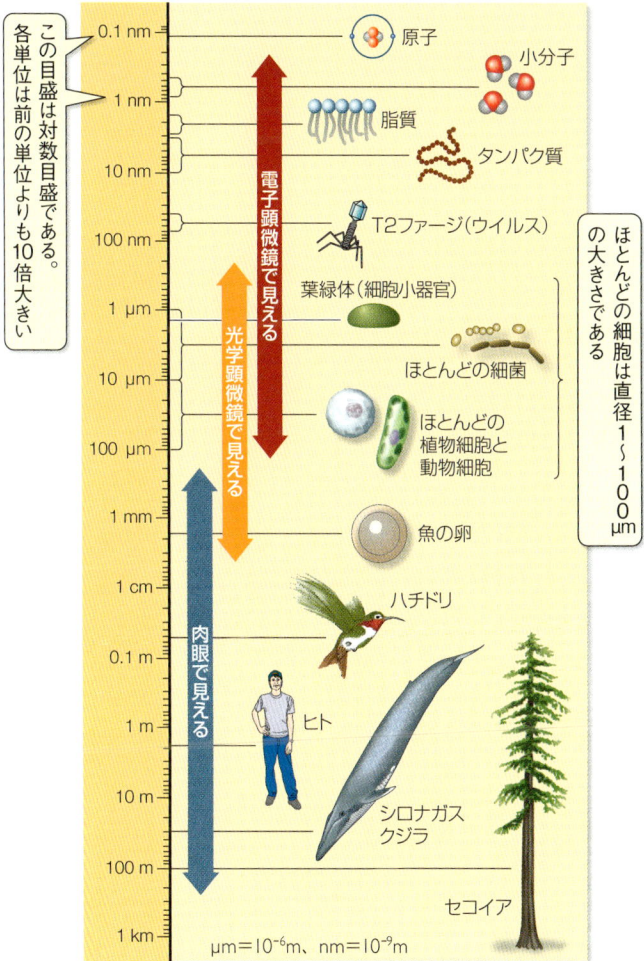

図1-3 生物の大きさ
この対数目盛は分子、細胞、多細胞生物の相対的な大きさを示している。

19

(A) 立方体

	1mm 立方体	2mm 立方体	4mm 立方体
表面積	6面 × 1² = 6mm²	6面 × 2² = 24mm²	6面 × 4² = 96mm²
容積	1³ = 1mm³	2³ = 8mm³	4³ = 64mm³
容積に対する 表面積の比	6:1	3:1	1.5:1

(B) 球体

直径	1 µm	2 µm	3 µm
表面積 $4\pi r^2$	3.14 µm²	12.56 µm²	28.26 µm²
容積 $4/3\pi r^3$	0.52 µm³	4.19 µm³	14.13 µm³
容積に対する 表面積の比	6:1	3:1	2:1

図1-4 どうして細胞は小さいのか?
立方体(A)であれ球体(B)であれ、ある物体が大きくなるにつれ、その容積に対する表面積の比はずっと小さくなる。細胞は機能を果たすためには、容積に対する表面積の比を大きく維持しなければならない。このことから、大きな生物が少数の巨大な細胞から構成されるのではなく、多数の小さな細胞から構成されている理由が説明できる。

積も増加するが、同程度に増加するわけではない（**図1-4**）。この現象は2つの理由で生物学的に非常に重要である。

- 細胞の容積は単位時間あたりに細胞が行う化学反応の量を決定する。
- 細胞の表面積は細胞が外部環境から取り込む物質の量と外部環境へ排出する老廃物の量を決定する。

　生きている細胞が大きくなるにつれて、それが行う化学反応も増大し、老廃物産生速度および原材料に対する需要も増大し、これは表面積の増大よりもずっと大きくなる。それに加えて、細胞はしばしば細胞内で物質をある場所から別の場所へと分配しなければならない。細胞が小さければ小さいほど、これはより容易に達成される。これが大きな生命体が多数の小さな細胞から構成される理由である。細胞はその容積に対する表面積の比が十分に大きく維持され、理想的な内部容積が保たれるためには、小さくなければならないのである。多細胞生物の無数の小さな細胞全体の大きな表面積によって、生存にとって必要な多くの異なる機能を果たすことが可能になる。

細胞を見るためには顕微鏡が必要である

　ヒトが肉眼で識別できる最小の物体はおよそ0.2mm（200μm）の大きさである。我々はこの寸法を**分解能**と呼ぶ。分解能とは我々の眼が2つの物体を別々であると認識できるために必要な距離のことである。もしも2つの物体がこの距離よりも近づいたなら、それらは単一のぼやけた像になってしまう。ほとんどの細胞は200μmよりもはるかに小さい。このためにヒトの眼には見えないのである。顕微鏡により分解能は向上し、細胞およびその内部構造が見えるようになる（**図1-5**）。

140 μm

Ⓐ **明視野顕微鏡**では、光はこれらのヒト細胞を直接透過する。自然の（内在性の）色素が存在しない限り、コントラストが弱くて構造の詳細は判別できない。

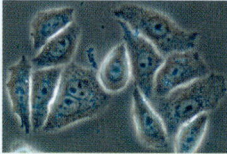

30 μm

Ⓑ **位相差顕微鏡**では、像のコントラストは屈折率（光を曲げる能力）の違いを強調することにより増大する。その結果、細胞内の明るい領域と暗い領域の差が目立つようになる。

30 μm

Ⓒ **微分干渉顕微鏡**は2種類の偏光を利用する。これらの像を重ね合わせるとまるで細胞に影が付いたように見える。

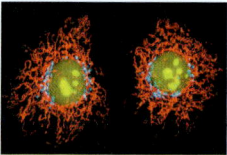

20 μm

Ⓓ **蛍光顕微鏡**では、細胞の特定の物質に結合する蛍光色素ないしは細胞内の内在性の物質を光線で励起し、それらから直接放射される長波長の蛍光を観察する。

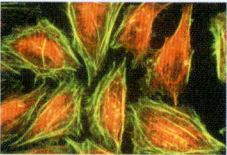

20 μm

Ⓔ **共焦点顕微鏡**も蛍光物質を用いるが、細胞内の単一平面が見えるように励起光と蛍光の両者を集束させるシステムを備えている。その結果、普通の蛍光顕微鏡よりはシャープな二次元イメージが得られる。

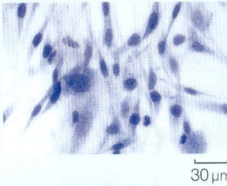

❺ 明視野顕微鏡(染色法) では、細胞を色素で染色することにより、コントラストが増大し、それまで見えなかった細部が見えるようになる。色素は化学的に多種多様であり、細胞の物質に結合する能力も多様であり、多くの選択肢が利用可能である。

30 µm

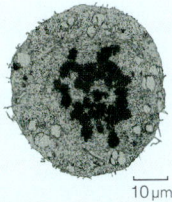

❻ 透過型電子顕微鏡(TEM) では、電子線は電磁石により対象に集束される。もし対象が電子を吸収すれば暗く見える。もし電子が対象を透過すれば電子は蛍光スクリーン上で検出される。

10 µm

❼ 走査型電子顕微鏡(SEM) は電子を試料の表面に当て、そこで他の電子を放出させる。これらの電子がスクリーン上で検出される。対象の表面の三次元像が可視化される。

20 µm

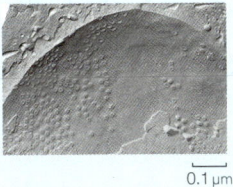

❽ 電子顕微鏡〈凍結割断〈フリーズフラクチャー〉法) では、細胞を凍結し、ナイフを用いて割断する。割断面はしばしば細胞膜や細胞内膜の内部を通る。そこに現れる"でこぼこ"は膜の内面に埋め込まれた大きなタンパク質である。

0.1 µm

図1-5　細胞を見てみよう

❹～❺の写真は光学顕微鏡で用いられるテクニックを示している。❻～❽の写真は電子顕微鏡を用いて撮影された。これらの写真はすべて HeLa (ヒーラ) 細胞と呼ばれるある培養細胞の写真である。この細胞にまつわる物語とこの細胞が研究で広く使われていることについては、第6章 (第2巻) の初めで述べる。

顕微鏡には基本的に次の2つのタイプがある。

■ 光学顕微鏡はガラスのレンズおよび可視光を利用して対象の拡大像を形成する。その分解能はおよそ0.2μmで、ヒトの眼の分解能の1000倍である。光学顕微鏡によって、細胞の大きさ、形、いくつかの内部構造を可視化することができる。内部構造は可視光では見ることが困難なので化学的処理を行い、その構成成分をさまざまな色素で染色し目立たせるようにして観察する。

■ 電子顕微鏡は、光学顕微鏡がガラスのレンズを用いて光線を集束させるように、電磁石を用いて電子線を集束させる。我々は電子を見ることはできないので、電子顕微鏡は電子を蛍光スクリーン、もしくは写真フィルムに当てて可視像を作り出す。電子顕微鏡の分解能はおよそ0.2nmで、ヒトの眼の分解能のおよそ100万倍である。この分解能により、多くの細胞内構造の詳細を観察できるようになる。

　光学顕微鏡および電子顕微鏡で細胞をより良く観察するために多くの技術が開発されている。

細胞は細胞膜（形質膜）によって覆われている

　細胞は膜によって覆われ、外部環境から分離されており、隔離された（しかし孤立はしていない）区画が形成される。この**細胞膜**はリン脂質の二重層から構成されている。リン脂質の親水性の“頭部”（リン脂質のリンを含む極性部分。詳しくはP.87参照）は、細胞膜の一方では細胞の水性内容物に面しており、もう一方では細胞外環境に面している。タンパク質や他の分子がこの脂質に埋め込まれている。第2章で、細胞膜の構造と機能を詳細に検討するが、ここではその役割を簡単にまと

めておく。

■ 細胞膜によって細胞は内部環境を一定に保つことができる。
　自己維持的な一定の内部環境（ホメオスタシスとして知られ
　る状態）が生命に特徴的な重要なポイントである。

■ 細胞膜は選択的な透過バリア（障壁）として機能し、ある種
　の物質が細胞内に入り込むことを阻止する一方で、他の物質
　は自由に細胞内外を移動させる。

■ 細胞の外部環境との境界として、細胞膜は隣り合う細胞と情
　報を交換したり、環境からシグナルを受け取ったりする際に
　重要な役割を果たす。この機能については第12章（第3巻）
　で記述する。

■ 細胞膜には、しばしばタンパク質性の突起があり、それが隣
　り合う細胞との結合・接着に関与している。

細胞には原核細胞と真核細胞がある

　生物学者はすべての生物を3つに分類する。すなわち古細
菌、真正細菌、真核生物である。古細菌、真正細菌はまとめて
原核生物と呼ばれる。両者とも共通な原核細胞としての構造を
持っているからである。原核細胞は原則的には膜で囲まれた細
胞内コンパートメントを持っていない。最古の細胞はおそらく
現代の原核細胞に類似のものだったのだろう。

　これに対して、真核細胞の構造は**真核生物**に固有のものであ
る。真核生物には原生生物、植物、菌類（真菌類）、動物が含
まれる。真核細胞の遺伝物質（DNA）は**核**と呼ばれる特殊な膜
で囲まれたコンパートメントの中に含まれる。真核細胞はこの
他にも膜で囲まれたコンパートメントを持っており、それぞれ
の内部で特異的な化学反応が進行する。

1.2 原核細胞の特徴は何か？

　原核生物も真核生物も共に数億年以上にわたって繁栄してきた。そして両方の細胞構造から数多くの進化論上のサクセスストーリーが花開いてきた。まず初めに、原核細胞の構造を見てみよう。

　原核生物は他のいかなる生命体よりも多様なエネルギー源を利用して生きることができる。そして非常に熱い温泉中とか非常に塩分濃度の高い水の中のような極端な環境中でも生息することができる。この節では原核細胞について述べるが、原核細胞は非常に多種多様であり、真正細菌と古細菌は多くの点で異なっていることを心に留めておいて欲しい。

　原核細胞はふつう真核細胞よりも小さく、$0.25 \times 1.2\,\mu\mathrm{m}$ から $1.5 \times 4\,\mu\mathrm{m}$ の大きさである。原核生物は単一細胞であるが、多くのタイプの原核生物は通常、鎖状に繋がったり、小さな塊を形成したり、時には数百の細胞が集まって塊を形成したりして存在する。この節ではまず真正細菌と古細菌が共通に持つ性質について考察し、次に、すべての原核生物に見られるわけではないが、ある種の原核生物に見られる構造上の特徴について記載する。

原核細胞はある特徴を共有する

　すべての原核細胞は同一の基本構造を持っている（**図1-6**）。
- 細胞膜が細胞を包み込んで、細胞内外の物質の流通を調節し、細胞を環境から隔てている。
- **核様体**は細胞の遺伝物質（DNA）を含んでいる。

　細胞膜に包まれている他の物質は**細胞質**と呼ばれる。細胞質は2つの要素から構成される。流動性の高いサイトゾルとリボ

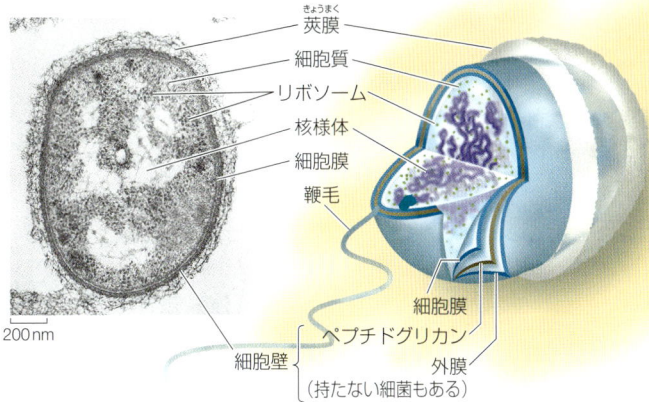

きょうまく
莢膜
細胞質
リボソーム
核様体
細胞膜
鞭毛
細胞膜
ペプチドグリカン
外膜
（持たない細菌もある）
細胞壁
200 nm

図1-6　原核細胞
緑膿菌はすべての原核細胞が共有する典型的な構造を有している。この細菌はすべての原核生物が持っているとは限らない外膜のような防御的構造も持っている。鞭毛と莢膜もすべての原核生物が持っているとは限らない。シアノバクテリアなど光合成を行う細菌は、この他に光合成に必要な複合体を含む内膜系を持っているが、緑膿菌はそのような内膜系は持っていない。

ソームなどの不溶性の粒子である。

■ **サイトゾル**（細胞質ゾル）はほとんど水であり、それにイオン、低分子、タンパク質などの可溶性の高分子が溶解している。

■ **リボソーム**は直径およそ25nmの、RNAとタンパク質の複合体であり、タンパク質合成の場である。

　細胞質は決して静的なものではない。細胞質内の物質は常に動いている。例えば、タンパク質は1分以内に細胞全体を動き回り、その途中で多数の分子と遭遇する。

　真核細胞に比べて単純な構造しか持たないが、原核細胞の機能は複雑であり、数千の生化学反応を行っている。

ある種の原核細胞は特殊な構造を持っている

　進化の過程で、ある種の原核生物は特殊化した構造を発達させ、それを持つ細胞に淘汰上の優位性を与えた。これらの構造には、防御的な細胞壁、いくつかの化学反応を区画化するため

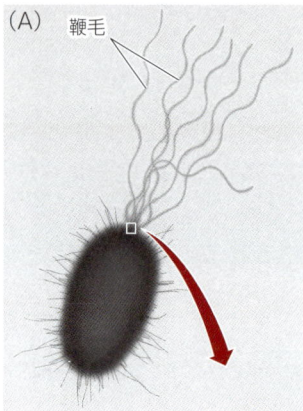

図1-7　原核細胞の鞭毛
（A）鞭毛は原核細胞の運動と付着に役立っている。
（B）細胞膜に固定されているタンパク質のリング状構造の複合体がモーター単位を構成し、鞭毛を回転させ、細胞を動かす。

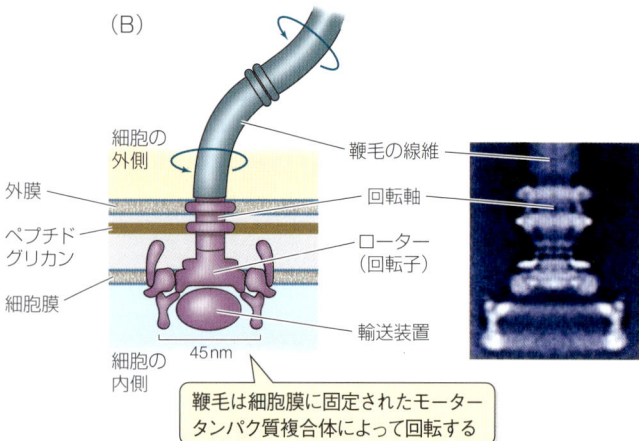

の内膜系、水性環境を動き回るための鞭毛などがある。これらの構造を**図1-6**と**図1-7**に示す。

細胞壁　ほとんどの原核生物は細胞膜の外側に細胞壁を持つ。細胞壁の固さは細胞を支持し、その形を決定する。ほとんどの細菌の細胞壁はペプチドグリカンを含んでいる。ペプチドグリカンはアミノ糖の重合体が共有結合によって架橋されたものであり、細胞全体の周りに単一の巨大分子を形成している。ある種の細菌では、もう1つの層がペプチドグリカン層を包み込んでいる。この層は外膜と呼ばれ、多糖に富むリン脂質膜である。細胞膜とは異なり、この外膜は透過バリアとしては機能しない。

> サルモネラ、シゲラ、ナイセリアなどの病原性細菌がヒトに感染した場合、細菌の膜由来のリポ多糖の断片であるエンドトキシン（内毒素）が血流中に放出される。他の有害な影響に加えて、エンドトキシンは発熱を起こさせ、血液凝固系を障害し、出血をもたらす（訳注：細菌の産生する毒素のうち、菌体外に分泌される毒素をエキソトキシン〈外毒素〉という。コレラ毒素、ジフテリア毒素、ボツリヌス毒素などがある）。

　細菌の中には多糖類からなる粘液層が細胞壁を包み込んでいるものもあり、この粘液層はカプセル（莢膜）と呼ばれる。ある種の細菌の莢膜は感染した動物の白血球による攻撃から自らを防御するのに役立っている。また莢膜は細菌が乾いてしまうのを防いだり、他の細胞に付着するのを助けたりする。多くの原核生物は莢膜を持たず、莢膜を持つものがそれを失っても生存することから、莢膜は原核生物の生存に必須のものではないことが明らかである。

　この章で後に説明するように、真核生物である植物細胞も細胞壁を持っているが、原核生物の細胞壁とは構成も構造も異なっている。

内膜系　ある種の細菌（シアノバクテリアなど）は光合成を行う。これらの光合成性細菌では、細胞膜が細胞質側に折り畳まれて、光合成に必要な複合体を含む内膜系を形成している。膜系を必要とする光合成の発生は、地球上の生命進化の初期過程で重要な出来事であった。他の原核生物も細胞膜に付着している内膜系を持っている。これらの内膜系は細胞分裂や多様なエネルギー産生反応に関与していると考えられる。

鞭毛と線毛　ある種の原核生物は鞭毛と呼ばれる付属器を使って泳ぐことができる（図1-7A）。鞭毛はフラジェリンというタンパク質から構成され、小さなコルク抜きのような形をしている。モータータンパク質複合体が鞭毛をその軸の周りにプロペラのように回転させ、細胞を移動させる。モータータンパク質は細胞膜に固定されている。ある種の細菌では細胞壁の外膜にも固定されている（図1-7B）。鞭毛を取り除くと細菌は動かなくなることから、鞭毛が細菌の運動にとって必要であることが明らかになっている。

　ある種の細菌では線毛が表面から突出している。この髪の毛のような構造は、鞭毛よりも短く、細菌が他の細菌と遺伝物質を交換するときにお互いに付着するのに役立っているし、防御と食料のために動物細胞に付着するのにも役立っている。

細胞骨格　ある種の原核生物（とくに桿菌）は細胞膜の直下に線維状のらせん構造を持っている。この構造を構成しているタンパク質はアミノ酸組成が真核細胞のアクチンに類似しており、アクチンは真核細胞の細胞骨格を構成していることから（1.3節を参照）、原核生物のらせん状線維も細胞の形を保つ役割を果たしていると考えられる。

1.3 真核生物の特徴は何か？

　動物、植物、真菌類、原生生物の細胞は通常原核生物の細胞よりも大きく、より複雑な構造をしている。真核細胞に特徴的な構造は何だろうか？

　真核細胞は一般的に原核細胞よりも10倍ほど大きい。例えば球状の酵母細胞は直径8 μmの大きさがある。原核細胞と同様に、真核細胞も細胞膜、細胞質、リボソームを持つ。これらの共通する構造に加えて、真核細胞は細胞質の中にサイトゾルから膜によって隔てられたコンパートメント（区画物、分画）を持っている。

区画化は真核細胞の機能にとって非常に重要である

　真核細胞のコンパートメントのあるものは、独自の産物を生産する工場のような機能を果たす。別のコンパートメントはエネルギーをある形で取り込み、それをより使いやすい形に変換する発電所の機能を果たす。これらの膜で仕切られたコンパートメントと、膜は持たないけれども特有の形と機能を持つ構造（リボソームなど）を**小器官**と呼ぶ。小器官はそれぞれ特定の細胞の中で特定の役割を果たす。これらの役割はそれが行う化学反応によって決まる。

- 核は細胞の遺伝物質（DNA）のほとんどを含む。遺伝物質の複製および遺伝情報の解読の初期段階は核の中で起こる。
- ミトコンドリアは、糖質および脂肪酸の化学結合の中に蓄えられたエネルギーを細胞にとって使いやすい形（ATP、アデノシン三リン酸）に変換する発電所兼工業団地である。
- 小胞体とゴルジ装置は、リボソームで合成されたタンパク質が梱包され、細胞内の適切な部位に配送されるコンパートメ

31

ントである。
■ リソソームと液胞は、大きな分子が加水分解され使いやすい単量体にされる細胞の消化システムである。
■ 葉緑体（クロロプラスト、ある種の細胞にしか存在しない）は光合成を行う。

　小器官を包んでいる膜は2つの重要な機能を果たしている。第一に、細胞内で小器官の分子を他の分子から隔離し、それらが不適切に作用しあうことを防いでいる。第二に、物質流通の調節因子として機能し、重要な原材料を小器官内に取り込み、産物を細胞質へと送り出している。区画化が発達したことは、真核細胞が分化する能力を発達させるのに重要な役割を果たした。この分化能のおかげで、真核細胞は複雑な多細胞生物体の組織と器官を形成することができるようになったのである。

小器官は顕微鏡で調べたり、単離して化学的解析を行ったりすることができる

　細胞小器官は最初に光学顕微鏡と電子顕微鏡によって検出された。細胞生物学者は、特定の高分子を標的とする染色を用いることにより、小器官の化学組成を決定することができた（**図1-22**参照。単一の細胞内で3つの異なるタンパク質が染色されている）。

　細胞を調べる別の方法は細胞をバラバラにしてみることである。細胞分画（法）は細胞膜を破壊し、細胞質成分を試験管に回収することから始まる。それからさまざまな小器官を大きさや密度の違いで分離する（**図1-8**）。次に、単離した小器官を生化学的に解析する。顕微鏡と細胞分画（法）は互いに補完し合って、それぞれの小器官の構造と機能に関する完璧な像を提供

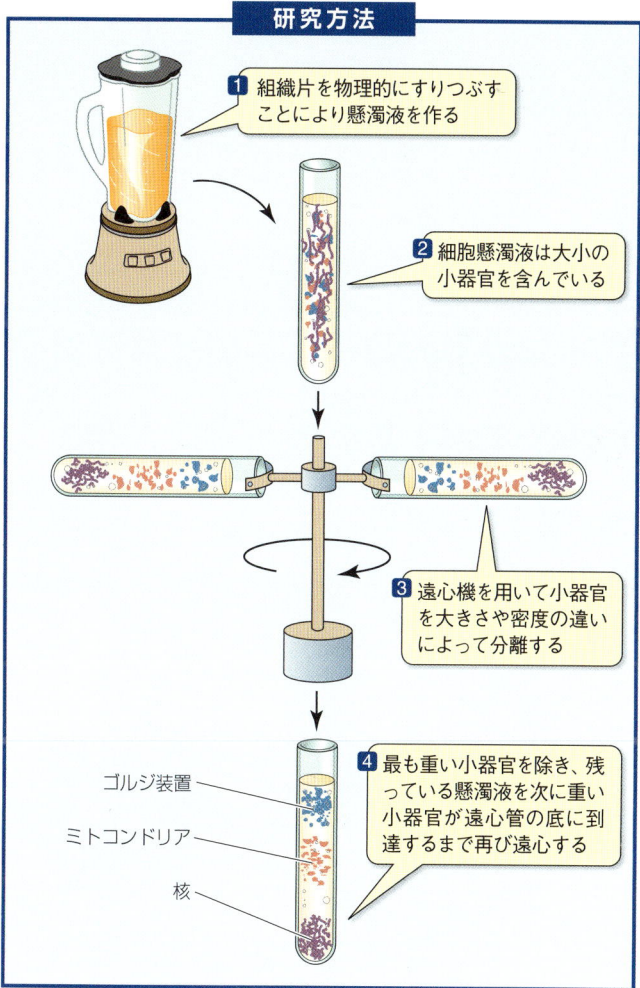

図1-8　細胞分画（法）
細胞の小器官は細胞を破砕し遠心することにより分離することができる。

してくれる。

　植物細胞と動物細胞の顕微鏡観察によって、多くの小器官が両方の細胞種で同一であることが明らかになった。このことは**図1-9**で明らかであるが、この図では真核細胞と**図1-6**で示した原核細胞との顕著な差異も明らかになる。

図1-9　真核細胞
電子顕微鏡写真では、多くの植物細胞小器官は形態において動物細胞小器官とほとんど同じである。植物細胞独特の細胞構造としては細胞壁と葉緑体がある。動物細胞にあって植物細胞にないものとして中心小体がある。

動物細胞

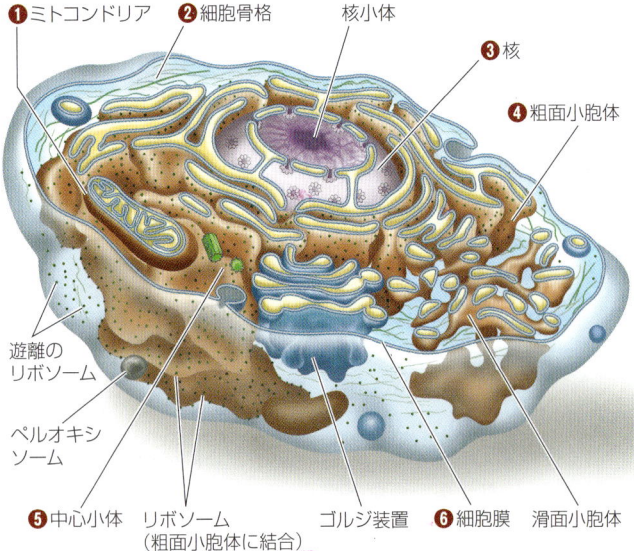

❶ミトコンドリア　❷細胞骨格　　核小体
❸核
❹粗面小胞体
遊離の
リボソーム
ペルオキシ
ソーム
❺中心小体　リボソーム　　　　ゴルジ装置　❻細胞膜　滑面小胞体
　　　　　（粗面小胞体に結合）

❶ミトコンドリア

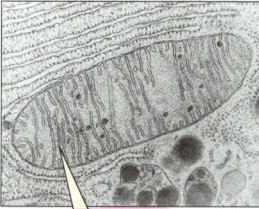

0.8 μm

ミトコンドリアは細胞の発電所兼工業団地である

❷細胞骨格

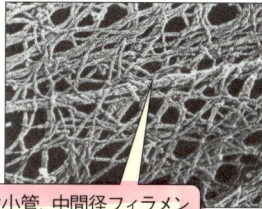

25 nm

微小管、中間径フィラメント、ミクロフィラメントから構成される**細胞骨格**は細胞を支え、細胞運動や小器官の運動に関与する

❸核

核小体

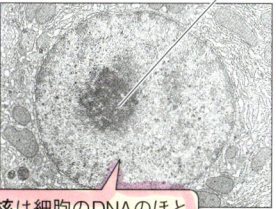

1.5 μm

核は細胞のDNAのほとんどが、関連するタンパク質とともにクロマチンを形成する場である

❹粗面小胞体

リボソーム

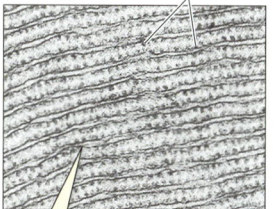

0.5 μm

粗面小胞体は多くのタンパク質合成の場である

❺中心小体

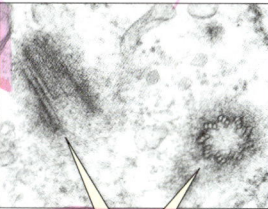

0.1 μm

中心小体は核分裂に関与している

❻細胞膜

細胞の外側

細胞の内側

30 nm

細胞膜は細胞を環境から隔て、細胞内外の物質の流通を調節している

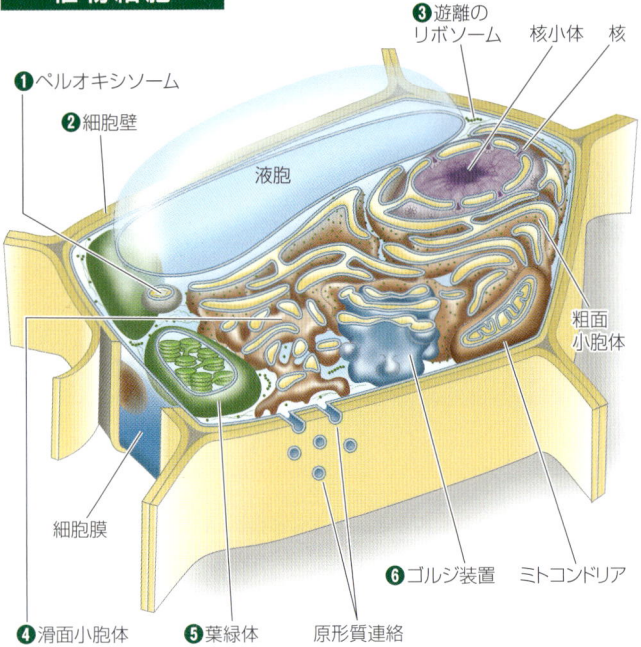

植物細胞

❸ 遊離の
リボソーム　　核小体　　核

❶ ペルオキシソーム

❷ 細胞壁

液胞

粗面
小胞体

細胞膜

❹ 滑面小胞体　　❺ 葉緑体　　原形質連絡　　❻ ゴルジ装置　　ミトコンドリア

❶ ペルオキシソーム

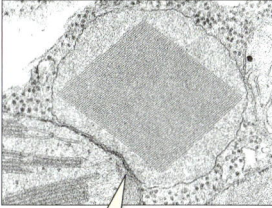

ペルオキシソームは有害な過酸化物を処理する

0.75 μm

❷ 細胞壁

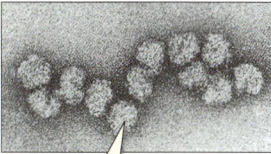

細胞壁は植物細胞を支える

0.75 μm

❸ 遊離のリボソーム

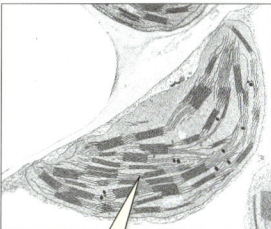

リボソームはタンパク質を生産する

25 nm

❹ 滑面小胞体

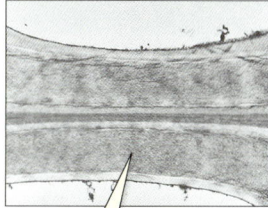

タンパク質や他の分子は滑面小胞体で化学的に修飾（糖質の付加・除去など）される

0.5 μm

❺ 葉緑体

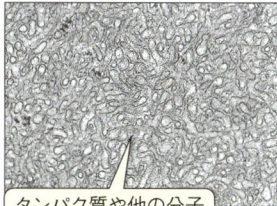

葉緑体は光エネルギーを利用して糖質を合成する

1 μm

❻ ゴルジ装置

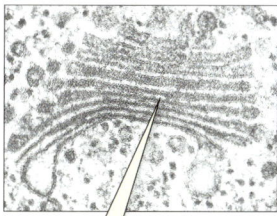

ゴルジ装置はタンパク質を修飾して梱包（パッケージ）する

0.5 μm

小器官の中には情報を処理するものがある

　生物は、変化する状況に適切に応答し、内部環境を一定に保つためには、正確で的確な情報（細胞内シグナル、環境因子、貯蔵された指示）を必要とする。細胞内では、情報はDNA分子のヌクレオチド配列中に貯蔵されている。真核細胞のDNAのほとんどは核に存在する。情報はリボソームにおいてDNA言語からタンパク質言語に翻訳される。この過程は第9章（第2巻）で詳細に記述する。

　核　核は細胞に1個だけ存在し、通常細胞内で最大の小器官である（**図1-10**：**図1-8**も参照）。ほとんどの動物細胞の核は直径およそ5μmであり、ほとんどの原核細胞よりもかなり大きい。核は細胞内でいくつかの役割を担っている。
- DNA複製の場所である。
- 細胞の活動の遺伝子的制御部位である。
- **核小体**と呼ばれる領域でRNAと特異的なタンパク質からリボソームの組み立てが始まる。

　核は2つの膜系によって包まれており、これらの膜系が核膜を構成している。核膜を構成する2つの膜系は10〜20nm隔てられており、直径およそ9nmの約3500個の核膜孔が貫通して、核の内部と細胞質を繋いでいる。これらの核膜孔では核膜の外膜と内膜が融合している。核膜孔は100以上の異なるタンパク質から構成されている（これらは互いに疎水的に結合している）。それぞれの核膜孔は核膜孔複合体によって囲まれている。これは外膜と内膜が融合する場所に八角形に配置された8個の巨大なタンパク質集合体である（**図1-10**参照）。
　核膜孔はスポーツイベント会場などの回転式ゲートのように

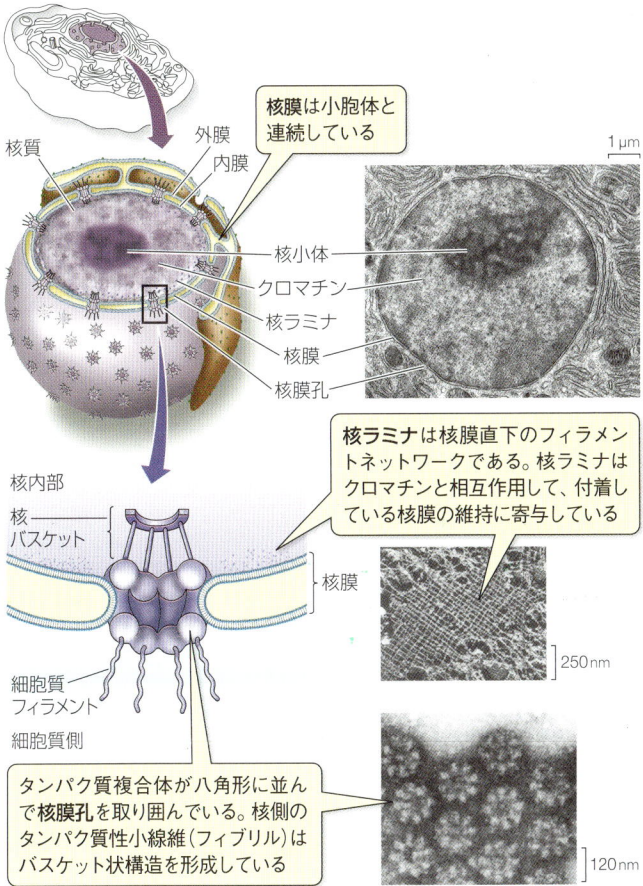

核膜は小胞体と連続している

核質
外膜
内膜

1 μm

核小体
クロマチン
核ラミナ
核膜
核膜孔

核ラミナは核膜直下のフィラメントネットワークである。核ラミナはクロマチンと相互作用して、付着している核膜の維持に寄与している

核内部

核バスケット

核膜

細胞質フィラメント

細胞質側

250 nm

タンパク質複合体が八角形に並んで核膜孔を取り囲んでいる。核側のタンパク質性小線維（フィブリル）はバスケット状構造を形成している

120 nm

図1-10　核は二重膜によって囲まれている
核膜（2つの膜系で構成される）、核小体、核ラミナ、核膜孔はすべての細胞核に共通の構造である。核膜孔はタンパク質が細胞質から核へと入り込み、遺伝物質（mRNA）が核を出て細胞質に入る門（ゲートウェイ）である。

機能する。子どもがゲートの下をくぐって通れるように、小さな物質、例えばイオンや分子量1万ダルトン（Da）以下の分子は核膜孔を自由に拡散できる（1ダルトン＝炭素12〈^{12}C〉原子の質量の1/12）。より大きな分子（分子量5万Da程度まで）も拡散することができるが、時間がかかる。もっと大きな分子、例えば細胞質で合成され核へと輸入される多くのタンパク質はゲートでは"大人"扱いされる。すなわち"チケット"なしにはゲートを通ることができない。輸入タンパク質の場合、"チケット"はタンパク質の一部の短いアミノ酸配列である。この配列が核移行シグナルであることは以下のような証拠から明らかである。

- 核移行シグナル配列はほとんどの核タンパク質に存在するが、細胞質にとどまるタンパク質には存在しない。
- タンパク質から核移行シグナル配列を取り除くと、そのタンパク質は細胞質にとどまる。
- 通常細胞質にとどまるタンパク質に核移行シグナル配列を付加すると、そのタンパク質は核へと移行する。
- ウイルスの中には核移行シグナル配列を持つものがあり、そのようなウイルスは核に移行することができる。核移行シグナル配列を持たないウイルスはウイルス粒子として核に入り込むことはない。

　どのようにして核移行シグナル配列により核膜孔を通過できるようになるのだろうか？　核移行シグナル配列は三次元的構造を取り、核膜孔を構成するタンパク質の1つ（シグナル配列受容体として機能する）に非共有結合的に結合するようである。核移行シグナル配列がこの受容体タンパク質に結合することにより、その三次元的な構造が変化して核膜孔を引き伸ば

し、大きな輸入タンパク質が通過できるようになるらしい。

　ある箇所では、核膜の外膜は細胞質側へ折り畳まれ、他の膜系、すなわち小胞体（後述）と連続している。核内では、DNAはタンパク質と結合してクロマチンと呼ばれる線維性の複合体を形成する。クロマチンは非常に長く細い糸から構成される。細胞分裂の前に、クロマチンは凝集して染色体と呼ばれる分離した容易に識別できる構造を形成する（**図1-11**）。

　クロマチンを取り囲むのは水とそれに溶解した物質であり、これらはまとめて核質と呼ばれる。核質中では、核マトリックスと呼ばれる構造タンパク質ネットワークがクロマチンを支えている。核膜近傍では、クロマチンは核ラミナと呼ばれるタンパク質ネットワークに結合している。核ラミナはラミンというタンパク質が重合して線維を形成したものである。核ラミナはクロマチンと核膜の両者に結合することにより、核の形を維持している。

(A)　　　　　　　　　　　　　(B)

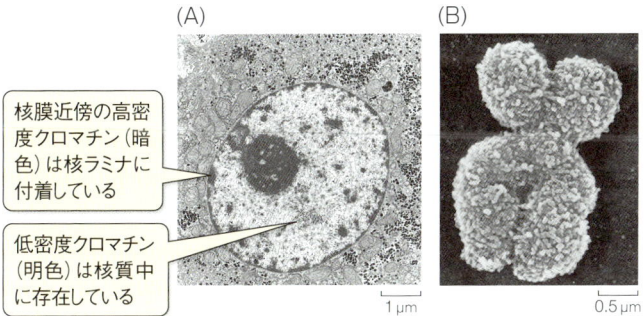

核膜近傍の高密度クロマチン（暗色）は核ラミナに付着している

低密度クロマチン（明色）は核質中に存在している

1 μm

0.5 μm

図1-11　クロマチンと染色体
（A）細胞が分裂していないときには、核のDNAはタンパク質と集合してクロマチンを形成する。クロマチンは核全体に分散している。
（B）分裂細胞のクロマチンは染色体と呼ばれる凝集体を形成する。

細胞のライフサイクルの大部分で、核膜は安定した構造である。しかしながら細胞が分裂するときには、核膜は核膜孔複合体が付いたままで小片へと分解される。核膜は、複製されたDNAの娘細胞への配分が完了したときに、再形成される（6.3節〈第2巻〉参照）。どのようにしてこの驚異的な自己集合が起こるのかは未だ謎である。

リボソーム 　原核細胞では、**リボソーム**は細胞質中を自由に浮遊している。真核細胞では2ヵ所に存在する。1つは細胞質中であり、何にも付着せずに存在するか、小胞体の表面に付着して存在している。もう1つはミトコンドリアと葉緑体の中である。これらの場所で、リボソームは核酸の指令に従ってタンパク質が合成される場となっている。リボソームは細胞自体に比べて小さいように見えるが、数十種の分子から構成される巨大な装置である。

原核細胞のリボソームと真核細胞のリボソームは両者共に2つの大きさの異なるサブユニットから構成されているという点で類似している。真核細胞のリボソームは少し大きいが、原核細胞のリボソームの構造の方がよくわかっている。化学的には、リボソームはリボソームRNAと呼ばれる特殊なタイプのRNAから構成され、これに50以上の異なるタンパク質分子が非共有結合的に結合している。

細胞内膜系はお互いに関連する一群の小器官である

ある種の真核細胞の容積の大部分は大規模な**細胞内膜系**によって占められている。この系は主に次の2つの系から構成される。1つは小胞体であり、もう1つはゴルジ装置である。核膜と細胞内膜系が連続していることは電子顕微鏡で見ることがで

きる。小胞と呼ばれる微小な膜で囲まれた小滴が細胞内膜系の多様な構成成分のあいだを往復している。この系は多様な構造を持っているが、それらはすべて本質的には膜によって細胞質から隔てられたコンパートメントである。この系に属する膜と物質は多様な小器官のあいだを移動する。

小胞体 電子顕微鏡で観察すると、真核細胞の細胞質全体にわたってお互いに繋がった膜のネットワークが拡がっていて、チューブを形成したり平たい袋を形成したりしている。これらの膜系はまとめて**小胞体（ER）**と呼ばれる。小胞体の内部は管腔と呼ばれ、周囲の細胞質とは隔てられていて内容も異なっている（**図1-12**）。小胞体は細胞の内部容積の10％まで包み込むことができ、膜の折り畳みにより細胞膜の表面積よりも何倍も広い表面積を持ちうる。

粗面小胞体（RER）はリボソームがちりばめられている小胞体である。リボソームは小胞体の扁平な袋の外側の面に一時的に結合している。

■粗面小胞体はコンパートメントとして、ある種の新たに合成されたタンパク質を細胞質から分離して細胞内の他の部位に輸送する。
■粗面小胞体内部にあるときに、タンパク質は化学的修飾を受けて機能および最終的な局在（限られたところにのみ存在すること）部位が変化する。

粗面小胞体に結合しているリボソームはサイトゾル以外で機能するタンパク質、すなわち細胞から細胞外へ分泌されるタンパク質、膜へと組み込まれるタンパク質、細胞内膜系の小器官へと輸送されるタンパク質の合成場所である。これらのタンパク質は合

成されるあいだに粗面小胞体の管腔内に入る。核への局在と同様に、これはタンパク質の一部のアミノ酸配列が粗面小胞体局在シグナルとして機能することによって達成される。いったん粗面小胞体の管腔内に入ると、これらのタンパク質はジスルフィド結

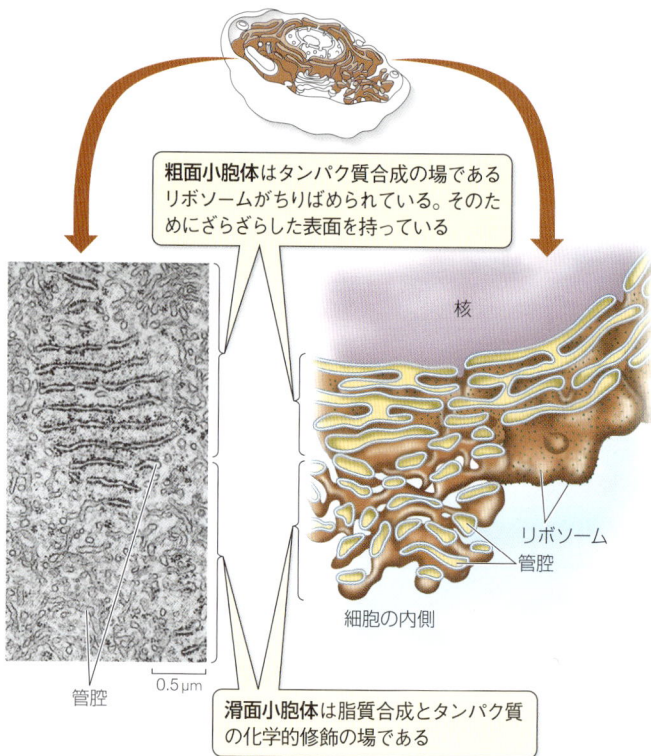

粗面小胞体はタンパク質合成の場であるリボソームがちりばめられている。そのためにざらざらした表面を持っている

核

リボソーム

管腔

細胞の内側

管腔

0.5 μm

滑面小胞体は脂質合成とタンパク質の化学的修飾の場である

図1-12　小胞体
左の透過型電子顕微鏡写真は右の絵で示された三次元構造の二次元スライスを示している。正常な生細胞では、小胞体の膜系には穴がない。周囲の細胞質から分離された閉じられたコンパートメントを形成している。

合形成や三次元構造への折り畳みなどいくつかの変化を受ける。

　ある種のタンパク質は粗面小胞体で糖質基を付加され、糖タンパク質になる。リソソームに輸送されるタンパク質の場合は、糖質基が、適切なタンパク質がリソソームに輸送されることを保証する"配送"システムの一部分として機能する。

　滑面小胞体（SER）は粗面小胞体に比べて（平たい袋状構造よりも）チューブ様構造が多い（**図1-12**参照）。滑面小胞体の管腔内では、粗面小胞体で合成されたタンパク質の中のあるものが化学的に修飾される。それに加えて、滑面小胞体は3つの重要な役割を担っている。

- 細胞によって取り込まれた小分子、とくに薬物や殺虫剤などを化学的に修飾する。
- 動物細胞においてはグリコーゲンの加水分解の場である。
- 脂質とステロイドの合成の場である。

　輸送タンパク質をたくさん合成する細胞は通常小胞体が発達している。例えば消化酵素を分泌する腺細胞や抗体を分泌する白血球などである。それに対して、タンパク質合成をあまり行わない細胞（貯蔵細胞など）では小胞体は発達していない。消化器系から体内に入る分子を修飾する肝細胞では滑面小胞体が発達している。

　ゴルジ装置　ゴルジ装置（発見者のカミッロ・ゴルジ〈Camillo Golgi〉に因んで命名された）の形態は種によって異なるが、ほとんどすべての場合、扁平嚢と呼ばれる平たい膜性の袋が皿のように積み重ねられたものと、膜で包まれた小胞から構成されている（**図1-13**）。装置全体でおよそ1 μmの長さを持つ。

　ゴルジ装置はいくつかの役割を持っている。

- 小胞体からタンパク質を受け取ってそれをさらに修飾する。
- タンパク質が細胞内外の場所に向けて送り出される前に、それらを濃縮したり、梱包したり、選別したりする。
- 植物の細胞壁を構成する多糖類が合成される。

　植物、原生生物、真菌類、そして多くの無脊椎動物の細胞では、扁平嚢の積み重なったものは細胞質中に分散した独立したユニットとなっている。脊椎動物の細胞では、それらの積み重なりが数個集まって、より大きな単一の複雑なゴルジ装置を形成している。

　ゴルジ装置は3つの機能的に異なるパーツから構成されている。底部と中部と上部である。ゴルジ装置のシス領域を構成している底部扁平嚢は核もしくは粗面小胞体の一部分の近くに位置している（**図1-13**参照）。上部扁平嚢はトランス領域を構成しており、細胞の表面近くに位置している。中部扁平嚢は中部領域を構成している（シス、トランスはそれぞれラテン語で同一側、反対側を意味している）。ゴルジ装置のこれら3つのパーツは異なる酵素を含んでおり異なる機能を果たしている。

　ゴルジ装置は小胞体からタンパク質を受け取って、それらを梱包し、送り出す。小胞体とゴルジ装置のあいだには直接膜系の連続性のないことが多いのに、どのようにしてタンパク質はそのあいだを移動するのであろうか？　タンパク質が単に小胞体を離れて細胞質を横切り、ゴルジ装置に入ることもあり得る。しかし、その場合にはタンパク質が細胞質中で他の分子と相互作用する可能性も生じる。他方、もし小胞体の一部が"出芽"してそのタンパク質を含む膜性小胞を形成する場合には、細胞質からの隔離状態は保たれる。後者が実際に起こっているのである（**図1-13**参照）。2.1節で述べるように、膜の分子の多くはお

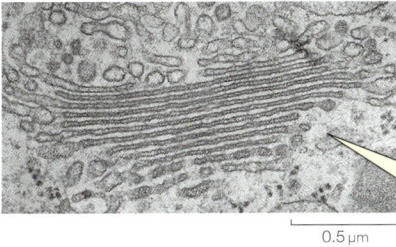

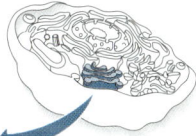

ゴルジ装置はタンパク質を処理して梱包する

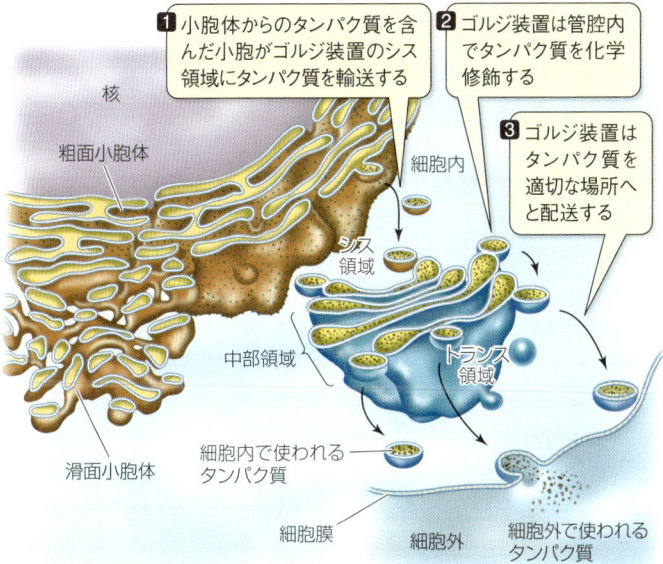

0.5μm

1 小胞体からのタンパク質を含んだ小胞がゴルジ装置のシス領域にタンパク質を輸送する

2 ゴルジ装置は管腔内でタンパク質を化学修飾する

3 ゴルジ装置はタンパク質を適切な場所へと配送する

核

粗面小胞体

細胞内

シス領域

中部領域

トランス領域

滑面小胞体

細胞内で使われるタンパク質

細胞膜

細胞外

細胞外で使われるタンパク質

図1-13　ゴルジ装置
ゴルジ装置は小胞体から受け取ったタンパク質を修飾し、それらを細胞内外の適切な場所へと配送する。

互いに結合しているのではない（"手を握り合っている"のではなく、"肩を寄せ合っている"のである）。このように、生体膜は整然とした固い構造ではなく、柔軟性に富む流動的な境界なのである。膜の一部分は容易に出芽して他の膜に融合可能である。

　タンパク質は小胞に包まれて安全に小胞体からゴルジ装置に移動することができる。いったんゴルジ装置に到達すると、小胞はゴルジ装置の膜系と融合し、その内容物を放出する。他の小胞が扁平嚢間を移動しタンパク質を輸送する。タンパク質の中には小さなチャネルを通って扁平嚢のあいだを移動するものもある。トランス領域から出芽する小胞は内容物をゴルジ装置から持ち去ることになる（**図1-13**参照）。

| リソソーム |　**リソソーム**と呼ばれる小器官はゴルジ装置由来である。リソソームは消化酵素を含んでおり、タンパク質、多糖類、核酸、脂質などの高分子が加水分解を受けて単量体になる場である。リソソームは直径およそ 1 μm で、単一の膜で包まれており、濃く染まる特徴のない内部を持つ。

　リソソームは細胞によって取り込まれた栄養分や異物を分解する場である。これらの物質はファゴサイトーシス（食作用、貪食作用ともいう）と呼ばれるプロセスで細胞に取り込まれる。ファゴサイトーシスでは、細胞膜にポケット様構造ができ、それが深くなって、細胞外の物質を包み込む。このポケットが小胞となって細胞膜から分離し、細胞質へと移動し、栄養分などを含むファゴソーム（食胞）となる（**図1-14**）。ファゴソームは一次リソソームと融合し、二次リソソームを形成し、その中で消化が起こる。

　この融合の結果は、飢えたオオカミをニワトリ小屋に放すようなものである。二次リソソーム中の酵素は素早く栄養分を加

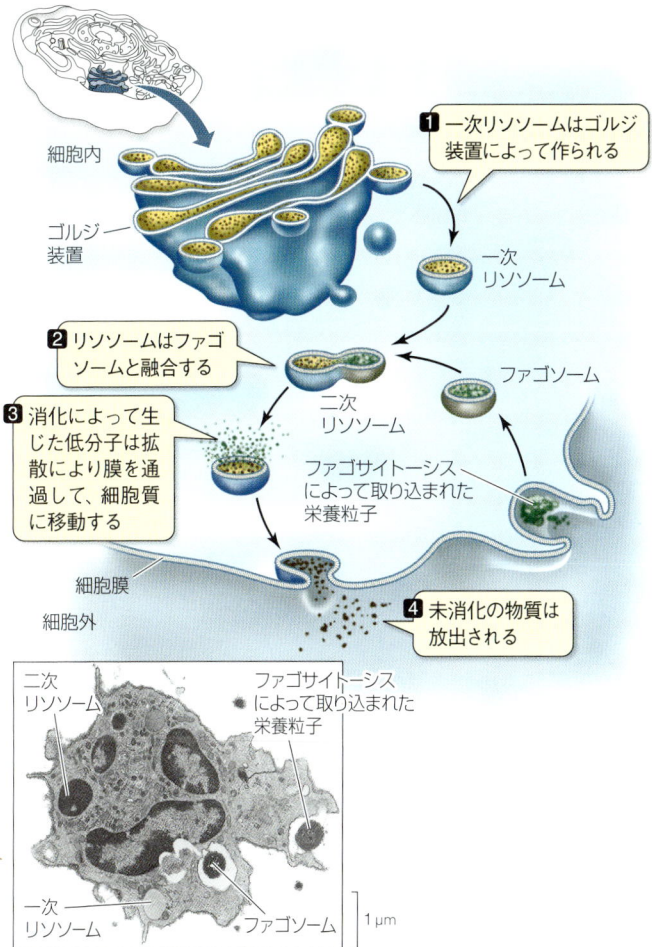

細胞内

ゴルジ装置

1 一次リソソームはゴルジ装置によって作られる

一次リソソーム

2 リソソームはファゴソームと融合する

二次リソソーム

ファゴソーム

3 消化によって生じた低分子は拡散により膜を通過して、細胞質に移動する

ファゴサイトーシスによって取り込まれた栄養粒子

細胞膜

細胞外

4 未消化の物質は放出される

二次リソソーム

ファゴサイトーシスによって取り込まれた栄養粒子

一次リソソーム

ファゴソーム

1 μm

図1-14　リソソームは消化酵素を細胞質から隔離している

リソソームはファゴサイトーシスで細胞に取り込まれた物質の加水分解の場である。

水分解する。これらの反応はリソソーム内部の酸性環境で促進される。リソソーム内部は周りの細胞質よりもpHが低いのである。消化産物はリソソームの膜を拡散により通過して、他の細胞過程に原材料を提供する。未消化の粒子を含む"使用済み"の二次リソソームは、細胞膜に移動し、細胞膜と融合し、未消化の内容物を細胞外に放出する。

リソソームは、オートファジーと呼ばれる過程で細胞が自分自身の物質を消化する場でもある。オートファジーは絶えず細胞内で起こっている現象で、ミトコンドリアなどの小器官がリソソームによって取り囲まれて加水分解され単量体にされる。こうして生じた単量体は膜を通ってリソソームから細胞質に出て、そこで再利用される。

植物細胞にはリソソームはないが、植物細胞の中心液胞（後述）はリソソームと同様の機能を果たし、リソソームのように多くの消化酵素を含んでいる。

> リソソームの機能不全の結果、分解されるべき分子が細胞内に蓄積することによって、リソソーム蓄積病が起こる。リソソーム蓄積病はライソゾーム病とも呼ばれ、特定疾患に指定されている難病で（およそ40種あるうち致命的なものもある）、治療法はこれまで対症療法しかなかったが、近年遺伝子治療が試みられている。

ある種の小器官はエネルギー変換を行う

細胞はエネルギーを利用して成長、分裂、運動などの活動に必要な物質を合成する。エネルギーはミトコンドリア（真核細胞に存在する）や葉緑体（日光からエネルギーを取り込む真核細胞に存在する）においてある形から別の形に変換される。これとは対照的に、原核細胞のエネルギー変換は、細胞膜の内側や細胞質中に突出している細胞膜の延長部に結合している酵素によって行われている。

ミトコンドリア　真核細胞では、グルコースなどの燃料分子の分解は細胞質で始まる。この部分分解で生じた分子は**ミトコンドリア**に入る。ミトコンドリアの主たる機能はこれらの燃料分子が持つ化学エネルギーを細胞が利用することができる形、すなわちATP（アデノシン三リン酸）という高エネルギー化合物に変換することである。ミトコンドリアによる燃料分子と分子状酸素（O_2）を利用したATP産生を細胞呼吸と呼ぶ。

典型的なミトコンドリアは直径が1.5μmよりも少し小さく長さは2～8μm程度、すなわち多くの細菌の大きさである。細胞あたりのミトコンドリアの数はさまざまであり、ある種の単細胞原生生物はねじれたミトコンドリアが1個あるだけなのに対して、大きな卵細胞では数十万個のミトコンドリアが存在する。平均的なヒトの肝細胞は1000個以上のミトコンドリアを持っている。化学エネルギーをたくさん必要とする細胞には単位容積あたりたくさんのミトコンドリアが存在する。

ミトコンドリアは2つの膜系を持っている。外膜は平滑で防御作用があり、ミトコンドリア内外の物質移動の大きな障壁とはならない。外膜の直下に内膜が存在する。内膜は多くの部位で内側に折り畳まれており、外膜の表面積よりもずっと大きな表面積を持つ（**図1-15**）。折り畳みは極めて規則的で、クリステと呼ばれる棚様構造を作っている。

ミトコンドリア内膜には細胞呼吸に関与する多くの巨大タンパク質複合体が埋め込まれている。内膜は外膜に比べて、出入りする物質に対してずっと強力なコントロールを行っている。内膜が包み込むスペースはミトコンドリアマトリックスと呼ばれる。マトリックスは多くの酵素に加えて、細胞呼吸に必須のタンパク質を合成するためのリボソームとDNAを含んでいる。第4章で、ミトコンドリアのそれぞれのパーツが、細胞呼吸に

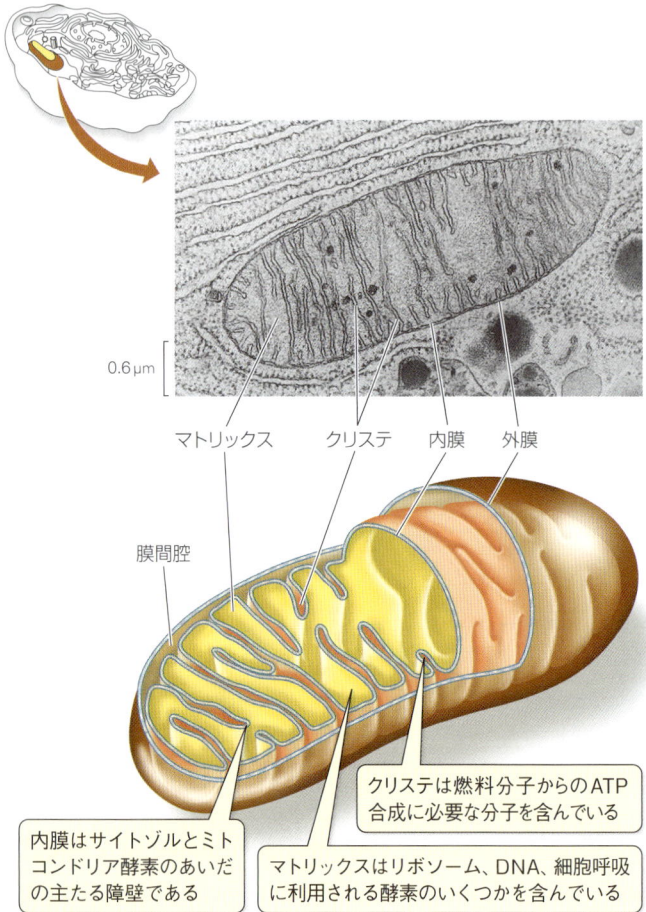

マトリックス　　　クリステ　　　内膜　　　外膜

膜間腔

0.6 μm

クリステは燃料分子からのATP
合成に必要な分子を含んでいる

内膜はサイトゾルとミト
コンドリア酵素のあいだ
の主たる障壁である

マトリックスはリボソーム、DNA、細胞呼吸
に利用される酵素のいくつかを含んでいる

図1-15
ミトコンドリアは燃料分子の持つエネルギーを用いてATPを合成する
電子顕微鏡写真は三次元の小器官の二次元スライスである。模式図が
強調しているように、クリステはミトコンドリア内膜の延長である。

おいてどのように共同作業をするのかを見ることにしよう。

プラスチド　プラスチドと呼ばれる小器官は植物細胞とある種の原生生物だけが持っている。いくつかのタイプのプラスチドがあり、それぞれ異なる機能を有している。

　葉緑体（クロロプラスト）はクロロフィルという緑色色素を持ち、光合成の場である（図1-16）。光合成では、光エネルギーが原子間結合の化学エネルギーに変換される。光合成によって作られた分子は光合成生物およびそれを食べる他の生物に養分を提供する。直接的にせよ間接的にせよ、光合成は地球上のほとんどの生命のエネルギー源である。

　葉緑体は形も大きさもいろいろである（図1-17）。ミトコンドリアと同様に、葉緑体も二重膜によって包まれている。それに加えて、種によって構造と配置が異なる一連の内膜系が存在する。ここでは種子植物の葉緑体について考えよう。種子植物の葉緑体といってもいくつかのバリエーションがあるが、図1-16に示したパターンが典型的なものである。

　葉緑体の内膜は平たく、空っぽのピタパン（地中海地方のパンの一種。わからない人は油揚げを想像してほしい）が積み重なったように見える。これらの積み重なりはグラナと呼ばれ、チラコイドと呼ばれる一連の平らで中身の詰まった円形の分画から構成される。リン脂質とタンパク質に加えて、チラコイドの膜は、クロロフィルおよび光合成のために光からエネルギーを取り込む他の色素を含んでいる（これらの色素がどのように機能するかは5.2節で扱う）。あるグラナのチラコイドは別のグラナのチラコイドと繋がっており、葉緑体の内部は小胞体と類似の高度に発達した膜ネットワークとなっている。

　グラナが浮かんでいる液体はストロマと呼ばれる。ミトコン

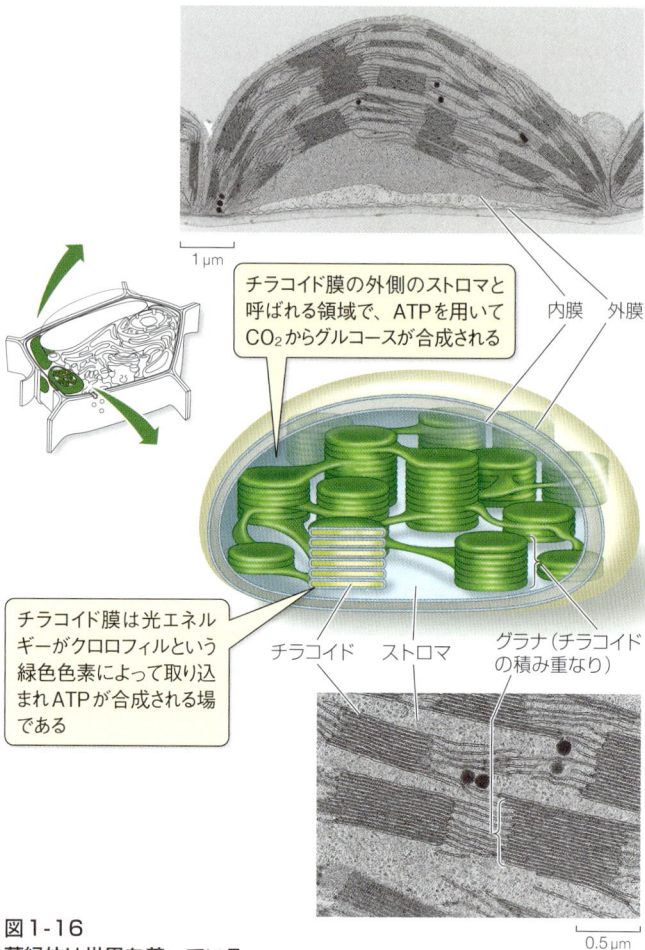

チラコイド膜の外側のストロマと呼ばれる領域で、ATPを用いてCO_2からグルコースが合成される

内膜　外膜

チラコイド膜は光エネルギーがクロロフィルという緑色色素によって取り込まれATPが合成される場である

1 μm

チラコイド　ストロマ　グラナ（チラコイドの積み重なり）

0.5 μm

図1-16
葉緑体は世界を養っている
電子顕微鏡写真はトウモロコシの葉の葉緑体を示している。葉緑体はミトコンドリアに比べて大きく、光合成をするチラコイド膜の大規模なネットワークを含んでいる。

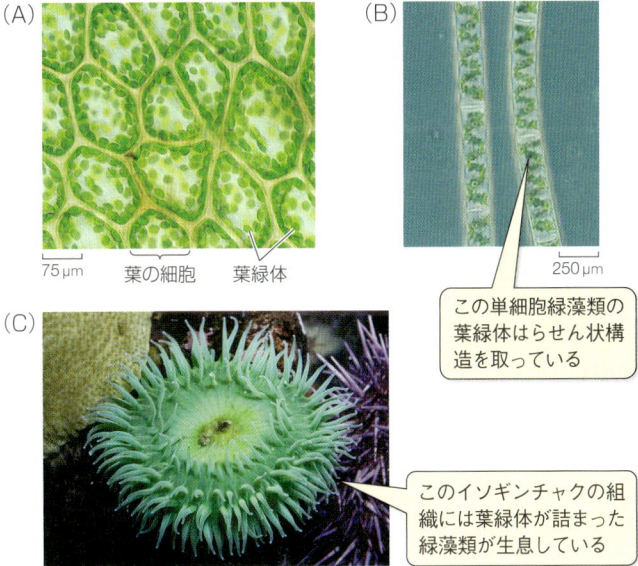

図1-17　緑色であること
(A) 緑色植物では、葉緑体は葉の細胞に濃縮されている。(B) 緑藻類は光合成可能で葉緑体が詰まっている。(C) 動物は自分で葉緑体を合成することはできない。しかし、イソギンチャクはその組織内に共生する単細胞緑藻類の葉緑体から養分を受け取っている。

ドリアマトリックスと同様に、葉緑体のストロマは葉緑体を構成するタンパク質のいくつか（すべてではない）を合成するのに必要なリボソームとDNAを含んでいる。

　動物細胞は葉緑体を合成することはできないが、ある種の動物細胞には機能する葉緑体が存在する。これらの葉緑体は緑色植物の部分的分解によって取り込まれたか、動物組織内部に生息する単細胞藻類に含まれている。ある種のサンゴやイソギン

チャクが緑色をしているのは、これらの動物の体内に生息する藻類の葉緑体のためである（**図1-17C**参照）。これらの動物は必要とする養分の一部を葉緑体を持つ "お客さん" が行う光合成から得ている。このような2つの異なる生物間の親密な関係を共生と呼ぶ。

　他のタイプのプラスチドは葉緑体とは異なる機能を持っている。

■ 有色体（クロモプラスト）は赤、オレンジ、黄色の色素を含み、花などの植物器官に色を与えている（**図1-18A**）。有色体は細胞内で化学反応を行っていないが、花弁や果実に色を与えることにより、動物が花を訪れて受粉の手助けをしたり、果実を食べることにより種子の分散を助けたりすることになる（一方、ニンジンの根はオレンジ色であることで、こ

(A)　　　　　　　　　　　　　　　　(B)

有色体

5μm

白色体

デンプン顆粒

1μm

図1-18　有色体と白色体
（A）このケシのような花の有色体に貯蔵されているきれいな色素は授粉昆虫を惹きつけるのに役立っている。（B）ジャガイモの細胞中の白色体には白いデンプン顆粒が詰まっている。

れといった利益があるわけではない）。

■白色体（ロイコプラスト）はデンプン、脂肪の貯蔵場所である（**図1-18B**）。

いくつかの他の小器官は膜によって囲まれている

　ペルオキシソームは、細胞の化学反応にとって避けられない副産物である有害な過酸化物（例えば過酸化水素H_2O_2など）を集める小器官である。これらの過酸化物はペルオキシソーム内で、他の細胞の部分と混ざり合うことなく、安全に分解される。ペルオキシソームは直径およそ$0.2 \sim 1.7 \mu m$の小器官である。ペルオキシソームの膜は一重で、特殊な酵素を含む顆粒状の中身を持っている（**図1-19**）。ペルオキシソームは、ほと

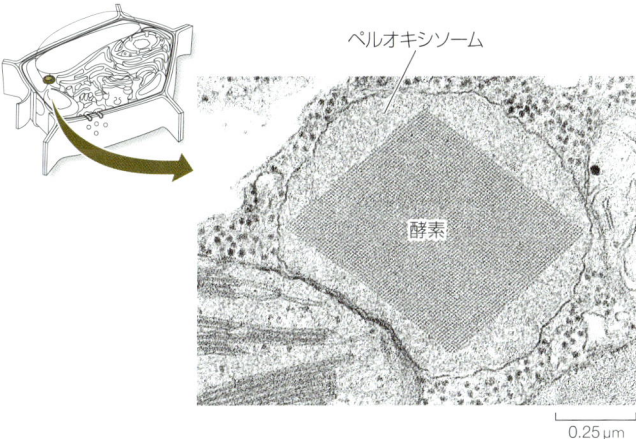

0.25 μm

図1-19　ペルオキシソーム
菱形をした結晶は1種類の酵素から構成されており、葉の細胞中のこの丸いペルオキシソームのほとんど全部を占めている。その酵素はペルオキシソーム中で有毒な過酸化物を分解する反応の1つを触媒する。

んどすべての真核細胞生物の、少なくともいくつかの細胞には必ず見つけることができる。

ペルオキシソームと構造的に似ている小器官である**グリオキシソーム**は、植物にしか存在しない。グリオキシソームは若い植物で最も目立つものだが、成長する細胞への輸送のために、貯蔵されている脂質が糖質に変換される場である。

多くの真核細胞、ことに植物細胞と原生生物細胞は、膜で囲まれた**液胞**を含んでおり、液胞は多くの溶解された物質を含む水溶液で満たされている（**図1-20**）。植物の液胞はいくつかの機能を担っている。

- 貯蔵：植物細胞は多くの有毒な副産物や老廃物を生成する。これらの多くは液胞に貯蔵される。これらは有毒であったりまずかったりするので、動物がこれらの貯蔵物を持つ植物を食べるのを防ぎ、結果的にその植物の生存を助けることになる。
- 構造：多くの植物細胞では、巨大な液胞が細胞容積の90％

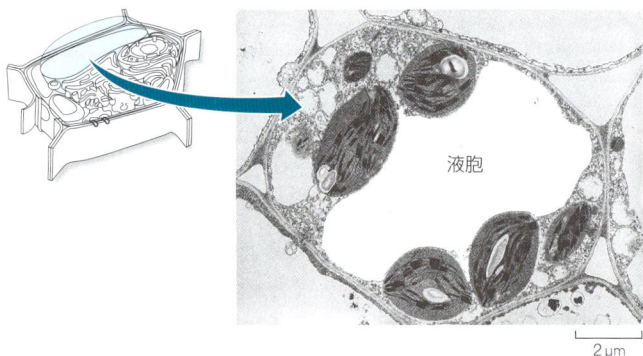

2 μm

図1-20 植物細胞の液胞は通常巨大である
この細胞の巨大な中心液胞は成熟した植物細胞に典型的なものである。細胞の両端にはもう少し小さな液胞が見える。

以上を占め、細胞が成長するにしたがって液胞も成長する。液胞に溶解している物質が存在するために、水が液胞中に入り込み、液胞は風船のように膨らむ。植物細胞は固い細胞壁を持っているので、液胞の膨張に抵抗し、膨圧（固さ）が生じ、これが植物を支えるのに役立っている。

■ 繁殖：種子植物の花弁や果実に含まれるある種の色素（とくに青とピンクの色素）は液胞中に存在する。これらの色素アントシアニンは、視覚的な目印となり、受粉や種子の分散を助けてくれる動物を引き寄せるのに役立っている。

■ 消化：ある種の植物では、種子中の液胞は、種子中のタンパク質を加水分解して単量体にする酵素を含んでいる。発生中の植物胚はこれらの単量体を養分として利用することができる。

養分液胞は、ある種の単純で進化的に古いグループに属する真核生物（単細胞原生生物や、例えばカイメンなどの単純な多細胞生物）の細胞に存在するが、こういった生物は消化管系を持たない。これらの生物では、細胞は養分粒子をファゴサイトーシスで取り込んで、養分液胞を形成する。この液胞がリソソームと融合することにより養分が消化される。生じた小分子は液胞から細胞質に移行して再利用されたり他の小器官に配送されたりする。

収縮液胞は多くの淡水産の原生生物に存在する。その機能は細胞内と淡水環境とのあいだの溶質濃度のアンバランスのために細胞内に流入してくる余分な水分を取り除くことである。収縮液胞は水が細胞内に入るにつれて拡大するが、やがて突然収縮し、特殊な孔構造を通して水分を細胞外に排出する。

細胞骨格は細胞の構造にとって重要である

多くの膜で囲まれた小器官に加えて、真核細胞の細胞質には一連の長く細い線維系が存在し、**細胞骨格**と呼ばれている。細胞骨格はいくつかの重要な役割を果たしている。

■ 細胞を支え、その形を維持している。

■ さまざまな細胞運動の基盤となっている。

■ 細胞内で小器官の位置を決めている。

■ 細胞骨格のある種の線維は、細胞内で小器官を動かすモータータンパク質の軌道として機能している。

■ 細胞外構造と相互作用して、細胞を所定の位置に固定するのに役立っている。

細胞骨格の線維構造が、これらすべての動的機能を果たしていることを、どのようにして知ることができるのだろうか？個々の構造を顕微鏡で観察したり、その構造を含む生細胞の機能を観察したりすることで、何らかの示唆を得ることはできるが、科学においては、単なる相互関係は因果関係を意味しない。細胞生物学では、"A"という構造ないし過程が"B"という機能を生じさせることを示すのに2つのやり方がある。

■ 阻害：Aを阻害する薬物を使用してBが起こるかどうかを見る。もし起こらなかったら、Aは多分Bの原因となっていると言える。**図1-21**にそのような薬物（阻害薬）を用いて細胞骨格と細胞運動のあいだの因果関係を証明する実験の例を挙げる。

■ 変異：Aをコードする（遺伝暗号を指定する）遺伝子を欠く細胞でBが起こるかどうかを見る。もし起こらなかったら、Aは多分Bの原因となっていると言える。続く第2巻にはこのような遺伝子からのアプローチを用いた実験が多く出てくる。

実験

仮説：アメーバの細胞運動は細胞骨格によって起きている。

方法
プロテウスアメーバ（非寄生性のアメーバ）は細胞膜を伸展させることで動く単細胞真核生物である

サイトカラシンBという薬物は細胞骨格の一部であるミクロフィラメントを破壊する

サイトカラシンBで処理されたアメーバ

対照：未処理のアメーバ

結果
処理されたアメーバは丸まり動かなくなる

未処理のアメーバは動き続ける

結論：細胞骨格のミクロフィラメントはアメーバの細胞運動にとって不可欠の構造である。

図1-21　生物学で因果関係を証明する
ある構造を阻害することが知られている物質（この場合ミクロフィラメント形成を阻害するサイトカラシンB）が、ある機能（この場合アメーバの細胞運動）をも阻害するかどうかを調べるために投与される。発展研究：コルヒチンという薬物は微小管を破壊する。細胞骨格のこの成分（微小管）がアメーバの細胞運動に関与していないことを示すにはどうしたらいいだろうか？

ミクロフィラメント ミクロフィラメントは単一でも、束状で
も、ネットワーク状でも存在しうる。直径およそ7nmで長さは
数μmにも及ぶ。ミクロフィラメントは2つの役割を持っている。
■ 細胞全体やその一部の運動を助けている。
■ 細胞の形を決定し、安定化している。

　ミクロフィラメントはアクチンの重合によって形成される。
アクチンはいくつかの形態で存在し、とくに動物では多くの機
能を持っている。ミクロフィラメント（アクチンフィラメント
ともいう）中のアクチンはコンパクトに折り畳まれ、両端の性
質は明らかに異なり、"プラス"端と"マイナス"端と呼ばれ
る。これらの端が他のアクチン単量体と相互作用して長い二重
らせんの鎖を形成している（図1-22A）。アクチンのミクロ
フィラメントへの重合は可逆的なもので、遊離のアクチン単量
体に分解して細胞から消失することもある。
　動物の筋細胞では、アクチンフィラメントは別のタンパク
質、"モータータンパク質"ミオシンと結合している。これら
2つのタンパク質の相互作用の結果、筋収縮が起きる。非筋細
胞では、アクチンフィラメントは細胞の形の局所的変化に関与
している。例えば、ミクロフィラメントは原形質流動と呼ばれ
る細胞質の流動運動や動物細胞が2つの娘細胞に分裂するとき
の"くびれ"収縮に関与している。ミクロフィラメントは、あ
る種の細胞が動くときに形成される仮足（偽足）と呼ばれる構
造の形成にも関与している。
　ある種の細胞では、ミクロフィラメントは細胞膜の直下で網
目構造を形成している。アクチン結合タンパク質がミクロフィ
ラメントを架橋して固い構造を形成し、細胞を支えている。例
えば、ミクロフィラメントはヒトの腸管細胞を裏打ちする小さ

な微絨毛を支え、腸管細胞の表面積を大きくして養分の吸収を促進している（**図1-23**）。

中間径フィラメント　少なくとも50種の異なる種類の**中間径フィラメント**が存在し、それらの多くがある種の細胞にしか存在しない。中間径フィラメントタンパク質は、共通の一般構造を持つ6つの分子種に分類され（アミノ酸配列により）、毛髪や爪を構成するタンパク質であるケラチンに類似の線維状タンパク質から構成される。これらのタンパク質は直径8～12nmの固いロープ状フィラメントを形成している（**図1-22B**）。中間径フィラメントは2つの大きな構造上の機能を果たしている。
- 細胞構造を安定化している。
- 張力に抵抗する。

　ある種の細胞では、中間径フィラメントは核膜から放射状に伸びて、細胞内で核や他の小器官の位置を維持している。核ラミナのラミンは中間径フィラメントである。他の種類の中間径フィラメントが腸管細胞の微絨毛中でミクロフィラメントの複合体を支えている（**図1-23**参照）。また別の種類の中間径フィラメントが、隣り合う細胞同士のデスモソームと呼ばれる"接着斑"を連結することにより、皮膚の固さを安定化して維持している（**図2-9B**参照）。

微小管　**微小管**は直径およそ25nmの長くて中空の枝分かれのないシリンダー構造で、長さは数μmにも及ぶ。微小管は細胞内で2つの役割を持っている。
- ある種の細胞では固い細胞内骨格を形成している。
- 細胞内でモータータンパク質がものを動かすときの軌道を提

粗面小胞体

ミトコンドリア

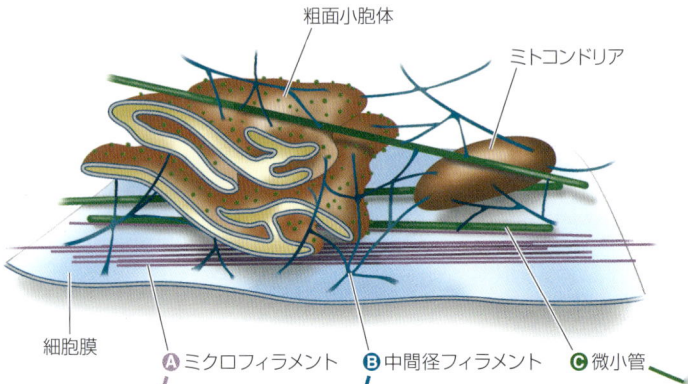

細胞膜　　　　Ⓐミクロフィラメント　　Ⓑ中間径フィラメント　　Ⓒ微小管

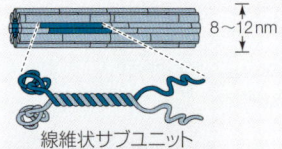

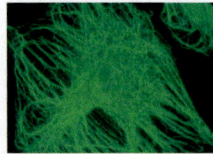

Ⓐミクロフィラメント

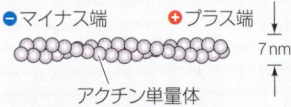

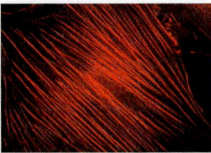

⊖マイナス端　　⊕プラス端

アクチン単量体

7 nm

20 µm

• アクチンタンパク質の鎖から構成され、時に他のタンパク質の鎖と結合する。
• 細胞の形を変え、収縮、原形質流動、細胞分裂時に起こる"くびれ"収縮などの細胞運動に関与する。
• ミクロフィラメントとミオシン鎖により筋収縮が起こる。

Ⓑ中間径フィラメント

8〜12 nm

線維状サブユニット

10 µm

• 線維状タンパク質が重合して固いロープ状の構造を形成し、細胞の構造を安定化し細胞の形を維持している。
• ある種の中間径フィラメントは隣り合う細胞同士を結びつけるのに役立っている。核ラミナの構成成分も中間径フィラメントである。

供している。

　微小管はチューブリンというタンパク質の重合体である。チューブリンは二量体であり、2つの単量体から構成されている。α-チューブリンとβ-チューブリンである。13本のチューブリン二量体の鎖が微小管の中心空洞を取り巻いている（**図1-22C**）。微小管の2つの端は性質が異なっている。一方はプラス（＋）端、もう一方はマイナス（－）端と呼ばれる。チューブリン二量体は、主としてプラス端で迅速に付加されたり脱落したりして、微小管が長くなったり短くなったりする。微小管は、この長さが迅速に変化する性質のために、ダイナミッ

⊖微小管

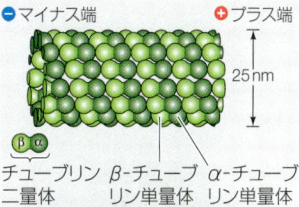

- チューブリンというタンパク質から構成されている長い中空のシリンダー構造である。チューブリンはα-チューブリンとβ-チューブリンという2つのサブユニットから構成される。
- 微小管はチューブリン二量体の付加や脱落により長くなったり短くなったりする。
- 微小管の短縮により染色体が動く。
- 微小管同士の相互作用により細胞が動く。
- 微小管は小胞の運動の軌道となる。

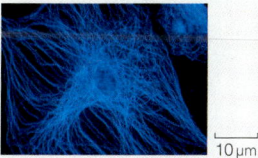

図1-22　細胞骨格
細胞骨格の3つの重要な構造成分の詳細を示す。これらの構造は細胞の形を維持・補強し、細胞運動に関与する。

クな構造となっている。微小管のこのダイナミックな性質は、とくに動物細胞でよく認められる。マクロファージなどのように形を変える細胞の一部で微小管はしばしば観察される。

多くの微小管が、細胞内の微小管形成中心と呼ばれる領域から放射状に伸びている。チューブリンの重合により固い構造が形成され、チューブリンの脱重合によりその固い構造が消失する。

植物では、微小管は細胞壁のセルロース線維の配列を調節している。植物の電子顕微鏡写真では、細胞壁を形成もしくは伸長している細胞の細胞膜直下に微小管が存在しているのをしばしば見かける。これらの微小管の方向を実験的に変えると、細胞壁の向きもそれにしたがって変化し細胞の形も変わる。

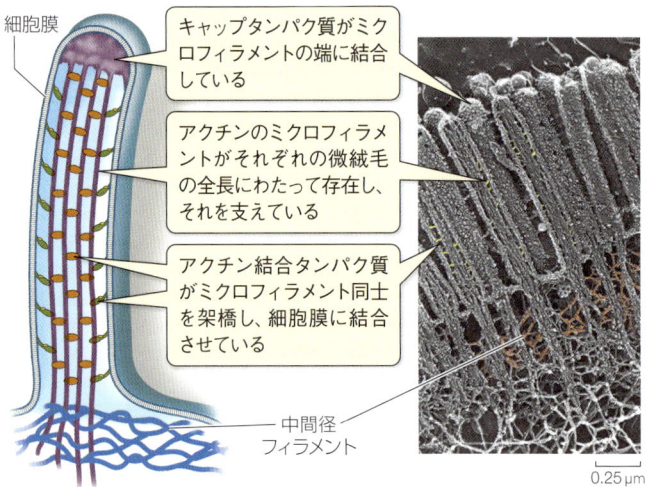

細胞膜

キャップタンパク質がミクロフィラメントの端に結合している

アクチンのミクロフィラメントがそれぞれの微絨毛の全長にわたって存在し、それを支えている

アクチン結合タンパク質がミクロフィラメント同士を架橋し、細胞膜に結合させている

中間径フィラメント

0.25 µm

図1-23　構造を支えるミクロフィラメント
腸管を裏打ちする細胞は微絨毛と呼ばれる小さな突起を持っている。この微絨毛はミクロフィラメントによって支えられている。微絨毛によって細胞の表面積は増大し、小分子の吸収を促進している。

　多くの細胞で、微小管は**モータータンパク質**の軌道（レール）として機能する。モータータンパク質はエネルギーを使って自分の形を変えて動く特殊なタンパク質である。モータータンパク質は微小管に結合しそれに沿って動く。その時に細胞の一部から別の場所へとものを運搬する。微小管は、細胞分裂時に染色体を娘細胞へと分配するのにも不可欠である。微小管は、可動性の細胞付属器である線毛と鞭毛に不可欠の構成成分でもある。

> 微小管は細胞分裂時の染色体の適切な配列にとって非常に重要な要素であるので、微小管ダイナミクス（動的平衡状態）を破壊するコルヒチンやタキソールなどの薬物は、細胞分裂も阻害する。これらの薬物を分裂が盛んながん細胞に対して用いれば、がん治療に有効である。

線毛と鞭毛　多くの真核細胞は線毛か鞭毛を持っている。これらのむち状の小器官によって、細胞は水の中を動くことができるし、周囲の液体を細胞表面に沿って動かすことができる。線毛と真核細胞の鞭毛（原核細胞の鞭毛とはまったく異なる）は両方とも特殊な微小管から構成され、同一の内部構造を持っているが、長さと動きのパターンに違いがある。

- 線毛は鞭毛よりも短く、通常は鞭毛に比べてもっとたくさん存在する（**図1-24A**）。線毛は一方向に固く打って、反対方向には柔らかく戻る（ちょうど水泳選手の腕のように）。その結果、戻るときのストロークは始めのストロークの仕事を打ち消さない。
- 真核細胞の鞭毛は線毛よりも長く、通常1本か2本存在する。屈曲の波は鞭毛の一端から他の端へ蛇行するように伝わっていく。

　横断面では、典型的な線毛ないし真核細胞の鞭毛は細胞膜に

よって囲まれて"9＋2"配列の微小管を含んでいる。**図1-24B**に示すように、微小管の融合したペア（ダブレットと呼ばれる）が9本外側のシリンダーを形成し、一対の融合していない微小管が中心を走っている。それぞれのダブレットの1つの微小管からスポーク構造が放射状に伸びて、ダブレットを中心の微小管と連結している。

　すべての真核細胞の鞭毛や線毛の根元の細胞質には、基体と呼ばれる小器官が存在する。9本の微小管ダブレットは基体の中まで伸びている。基体の中では、それぞれのダブレットはもう1本の微小管が追加され、3本の微小管から構成される9組のトリプレットになっている。線毛の中央の融合していない2本の微小管は基体の中まで伸びていない（**図1-24C**）。

　中心小体は線毛や鞭毛の基体とほとんど同じ構造である。中心小体は種子植物とある種の原生生物を除くすべての真核生物の微小管形成中心に存在する。光学顕微鏡で見ると、中心小体は小さな特徴のない粒子に見えるが、電子顕微鏡で見ると、3本の融合した微小管が9組並んだ構造をしていることがわかる。中心小体は紡錘体（染色体が結合する）形成に関与している。

　　モータータンパク質　線毛と鞭毛の9つの微小管ダブレットはタンパク質によって連結されている。線毛と鞭毛の動きは微小管ダブレットがお互いに滑り合うことから生じる。この滑り運動は、ダイニンというモータータンパク質によって駆動される。ダイニンなどすべてのモータータンパク質は、ATPからのエネルギーを利用し可逆的な三次元構造変化をすることによって機能する。1つの微小管ダブレットに付着しているダイニン分子が隣の微小管ダブレットに結合する。ダイニン分子が形

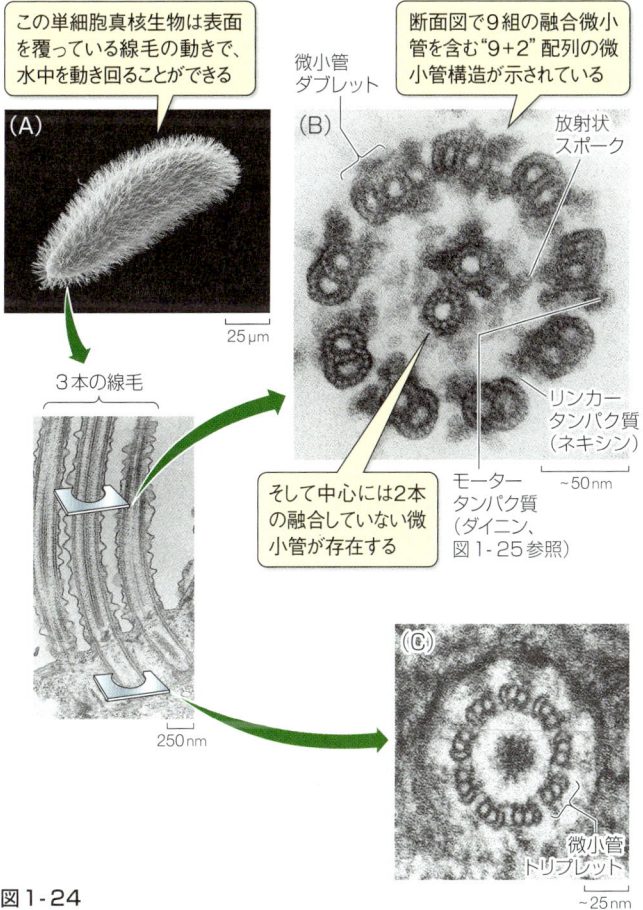

この単細胞真核生物は表面を覆っている線毛の動きで、水中を動き回ることができる

断面図で9組の融合微小管を含む"9+2"配列の微小管構造が示されている

微小管ダブレット

放射状スポーク

(A)

25μm

3本の線毛

そして中心には2本の融合していない微小管が存在する

モータータンパク質（ダイニン、図1-25参照）

リンカータンパク質（ネキシン）

~50nm

250nm

(B)

(C)

微小管トリプレット

~25nm

図1-24

微小管の滑り運動が線毛を曲げる

（A）この単細胞の真核生物（線毛虫）は線毛の動きをコントロールすることによって、素早く動くことができる。

（B）線毛の断面図で微小管とタンパク質の配置がわかる。

（C）基体の断面図。

69

を変えるにつれて、微小管ダブレット間の滑り運動が起きる（**図1-25A**）。

　もう1つ別のモータータンパク質であるキネシンが、細胞内のある場所から別の場所へと小胞を輸送する。キネシンや類似のモータータンパク質は小胞などの小器官に結合し、形を変えることにより微小管上を"歩いて（ウォーキング）"移動し、小

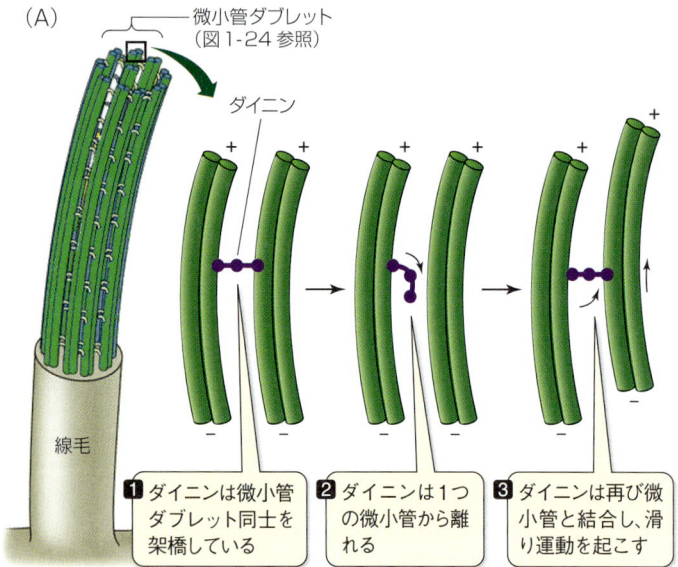

(A)

微小管ダブレット
（図1-24 参照）

ダイニン

線毛

❶ダイニンは微小管ダブレット同士を架橋している

❷ダイニンは1つの微小管から離れる

❸ダイニンは再び微小管と結合し、滑り運動を起こす

胞などを輸送する。この過程はミオシンに相同のおよそ350個のアミノ酸配列によって駆動される。ミオシンは筋細胞中でアクチンのミクロフィラメントに結合しそれを動かすモータータンパク質である。微小管はプラス端とマイナス端を持っており、ダイニンは結合した小器官をマイナス端に向けて輸送するのに対して、キネシンはプラス端に向けて輸送する（**図1-25B**）。

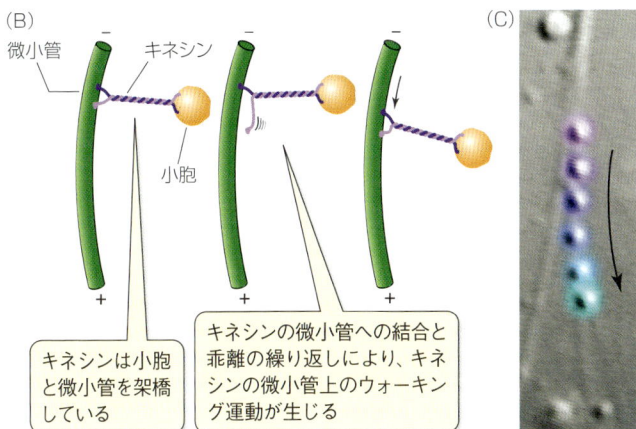

(B)
微小管
キネシン
小胞

キネシンは小胞と微小管を架橋している

キネシンの微小管への結合と乖離の繰り返しにより、キネシンの微小管上のウォーキング運動が生じる

(C)

図1-25　モータータンパク質は微小管に沿って小胞を輸送する
（A）モータータンパク質のダイニンによって、線毛や鞭毛の微小管ダブレットは互いに滑り運動をする。
（B）キネシンは微小管の軌道に沿って動くことにより、小胞などの小器官を細胞内のいろいろな部位へと輸送する。ダイニンはものを微小管のプラス端からマイナス端へと動かすのに対して、キネシンはマイナス端からプラス端へと動かす。
（C）細胞性粘菌中で、小胞（カラー）がキネシンに駆動されて微小管軌道に沿って移動する。時間経過が紫から青への色勾配によって示されている（0.5秒間隔のタイムラプス顕微鏡写真）。

1.4 細胞外構造の役割は何か？

　すべての細胞は環境と相互作用しているが、多くの真核細胞は多細胞生物体の一部であるため、他の細胞とも相互作用しなければならない。これらの相互作用において、細胞膜は非常に重要な役割を果たしているが、細胞膜外の他の構造も関与している。

　細胞膜は細胞内外の機能的なバリアとなっているが、多くの構造が細胞によって作られ、細胞膜の外側に分泌される。これらは細胞外で細胞の防御、支持、接着に関して重要な役割を果たしている。これらは細胞外に存在するので、細胞外構造と呼ばれる。細菌のペプチドグリカン細胞壁はこのような細胞外構造の一例である。真核生物では、他の細胞外構造、例えば植物の細胞壁や動物の細胞と細胞のあいだに存在する細胞外基質が同様の役割を果たしている。これらの構造は共に、2つの構成要素から成り立っている。線維性の高分子とゲル状の液性成分である。

植物の細胞壁は細胞外構造である

　植物細胞の**細胞壁**は細胞膜外に存在する適度に固い構造である（図1-26）。複合多糖類とタンパク質に埋め込まれたセルロース線維から構成されている。細胞壁は植物において3つの役割を果たしている。
- 細胞を支え、その固さで細胞容積を一定限度以内に制限している。
- 植物病を起こす真菌や他の生物による感染へのバリアとして機能している。
- 植物細胞が大きくなるのに伴って成長し、植物の形を作るのに寄与している。

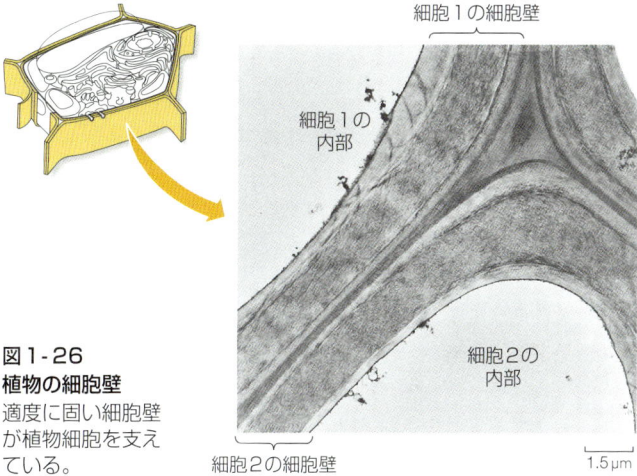

図1-26
植物の細胞壁
適度に固い細胞壁が植物細胞を支えている。

（図中ラベル）
細胞1の細胞壁
細胞1の内部
細胞2の内部
細胞2の細胞壁
1.5 μm

　細胞壁が厚いために、植物細胞を光学顕微鏡で観察すると、お互いに完全に孤立しているように見えるが、電子顕微鏡で観察すると、そうではないことがわかる。隣り合う植物細胞の細胞質は、無数の細胞膜で裏打ちされた**原形質連絡**というチャネルによって繋がっている。原形質連絡は直径およそ20～40 nmで、隣り合う細胞の細胞壁を貫いている（第3巻**図12-22**参照）。原形質連絡によって、隣り合う細胞間の水、イオン、小分子、RNA、タンパク質の拡散が可能となり、これらの物質が細胞間で均一に分布することになる。

動物では細胞外基質が組織の機能を支えている

　動物細胞には植物細胞に特徴的な細胞壁がないが、多くの動物細胞は、**細胞外基質**によって取り囲まれている。この基質は**コラーゲン**（哺乳類で最も豊富に存在するタンパク質で、人体

のタンパク質の25％を占めている）などの線維性タンパク質、主として糖質を構成成分とする**プロテオグリカン**と呼ばれる糖タンパク質のマトリックス、線維性タンパク質とゲル状のプロテオグリカンマトリックスを繋ぐ第三のタンパク質群から構成される（**図1-27**）。これらのタンパク質は、体組織に特異的

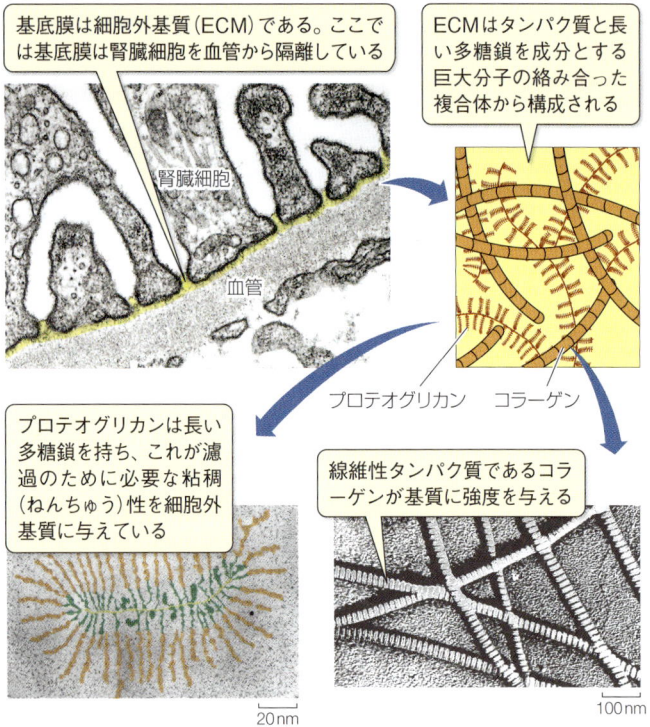

基底膜は細胞外基質（ECM）である。ここでは基底膜は腎臓細胞を血管から隔離している

腎臓細胞

血管

ECMはタンパク質と長い多糖鎖を成分とする巨大分子の絡み合った複合体から構成される

プロテオグリカン　　コラーゲン

プロテオグリカンは長い多糖鎖を持ち、これが濾過のために必要な粘稠（ねんちゅう）性を細胞外基質に与えている

線維性タンパク質であるコラーゲンが基質に強度を与える

20 nm

100 nm

図1-27　細胞外基質
腎臓の細胞が基底膜を分泌する。基底膜は、腎臓細胞を隣接する血管から隔離し、腎臓細胞と血液のあいだを通る物質の濾過に関与する。

な他の物質と共に、基質の近くの細胞から分泌される。

　細胞外基質の機能は多数ある。

■ 組織で細胞同士を結び付ける。

■ 軟骨、皮膚、その他の組織の物理的特性に寄与する。

■ 異なる組織間を通過する物質を濾過する。

■ 発生や組織修復の際に、細胞運動の方向性を決めるのに役立っている。

■ 細胞間の化学的なシグナル伝達で役割を果たしている。

　人体では、例えば脳のように、ほとんど細胞外基質がない組織もあれば、骨や軟骨のように細胞外基質が大量に存在する組織もある。骨細胞は主としてコラーゲンとリン酸カルシウムから構成される細胞外基質に埋め込まれている。この細胞外基質が骨に硬さを与えている。体腔を裏打ちしている上皮細胞は、基底膜という一種の細胞外基質の上に、シートを形成して拡がっている（**図1-27**参照）。

　細胞外基質の中には、巨大なプロテオグリカンを含んでいるものもある。このプロテオグリカン1分子では、数百の多糖鎖がおよそ100個のタンパク質に共有結合し、それらすべてが1つの巨大な多糖に結合している。このプロテオグリカンの分子量は1億（10^8）Daを超え、1個の真核細胞と同じぐらいの容積を占める。

1.5 真核生物はどのように発生したのだろうか？

　我々はこの章を、およそ35億年前まで遡る地球上の最古の原核細胞の証拠について述べることから始めた。15億年前に最初の真核細胞が出現したが、それまでは、生命の世界は完全に原核細胞の世界であった。真核細胞の出現は生命の歴史において画期的な出来事であった。真核生物の特徴である細胞内の区画化により、新しい生化学的機能がずっと容易に進化するようになったからである。

細胞内共生説がどのように真核細胞が進化したのかを説明してくれる

　最初の原核生物は多分養分を環境から直接取り込んでいたと思われる。それからあるものは光合成をするようになった。しかしながら他の原核生物は、より小さな原核生物を飲み込むことにより養分を摂取していた（**図1-28**）。光合成をする小さな原核生物が大きな原核生物に飲み込まれたが、消化はされな

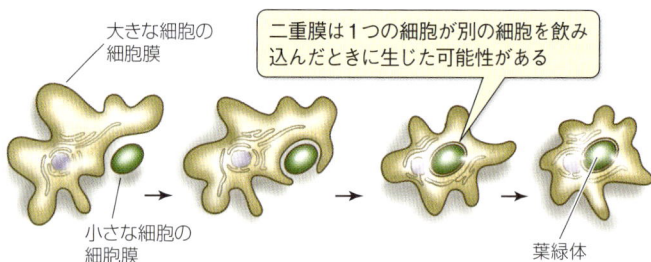

大きな細胞の細胞膜

二重膜は1つの細胞が別の細胞を飲み込んだときに生じた可能性がある

小さな細胞の細胞膜

葉緑体

図1-28　細胞内共生説
葉緑体は大きな細胞によって飲み込まれた小さな光合成性の原核生物に由来するものかもしれない。

かったと仮定しよう。消化されなかった光合成性原核生物は生き残り、大きな原核生物の細胞質中から抜け出せなくなる。飲み込まれた原核生物が飲み込んだ原核生物と同じような速度で分裂する場合、飲み込んだ原核生物の子孫細胞の中には飲み込まれた原核生物がいつも存在することになる。このような**細胞内共生**により、両者共に利益を被ることになる。飲み込まれた細胞は飲み込んだ細胞に光合成によって作られた単糖を供給し、飲み込んだ細胞は飲み込まれた細胞を保護するからである。このようにして、光合成性原核生物から現代の葉緑体が進化したのかもしれない。

　同様に、ミトコンドリアも大きな原核生物によって飲み込まれた呼吸機能を持つ原核生物の子孫なのかもしれない。光合成の結果、大気中の酸素濃度が上昇し、飲み込まれた原核生物が酸素毒性を消去できるので、このような共生関係が進化上有利になったのだろう。

　このような真核生物の進化に関する**細胞内共生説**は19世紀には提唱されていたが、1980年代のリン・マーギュリス（Lynn Margulis）の仕事によって、多くの人が信じるものになった。真核細胞の葉緑体とミトコンドリアの大きさはほぼ原核細胞の大きさに等しい。これらの小器官は、自分自身のDNAとリボソームを持っており、自らの構成成分の一部を自分で合成する。しかしながら、核の調節から独立しているわけではない。すなわち、これらの小器官のタンパク質の大部分は核のDNAによってコードされ、細胞質で合成されてから、小器官内に輸送される。時間の経過と共に、小器官のもとになった飲み込まれた原核生物は次第にDNAを失っていき、それが飲み込んだ細胞の核に移行したのかもしれない。

多くの状況証拠が細胞内共生説を支持している。
- 進化のタイムスケール（例えば数万年というような）では、真核細胞内の小器官のあいだでDNAの移動が起き得る証拠がある。
- 葉緑体と光合成性細菌のあいだには多数の生化学的な類似点がある。
- 現代の葉緑体DNAと光合成性原核生物DNAのあいだには強い相同性が存在する。

原核生物も真核生物も進化し続けている

現代の原核生物は真核細胞に存在する構造を多数含んでいる。例えば、細胞骨格、リボソーム、細胞膜などである。これらの構造はゆっくりと進化してきた可能性がある。すべての生物が共通の化学的特性を持っていることから、真核細胞は原核細胞から進化したものであることが示唆される。例えば、原核細胞も真核細胞も以下の特性を持つ。

- 遺伝物質として核酸を用いる。
- タンパク質に同一の20種類のアミノ酸を用いる。
- 光学異性体のうち、D-糖とL-アミノ酸を用いる。

30ページに記載したように、多くの現代の原核生物は細胞膜が細胞内に畳み込まれた内膜系を持っている。進化の過程で、そのような内膜系が次第に細胞膜から分離し、小胞体、ゴルジ装置、リソソームを形成したと考えられている。現代の原核細胞は核様体と呼ばれる中心領域に遺伝物質を持っている（**図1-6**参照）。細胞分裂のあいだ、このDNAは細胞膜に付着する。もし膜がミクロフィラメントの助けを借りてDNAを包み込めば、細胞はDNAを核の中に区画化することになる。

　細胞膜の流動性が、真核細胞の区画化において主要な役割を果たしたことは疑い得ない。細胞骨格のミクロフィラメントが膜を支える足場を作る。ミクロフィラメントは収縮することができるので、膜に結合したミクロフィラメントはゴムバンドのように膜を変形させることができる。ミトコンドリアと葉緑体を包み込む二重膜系も細胞内共生により生じたのかもしれない。外膜は飲み込んだ細胞の細胞膜由来で、内膜は飲み込まれた細胞の細胞膜由来である可能性がある。このような構造（細胞の周りを取り囲みそれを包み込む細胞膜）は重要なので第2章すべてを使ってその説明をする。

1. 原核細胞と植物細胞の両者に存在する構造はどれか？

ⓐ 葉緑体
ⓑ 細胞壁
ⓒ 核
ⓓ ミトコンドリア
ⓔ 微小管

2. 細胞の大きさを限定している主要な要素はどれか？

ⓐ 細胞質の水濃度
ⓑ エネルギー需要
ⓒ 膜によって包まれた小器官の存在
ⓓ 表面積の容積に対する比
ⓔ 細胞膜の構成成分

3. ミトコンドリアに関する記述のうち、誤っているものはどれか？

ⓐ 内膜が折り畳まれてクリステを作っている。
ⓑ ミトコンドリアは通常直径1μm以下である。
ⓒ ミトコンドリアはクロロフィルを含んでいるので緑色である。
ⓓ 細胞質由来の燃料分子はミトコンドリアで酸化される。
ⓔ ATPはミトコンドリア内で産生される。

4. プラスチドに関する記述のうち、正しいものはどれか？

ⓐ 原核細胞中に存在する。
ⓑ 一重膜によって覆われている。
ⓒ 細胞呼吸の場である。
ⓓ 真菌類にしか存在しない。
ⓔ いくつかのタイプの色素か多糖類を含んでいる。

5. もし細胞内のすべてのリソソームが突然破裂したら、どんなことが起きると考えられるか？

ⓐ 細胞質中の高分子が分解され始める。
ⓑ 多くのタンパク質が合成される。
ⓒ ミトコンドリア内のDNAが分解される。
ⓓ ミトコンドリアと葉緑体が分裂する。
ⓔ 細胞機能に大きな変化は生じない。

6. ゴルジ装置は

ⓐ 動物にしか存在しない。
ⓑ 原核生物中に存在する。
ⓒ 細胞を動かす付属器である。
ⓓ 迅速なATP産生の部位である。
ⓔ タンパク質を修飾し梱包する場である。

7. 以下の小器官のうち、膜系によって包まれていないのはどれか？

ⓐ リボソーム
ⓑ 葉緑体
ⓒ ミトコンドリア
ⓓ ペルオキシソーム
ⓔ 液胞

8. 細胞骨格は

ⓐ 線毛、鞭毛、ミクロフィラメントである。
ⓑ 線毛、微小管、ミクロフィラメントである。
ⓒ 内部細胞壁である。
ⓓ 微小管、中間径フィラメント、ミクロフィラメントである。
ⓔ 石灰化した微小管である。

9. ミクロフィラメントは

ⓐ 多糖から構成される。
ⓑ アクチンから構成される。
ⓒ 線毛運動、鞭毛運動の基盤となる。
ⓓ 染色体の運動を助ける紡錘体の構成要素である。
ⓔ 細胞内で葉緑体の位置を維持している。

10. 植物の細胞壁に関する記述のうち、誤っているものはどれか？

ⓐ その主要な構成成分は多糖である。
ⓑ 細胞膜外に存在する。
ⓒ 細胞を支えている。
ⓓ 隣り合う細胞同士を完全に隔離している。
ⓔ 適度な固さを持つ。

テストの答え　1.ⓑ　2.ⓓ　3.ⓒ　4.ⓔ　5.ⓐ
　　　　　　　6.ⓔ　7.ⓐ　8.ⓓ　9.ⓑ　10.ⓓ

第2章

ダイナミックな
細胞膜

細胞膜での大惨事

　最初のデートで、ポールとアンはエキゾチックな昼食を共にした。その中には缶詰のヤシの実もあった。翌朝、彼らは突然これまで経験した中で最悪の下痢、吐き気、嘔吐に襲われた。2人はショック状態で病院に運ばれ、そのときは、血圧が非常に低下し心拍も不整で、瀕死状態であった。検便の結果、病気の原因がすぐさま特定された。コレラ菌だった（**図2-1**）。感染源はエルサルバドルで缶詰にされたヤシの実だった。エルサルバドルは1990年代初期にコレラが猛威をふるったとき以来コレラ菌が存在する場所として知られていた。コレラは感染していない人が、通常、感染した人の便で汚染された水に含まれているコレラ菌を飲み込んだときに拡がる。この症例では、汚染された水を使ってヤシの実を洗ったのだろう。

　19世紀後半まで、人々はこの恐ろしい病気の原因も知らなかったし、この病気がどのように拡がるかも知らなかった。1854年に、ジョン・スノー（John Snow）という内科医がロンドン中心部で発生したコレラの感染源を1つの水ポンプにまで特定した。彼がそのポンプの取っ手を除去すると、コレラの

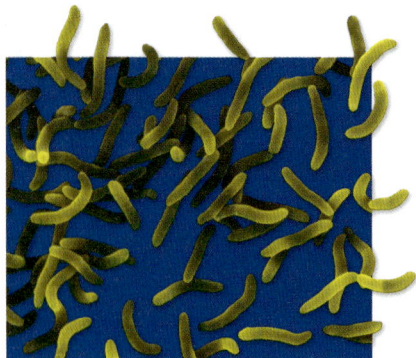

図2-1　コレラ菌
この細菌がヒトの小腸の細胞膜に変化を起こし、コレラを引き起こす。コレラは命にかかわる疾患だったが治療可能である。

流行は下火になった。およそ30年後、ベルリンでロベルト・コッホ（Robert Koch）はコレラで汚染された水を顕微鏡で調べて、コレラ菌を単離した。これらの、病気を特定の原因と結び付ける、見たところ単純な発見により、医学の一分野である疫学の誕生につながった。疫学は、いかにして病気が人々のあいだで拡がるのか、いかにしてこれをコントロールできるのかを研究する学問である。

　現代の医学知識は、アンとポールが汚染されたヤシの実を食べた後に彼らの体に起こった出来事を含めて、より多くのことが説明可能である。彼らが飲み込んだ細菌のほとんどは胃の酸性環境中で死滅した。しかし少数が生き残り、小腸細胞の細胞膜に結合し、有毒なタンパク質を放出した。この毒素が健康な細胞に入り込み、細胞膜に対して2つの作用を及ぼした。1つは細胞内にナトリウムイオン（Na^+）を汲み入れる、ある膜タンパク質を不活化した。また、通常は閉じている膜チャネルを開け、塩化物イオン（Cl^-）が細胞内から小腸管腔へと漏出するようにした。

　小腸細胞を包んでいる健康な細胞膜は、細胞内のNa^+とCl^-の濃度を細胞外よりも高く維持する"門番"の役割を小腸において果たしている。コレラ毒素によって、この必要な不均衡がひっくり返され、Na^+とCl^-が細胞から小腸管腔に漏出してしまう。その結果、浸透と呼ばれる作用で、水分が体の細胞から小腸管腔へと引き出され、重症の下痢と致命的な脱水状態が引き起こされる。幸運なことに、コレラの治療は比較的容易である。医師は失われたイオンと水を補うために経口水分補給を行う（**図2-2**）。ポールとアンはNaClとグルコースを含む平衡溶液を与えられ、完全に回復した。

　コレラは衛生が不十分な地域では深刻な脅威であり、災害

図2-2 コレラの治療
1990年代初頭に、コレラの流行がペルーで発生し中南米諸国に広まり、3年間で100万人以上の罹患者が出た。ここではWHOの医療従事者がペルーの子どもに経口水分補給を行っている。

（ハリケーンや地震など）のために、水の供給が途絶えたときにはどこでも深刻な脅威となりうる。しかし水分補給療法は安価で、安全で、迅速で、効果的である。この療法が可能となったのは、細胞膜の機能がわかっているからである。

> **この章では** 生体膜の構造と機能に焦点を当てる。膜は、細胞を他の細胞や環境中の分子と相互作用させることにより重要な生理的役割を果たすダイナミックな構造である。ここではこれらの相互作用の構造的側面を説明する。膜は細胞内外の分子やイオンの動きも調節する。膜の選択的透過性は生命の重要な特徴である。

2.1　生体膜の構造はどうなっているか？

　すべての生体膜の物理的構造と機能は、その構成成分である脂質、タンパク質、糖質に依存する。脂質は、膜が膜として1つにまとまっていることの物理的基盤であり、水とかイオンのような親水性の物質の迅速な透過に対する効果的な障壁となる。それに加えて、リン脂質二重層は、多様なタンパク質が“浮かぶ”脂質の“湖”の役割を果たしている（**図2-3**）。このような一般的なモデルを**流動モザイクモデル**と呼ぶ。

　リン脂質二重層に埋め込まれているタンパク質は、膜を通して物質を移動させたり、細胞の外部環境から化学的シグナルを受け取ったり、いろいろな機能を果たしている。それぞれの膜は、それが包み込む細胞や小器官独特の機能に適した一連のタンパク質を持っている。

　膜に結び付く糖質は脂質かタンパク質分子に結合している。細胞膜では、糖質は外側に局在し、細胞外環境に突き出ている。ある種のタンパク質と同様に、糖質はある特定の分子の認識機構において重要な役割を果たしている。

脂質が膜の大部分を構成している

　生体膜中の脂質は通常リン脂質である。ある物質は親水性（水に馴染みやすい性質）であり、またある物質は疎水性（水に馴染みにくい性質）である。リン脂質は両者の領域を持っている。
- 親水性領域：リン脂質のリンを含む“頭部”は荷電しており、極性のある水分子と結合している。
- 疎水性領域：リン脂質の長い非極性の脂肪酸“尾部”は他の非極性物質と結合しており、水に溶けたり親水性物質と結合したりはしない。

これらの性質のために、リン脂質は二重層を形成して水と共存する。すなわち、2つの層の脂肪酸"尾部"が相互作用し、極性の"頭部"は外側の水性環境に面している（**図2-4**）。

　実験室でも、自然の膜と同様の構造を持つ人工二重膜を容易に作ることができる。さらに、リン脂質二重層に開いた小さな穴はすぐに自発的に閉じてしまう。脂質の、このお互いにすぐに結合し二重層構造を維持するという性質のために、生体膜は小胞形成、ファゴサイトーシスなどの過程で容易に融合するのである。

　すべての生体膜は同様の構造を持っているが、さまざまな細胞や小器官の膜の脂質構成はそれぞれ大きく異なっている。

- リン脂質は脂肪酸鎖の長さ、脂肪酸の不飽和度（二重結合の数）、極性基（リン酸を含む）の種類などの点で違いがある。
- コレステロールは、膜の脂質含量の最大25%まで占めうる。コレステロールは膜が膜として1つにまとまるために重要であり、膜中のコレステロールのほとんどは健康に害を及ぼさない。コレステロール分子は通常不飽和脂肪酸の隣に存在する（**図2-3**参照）。

> 手に付いた泥は、ただの水で洗い流すことができる。しかしながら、グリース（油）をその方法で洗い流すことはできない。グリースは水溶性ではないからである。石けん分子には水溶性の部分と脂溶性の部分があるので、石けんと水でグリースを洗い落とすことができる。

　リン脂質二重層は膜構造全体を安定化するが、膜に柔軟性を保たせている。同時にリン脂質の脂肪酸は膜の疎水性の内部に流動性を与えている（ちょうど機械油のように）。この流動性のために、ある種の分子は膜平面内を側方に移動することが可能となる。細胞膜中の、あるリン脂質分子は、細胞の片端から他の端までわずか1秒あまりで移動することができる。これに対して、二重層の片側にあるリン脂質分子が反対側にひっくり

返って別のリン脂質分子と場所を交換するということは滅多に起こらない。そのような交換が起こるためには、それぞれの分子の極性部位が膜内部の疎水領域を通過しなければならない。リン脂質の180度の方向転換は稀なので、二重層の外側と内側

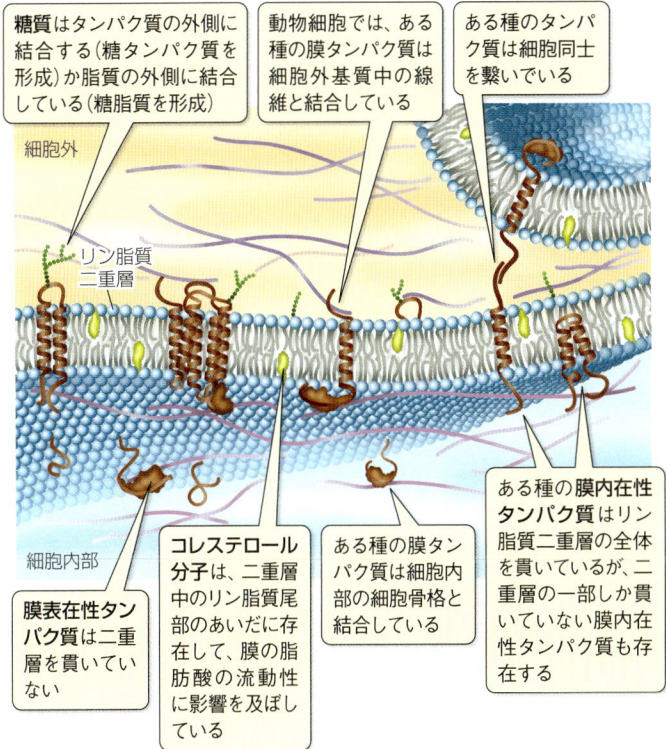

糖質はタンパク質の外側に結合する（糖タンパク質を形成）か脂質の外側に結合している（糖脂質を形成）

動物細胞では、ある種の膜タンパク質は細胞外基質中の線維と結合している

ある種のタンパク質は細胞同士を繋いでいる

細胞外

リン脂質二重層

ある種のタンパク質は細胞内部の細胞骨格と結合している

ある種の**膜内在性タンパク質**はリン脂質二重層の全体を貫いているが、二重層の一部しか貫いていない膜内在性タンパク質も存在する

細胞内部

膜表在性タンパク質は二重層を貫いていない

コレステロール分子は、二重層中のリン脂質尾部のあいだに存在して、膜の脂肪酸の流動性に影響を及ぼしている

図2-3　流動モザイクモデル
生体膜の一般的な分子構造は、タンパク質が埋め込まれた連続したリン脂質二重層である（紫色の"リボン"は細胞と細胞外基質の構成要素を表している）。

ではそのリン脂質組成が大分異なる。

　膜の流動性はその脂質組成と温度の影響を大きく受ける。一般的に言って、脂肪酸鎖が短いほど、脂肪酸の飽和度が低いほど、またコレステロール含量が少ないほど、膜の流動性は高い。適度な膜の流動性は多くの膜機能にとって重要である。温度が低ければ低いほど、分子の動きはゆっくりとなり膜の流動性は減少するので、体温を高く保つことができない生物では膜機能は低下する。この問題に対処するために、ある種の生物は寒冷状況で膜の脂質組成を変える。すなわち、飽和脂肪酸を不飽和脂肪酸に変え、短い脂肪酸鎖を利用するようになる。その

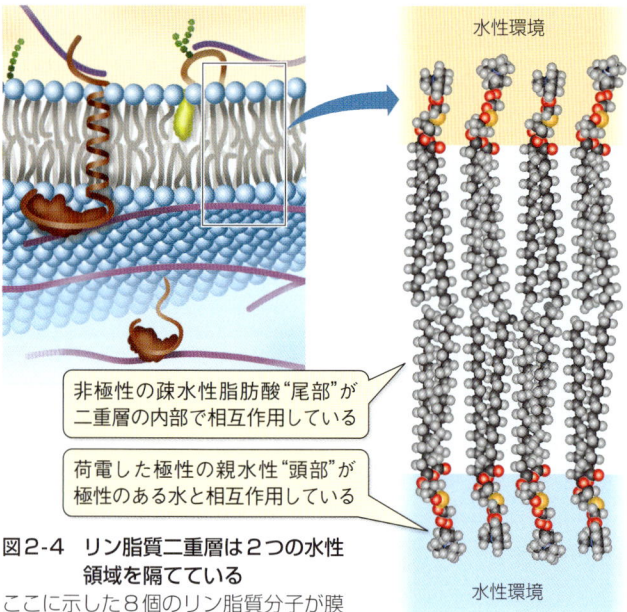

水性環境

非極性の疎水性脂肪酸"尾部"が
二重層の内部で相互作用している

荷電した極性の親水性"頭部"が
極性のある水と相互作用している

水性環境

**図2-4　リン脂質二重層は2つの水性
　　　　領域を隔てている**
ここに示した8個のリン脂質分子が膜
二重層の小さな一断面を示している。

ような変化が、植物、冬眠動物、細菌の冬期の生存が可能な一
因となっている。

膜タンパク質は非対称的に分布している

すべての生体膜はタンパク質を含んでいる。典型的には、細
胞膜はリン脂質分子25個あたり1個のタンパク質分子を含ん
でいる。しかしながらこの比は膜の機能によって変動する。エ
ネルギー産生に特化したミトコンドリア内膜では、リン脂質分
子15個あたり1個のタンパク質分子を含んでいる。他方、ニ
ューロンの突起を包み込み、脂質の電気的絶縁体としての性質
を利用するミエリン（髄鞘）では、リン脂質分子70個あたり
1個のタンパク質分子を含んでいるに過ぎない。

多くの膜タンパク質はリン脂質二重層に埋め込まれているか、
それを貫いている（**図2-3**参照）。リン脂質と同様に、これ
らのタンパク質は親水性領域と疎水性領域の両者を持っている。

- 親水性領域：親水性の側鎖を持つアミノ酸が連なる部分があ
ると、タンパク質のその領域は極性を持つことになる。それ
らの領域（ドメイン）は水性の細胞外環境ないし細胞質に突
き出て水と相互作用する。

※**訳注**：アミノ酸はカルボキシ基（−COOH）とアミノ基（−NH₂）
を持つが、これ以外にそれぞれのアミノ酸に特徴的な官能基を持ち、
これを側鎖と呼ぶ。

- 疎水性領域：疎水性の側鎖を持つアミノ酸が連なる部分があ
ると、タンパク質のその領域は非極性となる。それらのドメ
インは水から離れ、リン脂質二重層の内部で、脂肪酸鎖と相
互作用する。

凍結割断法と呼ばれる電子顕微鏡のための特殊な調製（標本

研究方法

1 凍結組織をダイヤモンドナイフかガラスナイフで割断する

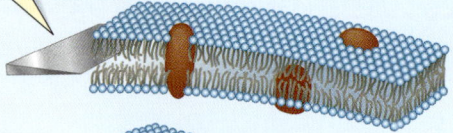

2 割断により、膜の半分が弱い疎水性界面に沿って残りの半分から分離する

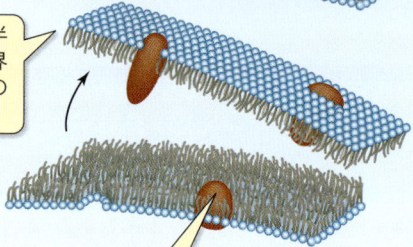

分離した膜から突き出ているタンパク質はもともと二重層に埋め込まれていたものである

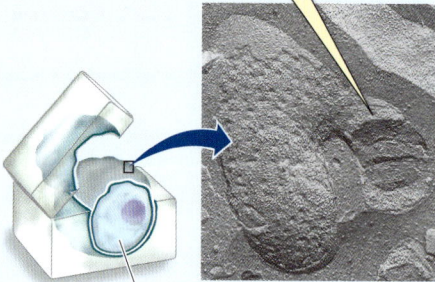

氷中で凍結された細胞

図2-5
凍結割断（フリーズフラクチャー）法で観察できた膜タンパク質
ホウレンソウの葉緑体の膜を凍結し、二重層が2つに分かれるように分離した。

作製）法を用いると、細胞膜のリン脂質二重層に埋め込まれた
タンパク質が観察できる（**図2-5**）。膜の内面から突き出てい
る隆起は純粋な脂質二重層では見られないものである。

　流動モザイクモデルでは、膜中のタンパク質と脂質は互いに
独立しており、非共有結合的にしか相互作用しない。タンパク
質の極性領域は脂質の極性領域と相互作用し、両分子の非極性
領域は疎水結合的に相互作用する。

　膜タンパク質は次の2つに分類される。

- **膜内在性タンパク質**は疎水性ドメインを持っており、リン脂
質二重層を貫いている。これらのタンパク質の多くが長い疎
水性のα-ヘリックス領域を持っており、これが二重層の中
心を貫いている。親水性の末端は膜の両側（細胞外と細胞
質）の水性環境に突き出ている（**図2-6**）。

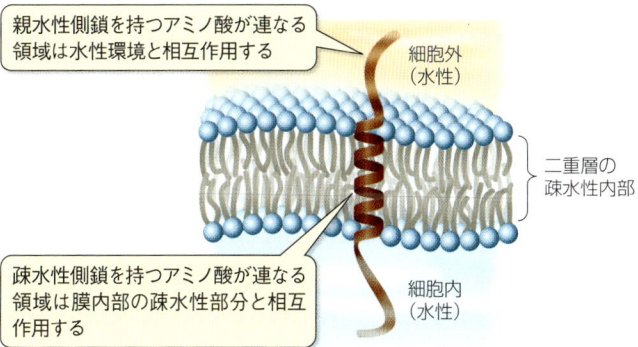

親水性側鎖を持つアミノ酸が連なる
領域は水性環境と相互作用する

細胞外
（水性）

二重層の
疎水性内部

疎水性側鎖を持つアミノ酸が連なる
領域は膜内部の疎水性部分と相互
作用する

細胞内
（水性）

図2-6　膜内在性タンパク質の相互作用
膜内在性タンパク質は、それを構成するアミノ酸の疎水性側鎖と親水
性側鎖の分布によって、膜中に固定されている。親水性の両端は水性
の細胞外環境と水性の細胞質に突き出ている。疎水性の領域は膜内部
の疎水性の部分と相互作用する。

■ **膜表在性タンパク質**は疎水性ドメインを欠き、二重層に埋め込まれてはいない。その代わり、極性（あるいは荷電）領域を持っており、これが膜内在性タンパク質の極性（荷電）領域やリン脂質分子の極性頭部と相互作用している（**図2-3**参照）。

　膜タンパク質の中には脂肪酸や他の脂質と共有結合しているものもある。これらのタンパク質は膜内在性タンパク質の特殊な型として分類することができる。疎水性の脂質成分があるために、リン脂質二重層に組み込まれることが可能だからである。

　タンパク質は膜の内側でも外側でも非対称的に分布している。膜の両側に突き出ていて、**膜貫通型タンパク質**と呼ばれる膜内在性タンパク質は、膜の両側で異なる"顔付き"をしている。このようなタンパク質は膜の外側にある特定のドメインを持っており、別のドメインを膜中に、さらに別のドメインを膜の内側に持っている。膜表在性タンパク質は膜のどちらか一方に局在しており、両方にまたがることはない。こういう膜タンパク質の配置のために、膜の2つの表面は異なる性質を持っている。これらの相違は非常に重要な機能的意味を持っている。

　脂質と同様に、多くの膜タンパク質はリン脂質二重層の中を比較的自由に動き回る。細胞融合の技術を用いた実験はこのタンパク質の移動を見事に示してくれる。2つの細胞が融合すると、単一の連続的な膜が形成され、両方の細胞を包み込む。それぞれの細胞由来のタンパク質の中には、この膜中に均一に分布するものが出てくる。

　多くのタンパク質は膜中を自由に動き回れるが、膜のある特定の領域に繋ぎ止められているタンパク質も存在する。これらの膜領域は牧場の中の馬囲いのような場所である。馬は柵で囲まれた領域の中を自由に動き回ることができるが、その外に出

ることはできない。例えば、筋細胞の細胞膜に存在する、ニューロンからの化学的シグナルを受け取るタンパク質は、通常はニューロンと筋細胞が接する場所にしか存在しない。膜中のタンパク質の動きを制限する方法は２つある。

■膜の直下に、膜タンパク質の細胞質に突き出ている部分と結合する細胞骨格成分が存在する。

■脂質ラフトと呼ばれる半固体状態の脂質がタンパク質を一定領域内に固定している。これらの脂質は周囲のリン脂質とは異なる構成成分を持っている。例えば、非常に長い脂肪酸鎖を持っていたりする。

膜はダイナミックである

　膜は、絶えず作られ、あるタイプから別のタイプに変換され、お互いに融合し、壊されている（**図2-7**）。

■真核生物では、リン脂質は滑面小胞体の表面で合成され、迅速に細胞中の膜へと分配される。

■膜タンパク質はリボソームで合成されるときに粗面小胞体へと挿入される。

■真核細胞内では、膜系は細胞内を動き回る。粗面小胞体の一部は小胞として出芽し、ゴルジ装置のシス領域に融合する。迅速に（１時間以内という場合もある）これらの膜はゴルジ装置のトランス領域に到達し、そこから出芽して、細胞膜と融合する。

■ゴルジ装置由来の小胞が細胞膜に融合することで、ファゴサイトーシスなどで細胞膜が失われる分が補給される。このようにして細胞の膜系は再生されるのである。

　すべての膜は電子顕微鏡で観察すると同じように見え、容易

に相互変換することから、すべての膜系は化学的に同一であるように思うかもしれない。しかしながら実際はそうではない。同じ細胞の膜系でも、その組成には大きな化学的相違が存在する。膜はある小器官の一部になるときに化学的修飾を受ける。

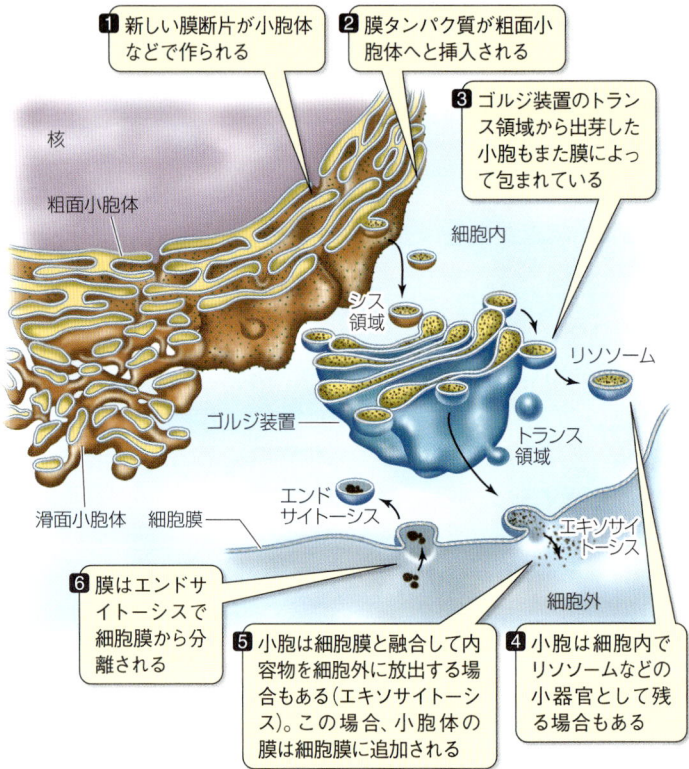

図2-7 膜のダイナミックな連続性
細胞の膜系は常に形成され、移動し、融合し、壊されている。

　例えば、ゴルジ装置内では、シス領域の膜は化学組成において小胞体膜によく似ているが、トランス領域の膜は細胞膜によく似ている。小胞が形成されるときに、小胞の内容物が選択されるように、小胞膜のタンパク質と脂質も、標的とする膜に合わせて選択されるのである。

膜の糖質は認識部位である

　脂質とタンパク質に加えて、多くの膜は糖質を相当量含んでいる。糖質は膜の外側に位置しており、他の細胞や分子に対する認識部位として機能する（**図2-3**参照）。

　膜結合性の糖質は脂質やタンパク質に共有結合している。

- **糖脂質**では糖質は脂質に共有結合している。糖脂質の糖鎖部分は細胞膜の外側まで伸びて、細胞間相互作用の認識シグナルとして機能する。例えば、細胞ががん化すると、ある種の糖脂質の糖部分が変化する。この変化により、白血球ががん細胞を標的として破壊するようになる場合もある。

- **糖タンパク質**では糖質はタンパク質に共有結合している。結合している糖質は、通常構成単糖が15個を超えないオリゴ糖鎖である。糖タンパク質があるために、細胞は他の細胞やタンパク質によって認識可能となる。

　膜上の単糖の"アルファベット"によって、多様なメッセージを作り出すことができる。多糖分子は、3～7炭糖がお互いに異なる部位で結合して形成される。すなわち、直鎖状あるいは分枝のあるオリゴ糖が形成され、それらは多くの異なる三次元構造を取り得る。ある細胞上の特殊な形を持ったオリゴ糖は、隣り合う細胞上の構造的に鏡像関係にあるオリゴ糖と結合する。このような結合が細胞間接着の基盤となる。

2.2 細胞膜はどのように細胞接着・細胞認識に関わっているのだろうか？

　生体膜の構造を理解したので、その構成要素がどのように機能するのかを見てみよう。この章の残りの部分では、個々の細胞を包み込む膜、すなわち細胞膜に焦点を当てよう。まず細胞膜がどのようにして個々の細胞をまとめて組織を形成させているかを見てみることにする。

　ある種の生物、例えば細菌などは単細胞生物である。他の生物、例えば植物や動物は多細胞生物であり、多くの細胞から構成されている。しばしばこれらの細胞は、同一の機能を果たす細胞の集団として存在する。この集団を組織と呼ぶ。人体はおよそ60兆個の細胞から成り立っているが、これらの細胞は筋肉、神経、皮膚などさまざまな組織を構成している。
　2つの作用が細胞の集団化を助けている。
- **細胞認識** により、1つの細胞は別の細胞に特異的に結合する。
- **細胞接着** により、2つの細胞間の結合が強化される。

　どちらの作用にも、細胞膜が関与する。これらの作用は組織中の細胞を個々の細胞に分離し、再びお互いに結合させるような実験を行うと容易に観察することができる。単純な生物は、大きな生物の複雑な組織の良いモデルとなる。例えば、カイメンの研究から、どのようにして細胞同士が結合するのかが明らかになった。
　カイメンとは単純な構造を持つ多細胞の海生動物である。カイメンの細胞はお互いに結合しているが、この動物を細かな金網に数回通すと機械的にバラバラにすることができる（**図2-8A**）。こういう作業をすると、1つの個体が海水に懸濁された数百個の細胞になる。驚くべきことに、この細胞懸濁液を

数時間振盪すると、細胞は集まってきてお互いに結合し、元の形を取り戻すのである。すなわち、細胞はお互いを認識し、接着するのである。

　カイメンには多くの異なる種類が存在する。2つの異なる種類のカイメンから分離した細胞を同じ容器の中に入れた場合、細胞は集まってきて塊を作るが、ある種のカイメン由来の細胞は同じ種類のカイメン由来の細胞としか接着しないのである。したがって実験開始時と同様に、2つの異なる種類のカイメンが形成されるのである。

　このような組織特異的・種特異的な細胞認識や細胞接着が、組織や多細胞生物の形成と維持にとって非常に重要な役割を果たしている。自分自身の体を考えてみよう。何が筋細胞を筋細胞に、皮膚細胞を皮膚細胞に結合させているのだろうか？　特異的な細胞接着は、多細胞生物のあまりにも明らかな特徴なので、容易に見過ごされがちである。この本を通して特異的な細胞接着の例を多数見ることになる。ここでは、その一般原則を記述することにする。細胞認識と細胞接着は細胞膜の膜タンパク質に依存している。

細胞認識と細胞接着には
細胞表面のタンパク質が関与している

　カイメンで細胞認識と細胞接着に関与している分子は、巨大な膜内在性糖タンパク質（80%が糖質）であり、細胞膜に埋め込まれ、糖鎖が細胞外環境（および他のカイメン細胞）にさらされている。タンパク質はある特定の形をしているだけではなく、その表面にある特定の化学基を持っていて、それでタンパク質を含む他の物質と相互作用する。このような性質があるために、他の特異的な分子との結合が可能になるのである。図

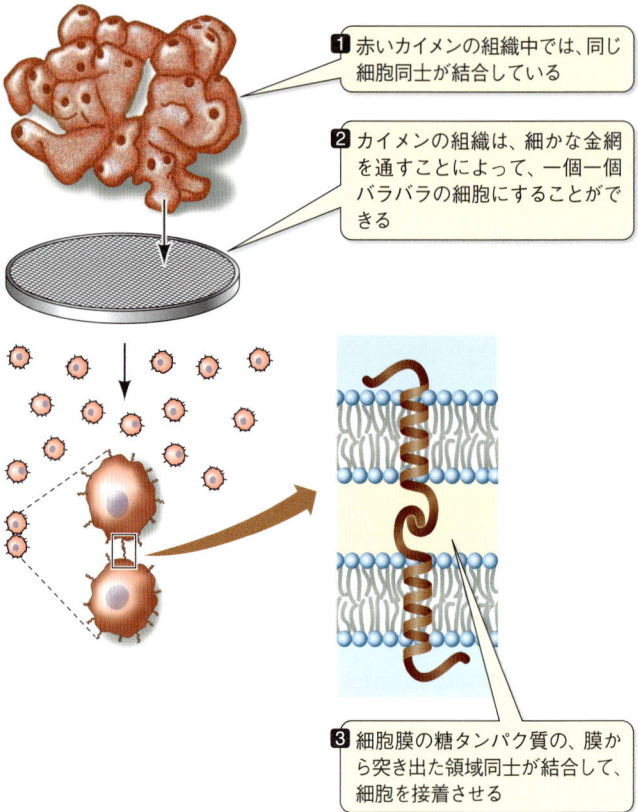

(A) 同タイプ結合

❶ 赤いカイメンの組織中では、同じ細胞同士が結合している

❷ カイメンの組織は、細かな金網を通すことによって、一個一個バラバラの細胞にすることができる

❸ 細胞膜の糖タンパク質の、膜から突き出た領域同士が結合して、細胞を接着させる

図2-8　細胞認識と細胞接着
（A）ほとんどの場合（動物細胞が集合して組織を形成する場合も含めて）、タンパク質の結合は同タイプ結合であり、同一タイプの細胞は表面上の同一のタンパク質を介して結合する。（B）異タイプ結合は、2つの異なる相補的なタンパク質を介して起こる。

(B) 異タイプ結合

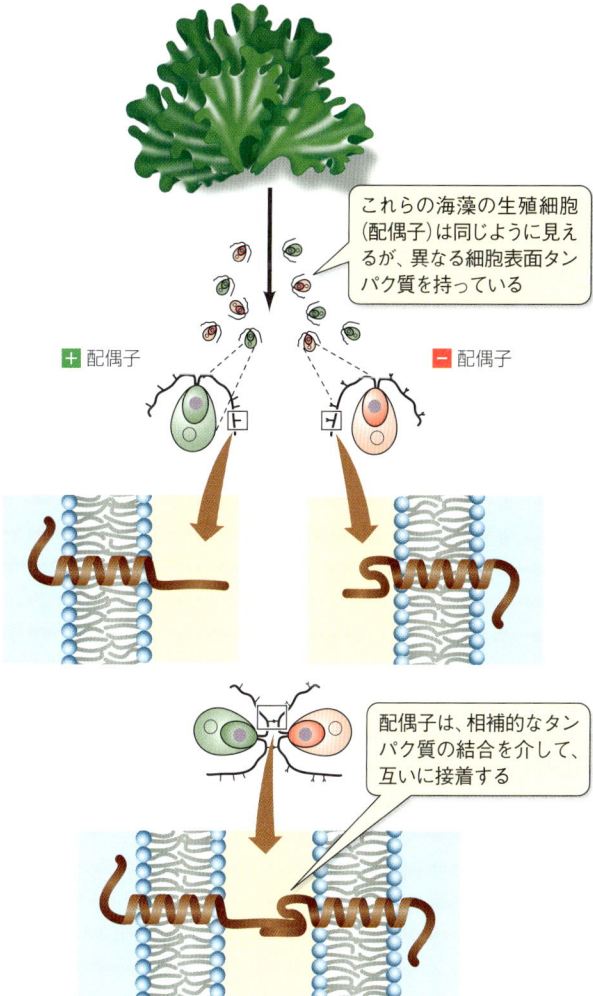

これらの海藻の生殖細胞（配偶子）は同じように見えるが、異なる細胞表面タンパク質を持っている

➕ 配偶子

➖ 配偶子

配偶子は、相補的なタンパク質の結合を介して、互いに接着する

2-8Aのバラバラにされたカイメンの細胞は、細胞膜の糖タンパク質上の化学基を認識することによって、接着する相手を見つける。植物細胞の大部分では、細胞膜は厚い細胞壁で覆われているが、細胞壁もまた接着タンパク質を持っており、これによって植物細胞同士が結合する。

ほとんどの場合、組織中の細胞同士の結合は**同タイプ結合**である。すなわち、両方の細胞から同一の分子が飛び出していて、それらが互いに結合する。しかし、**異タイプ結合**（異なるタンパク質による細胞間結合）の場合もある。この場合には、異なるタンパク質上の異なる化学基に親和性があり、これらが結合する。例えば、哺乳類の精子が卵子に出会うときには、これら2種類の細胞上の異なるタンパク質が相補的な結合部位を持っていて、それらを介して精子と卵子は接着する。同様に、ある種の藻類は同じような形の雄性生殖細胞と雌性生殖細胞（精子と卵子に相当）を形成する。これらは鞭毛を使って互いに近づき、鞭毛上にある異なるタンパク質を介して認識し合い接着する（**図2-8B**）。

3種類の細胞接着装置が隣り合う細胞同士を結合させる

複雑な多細胞生物では、細胞認識タンパク質によってある特定の細胞同士が結合する。しばしば両方の細胞が材料を提供し合って互いを結合する膜構造を作る。これらの特殊化した構造は**細胞接着装置**と呼ばれ、上皮組織という体腔を裏打ちしたり体表を覆ったりしている組織の電子顕微鏡写真で最もよく観察することができる。3種類の細胞接着装置、すなわち密着結合（タイトジャンクション）、デスモソーム、ギャップ結合を調べてみよう。細胞接着装置によって、細胞は物理的接触が可能となり、互いに連結されるのである。

密着結合は組織をシール（密封）する　密着結合は隣り合う上皮
細胞同士を繋げる特殊化した構造である。密着結合は2つの上
皮細胞の細胞膜上に存在する特定のタンパク質による相互結合
からできており、それぞれの細胞を取り囲むように一連の結合
構造が形成されている（図2-9A）。腸管などの器官の管腔を
裏打ちしている細胞によく見られる構造で、2つの機能を果た
している。

■ 細胞間の隙間から物質が漏出するのを防いでいる。このため
　に、小腸の管腔から体内に入る物質は密着結合を形成してい
　る上皮細胞を通過しなければならない。

■ 膜タンパク質およびリン脂質が、細胞膜のある領域から他の
　領域に移動するのを制限することにより、細胞膜に機能の異
　なる領域を作っている。このために、細胞の頂端側領域（管
　腔に面している）の膜タンパク質とリン脂質はその細胞の側
　底側領域（管腔と反対側に面している）の膜タンパク質とリ
　ン脂質とは異なる可能性がある。

デスモソームは細胞同士を接着させている　デスモソームは隣り
合う細胞膜同士を連結している。デスモソームはリベットのよ
うに隣り合う細胞同士をしっかりと接合している（図
2-9B）。デスモソームは細胞膜の内側にプラークという高密
度の構造を持っている。このプラークに特別な細胞接着分子
（CAM）が結合しており、この細胞接着分子がプラークから細
胞膜を貫通し細胞間隙を越えて、隣り合う細胞の細胞膜を貫通
し、その細胞のプラークタンパク質と結合している。

　プラークは細胞質の線維系とも結合している。これらの線維
は、細胞骨格の中間径フィラメントであるが（図1-22参照）、
ケラチンと呼ばれるタンパク質から構成されている。これらの

線維は、1つのプラークから細胞の反対側のプラークまで伸びて、プラーク同士を繋いでいる。これらの非常に強い線維は、細胞の両端に繋ぎ止められていることにより、上皮組織に機械的強度を提供している（上皮組織は生物の体表をしっかり保つために耐久性が要求される）。

(A)

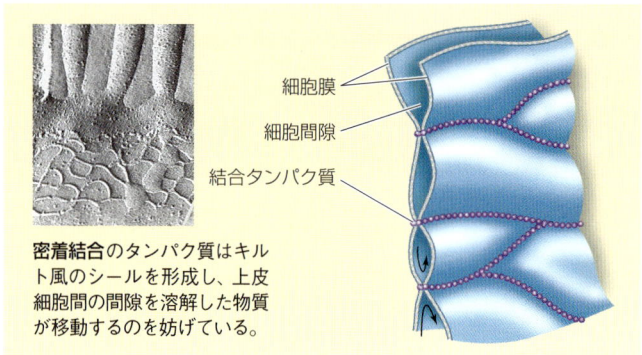

細胞膜
細胞間隙
結合タンパク質

密着結合のタンパク質はキルト風のシールを形成し、上皮細胞間の間隙を溶解した物質が移動するのを妨げている。

(B)

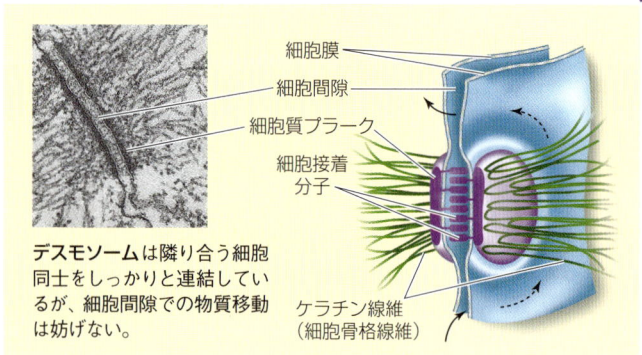

細胞膜
細胞間隙
細胞質プラーク
細胞接着
分子

ケラチン線維
（細胞骨格線維）

デスモソームは隣り合う細胞同士をしっかりと連結しているが、細胞間隙での物質移動は妨げない。

図2-9　3つの結合が動物細胞を連結している

密着結合（A）とデスモソーム（B）は上皮組織に豊富に存在する。ギャップ結合（C）は神経組織や筋組織に存在する。これらの組織では細胞間の迅速な情報伝達が重要だからである。

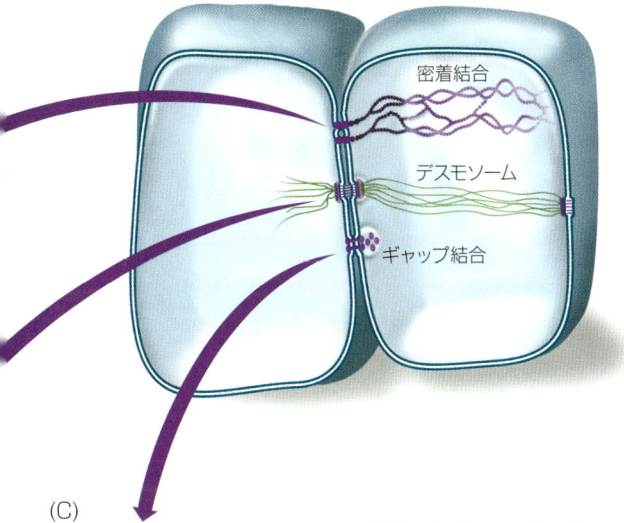

(C)

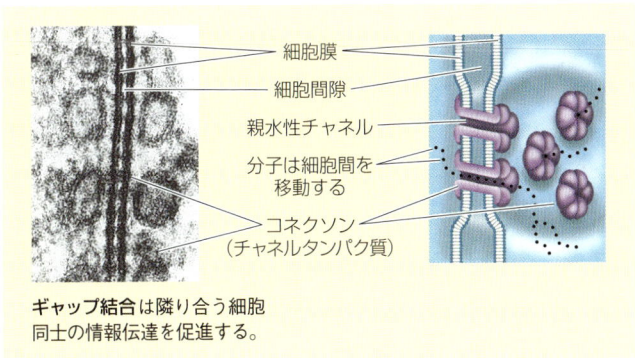

細胞膜
細胞間隙
親水性チャネル
分子は細胞間を
移動する
コネクソン
（チャネルタンパク質）

ギャップ結合は隣り合う細胞
同士の情報伝達を促進する。

ギャップ結合は細胞間情報伝達機構の一部である 密着結合とデスモソームは機械的役割を担っているが、**ギャップ結合**は細胞間の情報伝達機構の一部である。ギャップ結合はコネキシンと呼ばれるチャネルタンパク質から構成されており、コネクソンと呼ばれるコネキシン重合体は2つの隣り合う細胞の細胞膜とそのあいだの細胞間隙を貫いている（**図2-9C**）。溶解した小分子とイオンはギャップ結合を通って細胞間を行き来できる。第12章（第3巻）で細胞間情報伝達について論じるときに、ギャップ結合の役割を、植物で同様の役割を果たしている原形質連絡の役割と共に記述しよう。

2.3 膜輸送の受動的過程について

　我々は膜の重要な機能の1つ、細胞同士の結合という機能に関して、膜構造との関連を概観した。次に、膜のもう1つの重要な機能、細胞への物質の出入りの調節について考えてみよう。

　生体膜は、ある物質は通過させるが、他の物質は通過させないという選択性を持っている。この性質を**選択的透過性**と呼ぶ。膜の選択的透過性により、どの物質が細胞（あるいは小器官）に出入りできるかが決まる。物質が生体膜を通過するのには、根本的に異なる2つの方法がある。

- 受動輸送では外部からエネルギーを供給する必要がない。
- 能動輸送では外部から化学エネルギーを供給しなければならない。

　この節では受動輸送に焦点を当てる。この輸送を駆動するエネ

ルギーは移動する物質それ自体にある。すなわち、その物質の膜の両側の濃度勾配が原動力となる。受動輸送には2つのタイプの拡散がある。リン脂質二重層を通しての単純拡散と、チャネルタンパク質やキャリヤータンパク質を介する促進拡散である。

拡散は平衡状態へ向かうランダムな運動である

　この世界には絶対的な静止状態は存在しない。たとえどんなに動きが小さくても、すべては運動している。分子のこのランダムなふらつきの結果、ある溶液中のすべての構成要素は最終的には均一に分布するようになる。例えば、水が入っている容器にインクを1滴垂らすと、インクの色素分子は初めは非常に濃縮された状態にある。人がかき混ぜるなどしてちょっかいを出さなくても、インクの色素分子はランダムに動き回り、次第に水全体に行き渡り、やがて色素濃度（すなわち色の濃さ）は容器全体を通して均一となる。溶質が均一に分布している溶液は"平衡状態にある"という。将来濃度の正味の変化はないからである。平衡状態にあるということは溶質が動きを止めたということではない。溶質がその全体分布を変えないように動いているということである。

　拡散は平衡状態へ向かうランダムな運動である。個々の粒子の動きはランダムでも、粒子全体の正味の動きは平衡状態が達せられるまで一方向性である。拡散はこのように、高濃度領域から低濃度領域への正味の運動である（**図2-10**）。

　複合溶液（溶質が多種の溶液）では、個々の溶質の拡散は互いに独立である。ある物質の拡散速度は4つの因子に依存する。

■ 分子あるいはイオンの直径：小さなものほど速く拡散する。
■ 溶液の温度：高温ほど拡散は速い。分子あるいはイオンは高温ほどエネルギーが高く、迅速に動くからである。

■電荷：物質の荷電状態は拡散速度に影響する。

■濃度勾配：濃度勾配が大きいほど拡散速度は大きくなる。

細胞内・組織内の拡散　細胞内、もしくは距離が非常に短い場合、溶質は拡散により迅速に移動する。小分子やイオンは小器官の端から端まで1ミリ秒（1000分の1秒）で移動する。しかしながら、拡散の輸送機構としての有用性は距離が長くなるにつれて極端に減少する。機械的撹拌なしには、1センチを超す拡散には1時間以上かかるし、メートル単位の拡散には何年もかかる。人体（あるいはそれ以上大きな生物）全体に物質を分配するには、拡散は有効な手段とは言えない。しかしながら細胞内あるいは1つないし2つの細胞の膜を通しての輸送に関しては、拡散は小分子やイオンの分配の迅速な手段となりうる。

膜を通しての拡散　障壁のない溶液中では、すべての溶質は、温度、物理的特性、濃度勾配によって決定される速度で拡散する。もし溶液を生体膜で別々の区画に区切ると、それぞれの溶質の運動はその生体膜の特性の影響を受ける。もしある物質がその膜を容易に通過できる場合、その膜は浸透性があるといい、その膜を通過できない場合、不浸透性であるという。

　不浸透性の膜がある場合、分子は別々の区画に留まり、膜の両側でその分子の濃度は異なったままである。浸透性がある膜で区切られている場合、分子は一方の区画から別の区画に拡散し、拡散は膜の両側でその分子の濃度が同一になるまで続く。浸透膜の両側で拡散物質の濃度が等しくなったとき、平衡が達せられたことになる。平衡が達せられても個々の分子の膜を通しての運動は続くが、ある方向に動く分子の数と別の方向に動く分子の数は等しいので、濃度の正味の変化はないのである。

実験

仮説：拡散によって溶質は均一に分布するようになる。

方法

> 浅い容器中の静水に3種の色素を同じ量だけ垂らす

> 溶液の異なる場所でサンプルを採取し、それぞれの色素の濃度を測定する

> それぞれの色素分子の数と位置を視覚化する

時間＝0

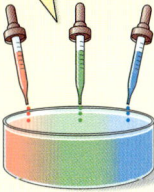

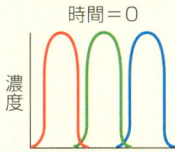

結果

5分後

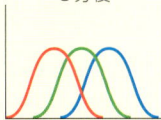

10分後

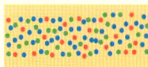

結論：拡散によって、溶質は均一に、そして互いに独立して分布する。

図2-10　拡散によって溶質は均一に分布するようになる
単純な実験で、溶質は高濃度で存在する領域から低濃度で存在する領域に移動し、この移動は平衡状態が達せられるまで続くことがわかる。

単純拡散がリン脂質二重層を通して起こる

　小分子は**単純拡散**で膜のリン脂質二重層を通過する。疎水性の（したがって脂溶性の）分子は、膜に容易に入り込み、通過することができる。脂溶性が高ければ高いほど、その分子は迅速にリン脂質二重層を通過することができる。この原則は分子量の幅広い範囲で通用する。水分子と分子量が非常に小さい分子はこの原則から外れ、脂溶性が低いわりには二重層を迅速に通過することができる。

　一方で、アミノ酸、糖、イオンなどの荷電した分子や極性のある分子は以下の2つの理由で膜を容易に通過できない。

- 細胞の主成分は水であり、水の中に存在する。極性物質は水分子と多くの水素結合を形成し、イオンは水分子によって取り囲まれており、膜へ逃げ込むことを阻止されている。
- 膜の内部は疎水性であり、親水性物質は排除されてしまう。

　2つのタイプの分子を考えてみよう。1つは少数のアミノ酸から構成される低分子量のタンパク質であり、もう1つは同じぐらいの大きさのコレステロール由来のステロイドである。タンパク質は極性分子なので拡散して膜を通過する速度が遅いのに対して、非極性分子のステロイドは拡散により膜を容易に通過する。

浸透は膜を通る水の拡散である

　水分子は豊富に存在し分子量が小さいので、**浸透**と呼ばれる拡散運動により、膜を通過する。この完全に受動的な過程は代謝エネルギーを使わず、溶質の濃度で決まる。浸透は溶質粒子の数に依存し、溶質粒子の種類には依存しない。赤血球と植物細胞を例にとって説明しよう。

※**訳注**：水分子は単純な浸透以外に、イオンを水和することによりそのイオンと一緒にイオンチャネルを通過したり、アクアポリンと呼ばれる水チャネルを通過したりすることができる。119ページ参照。

　通常、赤血球は血漿と呼ばれる液体に浮かんでおり、血漿は塩類、タンパク質、その他の溶質を含んでいる。血液を1滴垂らして光学顕微鏡で調べてみると、赤血球は特徴的なドーナツ形をしているのがわかる。血液に水を加えると、赤血球は速やかに膨らみ、破裂する。同様に、すこししなびたレタスを水に浸すと、レタスはすぐにぱりっと新鮮になる。水に浸す前後で重さを量ってみると水を取り込んでいることがわかる。赤血球や新鮮なレタスの葉を比較的濃い塩水や砂糖水に浸すと赤血球はしわしわになり縮むし、レタスはだらんとしおれてしまう（**図2-11**左参照）。

　このような観察結果から、細胞内と細胞を取り巻く環境の溶質濃度の差によって、水が環境から細胞内へと移動するか、細胞内から環境へと移動するかが決まることがわかる。2つの異なる溶液が、水は通過するけれども溶質は通過しない膜によって隔てられている場合（他の条件はすべて同じで）、水分子は溶質濃度が高い溶液の方へと移動する。言葉を換えると、水は高濃度の（溶質濃度が低い）領域から低濃度の（溶質濃度が高い）領域へと拡散する。

　膜によって隔てられている2つの溶液の溶質濃度を比較するときに、3つの用語が用いられる（**図2-11**）。
■ **等張**溶液は同じ溶質濃度の溶液である。
■ **高張**溶液は比較する溶液に比べて溶質濃度の高い溶液である。
■ **低張**溶液は比較する溶液に比べて溶質濃度の低い溶液である。

　水は膜を通過して低張溶液から高張溶液へと移動する。

H_2O

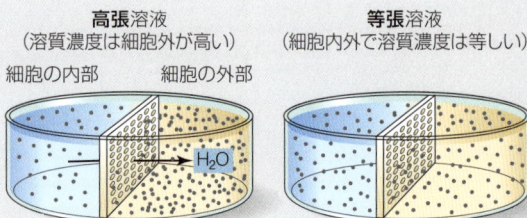

動物細胞
（赤血球）

H_2O

細胞は水を
失い縮む

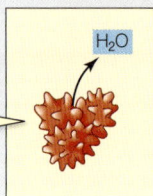

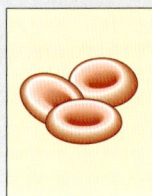

植物細胞
（葉の上皮細胞）

細胞体は縮み、
細胞壁から離
れる（しおれる）

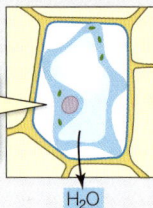

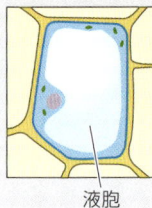

H_2O

液胞

「水が移動する」というときには、水の正味の移動を指している
ることを忘れないで欲しい。水は豊富に存在するので、細胞膜
を通して絶えず細胞に出入りしている。ここで問題となるのは、
水全体としてどの方向に移動しているのかということである。

　すべての動物細胞では、環境の溶質濃度が浸透の方向を決定
する。細胞の中身に対して低張な溶液中では赤血球は水を取り
込む。赤血球は細胞の膨張に細胞膜が耐えられなくて破裂す
る。赤血球（および他の血球）が健全に保たれるためには、そ

低張溶液
（溶質濃度は細胞外が低い）

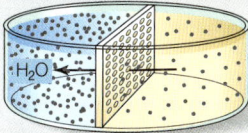

細胞は水を取り込んで膨らみ、破裂する

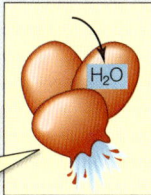

細胞は固くなるが、細胞壁があるために形を保つ

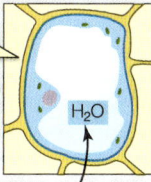

図2-11
浸透によって細胞の形が変わる
等張溶液（中央の列）では、植物細胞も動物細胞も一定の特徴的な形を保つ。細胞に対して低張の溶液中では（右の列）、水が細胞内に入る。細胞に対して高張の溶液中では（左の列）、水は細胞から外に出る。

れが浮かんでいる血漿の溶質濃度が一定に保たれることが必要である。すなわち、血球が破裂したり縮んだりしないためには、血漿は血球と等張でなければならない。このように、体液の溶質濃度の調節は細胞壁を持たない生物にとって非常に重要である。

　動物細胞とは対照的に、植物、古細菌、細菌、真菌、ある種の原生生物の細胞は細胞の容積を制限し、破裂するのを防ぐ細胞壁を持っている。しっかりした細胞壁を持っている細胞は、

限られた量の水しか吸収せず、水を吸収することにより細胞壁に対して内圧が高まり、それ以上水が細胞内に浸入してくるのが阻止される。この細胞内圧は**膨圧**と呼ばれる。膨圧により植物は直立し、植物細胞がどんどん大きくなる。膨圧は植物成長の正常で不可欠の要素である。もしもある量の水が細胞からなくなると、膨圧は低下し、植物はしおれてしまう。

植物細胞の膨圧は7kg/cm²に達する。すなわち自動車のタイヤの圧力の数倍にも及ぶ。この圧力は非常に大きいので、植物の細胞壁中のペクチンと呼ばれる接着分子がなければ、細胞同士は互いに滑り合ってバラバラになってしまうだろう。

チャネルタンパク質は拡散を助ける

アミノ酸や糖質などの極性物質およびイオンなどの荷電した物質は容易に膜を通して拡散しない。しかしながら、これらの物質は2つの方法で疎水性のリン脂質二重層を受動的に（すなわちエネルギーを消費することなしに）通過する。

■膜内在性タンパク質がチャネルを形成し、このチャネルを通してこれらの物質が膜を通過する。

■これらの物質がキャリヤータンパク質と呼ばれる膜タンパク質に結合することにより、その拡散がスピードアップする。

これらの過程は両方とも**促進拡散**である。

膜の**チャネルタンパク質**は中心に孔があり、この孔は極性アミノ酸と水によって裏打ちされており（極性物質や荷電物質はこれらに結合することにより膜を通過する）、タンパク質の外側には非極性アミノ酸が存在する（このためにチャネルタンパク質はリン脂質二重層に埋め込まれる）。中心孔は刺激を受けたときに開いて、親水性の極性物質がそれを通過することができるようになる（**図2-12**）。

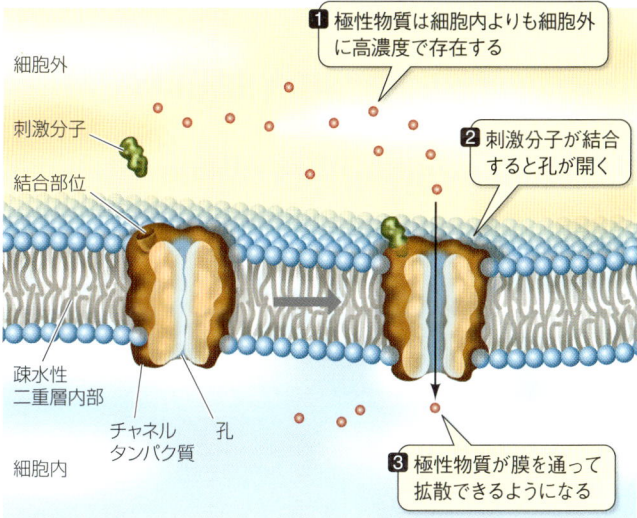

1 極性物質は細胞内よりも細胞外に高濃度で存在する

2 刺激分子が結合すると孔が開く

3 極性物質が膜を通って拡散できるようになる

細胞外

刺激分子

結合部位

疎水性
二重層内部

チャネル
タンパク質

孔

細胞内

図2-12　制御チャネルタンパク質は刺激に応じて開口する
チャネルタンパク質は極性アミノ酸と水から構成される孔を持つ。チャネルタンパク質はその外側に存在する非極性アミノ酸によって疎水性の脂質二重層内部に埋め込まれている。刺激分子が結合するとチャネルタンパク質はその三次元構造を変え、孔が開き、親水性の極性物質が通過できるようになる。

イオンチャネルと膜電位 最も良く研究されたチャネルタンパク質は**イオンチャネル**である。第3章以降で見るように、細胞へのイオンの出入りは多くの生物学的過程で重要な役割を果たしている。例えば、神経系の電気的活動や植物の葉の孔の開口（環境とのガス交換のため）などである。数百のイオンチャネルが同定されており、それぞれが特定のイオンに対して特異的である。これらのチャネルはすべて、親水性の孔という同一の基本構造を有しており、この孔を通して特定のイオンが通過する。

ちょうど塀に開閉可能な門があるように、ほとんどのイオンチャネルは開閉可能であり、イオンが通過できる状態とできない状態がある。**制御チャネル**は何らかの刺激によってチャネルタンパク質の三次元構造が変化すると開く。チャネルによって、この刺激は化学的シグナル（リガンド制御チャネル、**図2-12**参照）だったり、イオンの不均衡によって生じた荷電状態（電位制御チャネル）だったりする。

　いったん電位制御チャネルが開くと、1秒に数百万ものイオンが通過する。イオンがどのぐらい速く動くか、どの方向に動くか（細胞に入るのか細胞から出るのか）は2つの要素に依存する。

- 細胞内外のイオンの濃度勾配。例えば動物細胞では、能動輸送（後述）のためにカリウムイオン（K^+）の濃度は通常、細胞内の方が細胞外よりもずっと高いので、K^+はカリウムチャネルが開くと細胞外へと流出する。
- 細胞内外に細胞膜を越えて荷電物質の分布の不均衡があると電気化学勾配が生じる。動物細胞では、Cl^-や他のマイナスに荷電したイオン（陰イオン）は細胞外よりも細胞内に高濃度で存在する。これらのマイナスに荷電した物質は膜を通過することができないので、K^+はこれらマイナスの荷電物質とバランスを取るために細胞内に留まる傾向がある。

　これら2つの要素、すなわち濃度勾配に基づく単純拡散と電気化学的不均衡の総計によって、K^+などのイオンがチャネルタンパク質を通ってどちらの方向に移動するかが決まる。やがて平衡状態に達して、チャネルを通しての細胞外へのイオンの拡散速度が、電気的引力によるチャネルを通してのイオンの流入速度と等しくなる。明らかに、拡散だけが関与している場合に期待されるのとは違って、膜の両側のK^+の相対的濃度は等しくはない。電荷の引力により、細胞内には過剰なK^+が留ま

る。これにより、細胞膜内外には電荷の不均衡が生じる。細胞外よりも細胞内に多くのK^+が存在するからである。この電荷の不均衡を**膜電位**と呼ぶ。

膜電位はネルンストの式によってK^+の濃度不均衡に関連付けられる。

$$E_K = 2.3 \frac{RT}{zF} \log \frac{[K^+]_o}{[K^+]_i}$$

ここでRは気体定数、Fはファラデー定数（両者共に化学の学生にはお馴染みであろう）、Tは絶対温度、zはイオンの電荷（+1）である。$2.3RT/zF$を20℃（室温）で解くと、式はずっと簡単になる。

$$E_K = 58 \log \frac{[K^+]_o}{[K^+]_i}$$

ここでE_Kは細胞外のK^+濃度$[K^+]_o$と細胞内のK^+濃度$[K^+]_i$の比から生じる膜電位である（単位はミリボルト、mV）。

実際に動物細胞の膜電位を測ってみると、およそ−70mVであり、細胞内が細胞外に比べてマイナスに荷電している。細胞はその膜電位に莫大な量のエネルギーを保存している。実際、この本を読むのに使っている脳細胞は1cm当たり20万ボルトという大きなエネルギーを持っており、部屋で点灯している蛍光灯（電圧100V／蛍光灯の長さ50cm）の電位差（2V／cm）よりもずっと大きい。

植物生理学や動物生理学を学ぶとわかるように、細胞の膜電位に保存されているエネルギーは、多くの重要な生物学的過程の基礎となっている。

イオンチャネルの特異性　どうしてイオンチャネルは、あるイオンは通過させるけれども別のイオンは通過させないのであろ

うか？ それは単純に電荷と大きさの問題だけではない。例えば、ナトリウムイオン（Na^+）は半径0.095nmであり、半径0.130nmのK^+よりも小さい。また両者共に同じ正電荷を持っている。それにもかかわらず、カリウムチャネルはK^+を通すがより小さなNa^+は通さない。最近、ローデリック・マッキノン（Roderick MacKinnon）によって細菌のカリウムチャネルの構造が決定され、この特異性が的確に説明された（**図2-13**）。

Na^+もK^+も共に荷電しているので、水分子に引き寄せられ

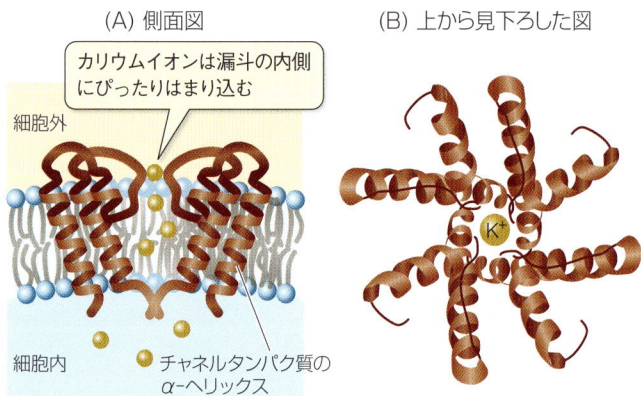

(A) 側面図　　　　　　　　(B) 上から見下ろした図

カリウムイオンは漏斗の内側にぴったりはまり込む

細胞外

細胞内　　チャネルタンパク質の
　　　　　　α-ヘリックス

図2-13　カリウムチャネル
ローデリック・マッキノンはストレプトマイセス・リヴィダンス（放線菌の一種）という細菌の選択的カリウムチャネルの構造を決定した。(A) カリウムイオンはこの側面図で示される漏斗の形をしたチャネルを通り抜ける。その際チャネルタンパク質のα-ヘリックスの酸素原子に引き付けられる。これはカリウムイオン専用の構造であり、他のイオンはこのチャネルを通り抜けることができない。(B) チャネルを上から見下ろした図。

る。両者は溶液中では水分子の"殻"を持っている。すなわち、その正電荷によってマイナスに荷電した水分子の酸素原子と結合している。膜のチャネルを通過するためには、K^+は結合している水分子を脱ぎ捨てなければならない。"裸"のK^+は今度はチャネルタンパク質の孔に存在する酸素原子に引き付けられる。カリウムチャネルでは、酸素原子は漏斗の形をしたチャネルタンパク質の柄の部分に存在している。K^+はちょうどその柄の部分にぴったりはまり、水分子の酸素原子よりもチャネルの酸素原子により強く引き付けられる位置につく。これに対してもっと小さなNa^+はチャネルの柄の部分の酸素原子から少し遠い位置にあり、水分子に取り囲まれたままになる。このために、Na^+はカリウムチャネルに入ることができない。

　すでに述べたように、水はその極性から予想されるよりはずっと速い速度で細胞膜を通過する。水が細胞膜を通過する1つの方法は、イオンを水和し、そのイオンと一緒にイオンチャネルを通過することである。イオンがチャネルを通過する際に、12個もの水分子が1つのイオンをコート（水和）することができる。水が細胞内に素早く入るもう1つの方法は、**アクアポリン**と呼ばれる水チャネルを通過することである。水分子を通過させるチャネルタンパク質は多くの膜系で解析されている。例えば植物の液胞の水チャネルタンパク質は膨圧の維持に重要な役割を果たしているし、哺乳類の腎臓では水の維持に重要な役割を果たしており、その水チャネルがないと水分は尿中に失われてしまう。

多くの植物は太陽を追う。葉を茎に付けている細胞に存在するイオンチャネルが日光に反応して開くと、K^+とCl^-が拡散によって細胞内に流入する。水分子が浸透によって茎の細胞に入り込み、茎の細胞が膨張して、葉が太陽の方向に傾くようになる。

キャリヤータンパク質は物質と結合することにより その拡散を助ける

　もう1つの促進拡散は、単なるチャネルの開口ではなく、輸送される物質と膜タンパク質との実際の結合が関与する。これらのタンパク質は**キャリヤータンパク質**と呼ばれ、チャネルタンパク質と同様に、細胞への物質の拡散による出入りを媒介する。キャリヤータンパク質は糖やアミノ酸などの極性分子を輸送する。

　例えば、グルコースはほとんどの哺乳類細胞の主要なエネルギー源である。これらの細胞の膜はグルコース輸送体と呼ばれるキャリヤータンパク質を持っており、グルコース輸送体はグルコースの細胞への取り込みを促進する。輸送体タンパク質の三次元構造の特異的な部位にグルコースが結合すると、その構造が変わり、グルコースを膜の細胞質側へと放出する（**図2-14A**）。グルコースは細胞内に入るとすぐに分解されるので、ほとんどの場合、細胞内よりも細胞外の濃度が高く、その濃度勾配によって細胞内にグルコースが入るのに有利になっている。グルコース輸送体のおかげで、グルコース分子は単純拡散よりもはるかに速い速度で膜を通過し細胞内に入ることができる。

　キャリヤータンパク質による輸送は単純拡散とは異なる。両者共に、移動速度は膜内外の濃度勾配に依存するが、キャリヤータンパク質による輸送では濃度勾配の増加に拡散速度の増加が伴わなくなる時点が存在する。この時点では、促進拡散系は"飽和した"という（**図2-14B**）。単位膜面積当たりに存在するキャリヤータンパク質分子の数には限りがあるので、すべてのキャリヤー分子が溶質分子と結合した場合には、拡散速度は最大となる。言葉を換えると、膜内外の溶質濃度に

(A)

■1 キャリヤータンパク質はグルコース結合部位を持っている

■2 グルコースはタンパク質に結合する

■3 輸送体はその形を変える

細胞外

グルコース

グルコース輸送体

細胞内

■5 キャリヤータンパク質は元の形に戻り、別のグルコースを結合できるようになる

■4 輸送体はグルコースを放出する

(B)

すべてのキャリヤーがグルコースを結合している

拡散速度

キャリヤーの一部分がグルコースを結合している

グルコース濃度

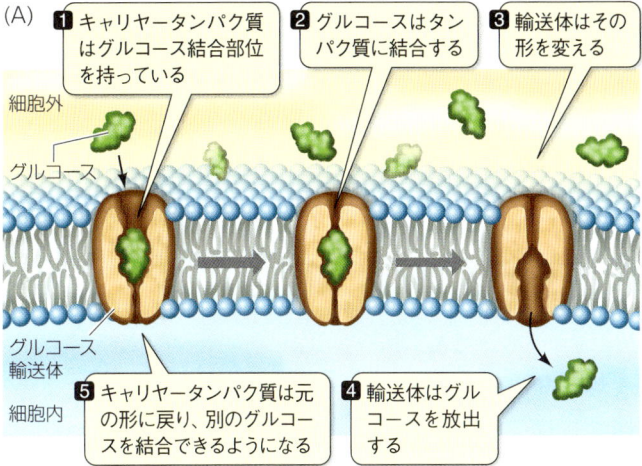

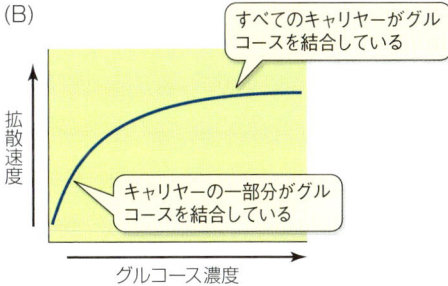

図2-14　キャリヤータンパク質が拡散を促進する

グルコース輸送体のおかげで、グルコースは単純拡散よりもずっと速い速度で細胞内に入ることができる。(A) 輸送体はグルコースと結合し、グルコースを膜の内部へと移動させる。次に輸送体は形を変え、グルコースを細胞質に放出する。(B) グルコース濃度が低いときには、すべての輸送体がグルコースを結合しているわけではないので、グルコース分子の数の増加に伴ってグルコースの拡散速度は上昇する。グルコース濃度が高くなると、すべての輸送体タンパク質がグルコースを結合し（系は飽和し）、拡散速度はプラトーに達する（横ばい状態になる）。

121

大きな差がある場合には、ある一定時間にすべての溶質分子を処理するのに十分なだけのキャリヤー分子は存在しないということである。

2.4 どのようにして物質は濃度勾配に逆らって膜を通過するのだろうか?

　受動輸送によって物質が環境から細胞内に移動する場合、平衡状態に達したときには、その物質の細胞内濃度と細胞外濃度は等しくなる。しかしながら生物の大きな特徴の1つは、環境とはまったく異なる組成を持ちうるということである。これを達成するために、生物はしばしば単純な拡散に逆らって物質を移動させる。このためにはエネルギーが必要で、こういう輸送を能動輸送と呼ぶ。

　生体内では多くの場合、イオンや小分子は低濃度で存在する領域から高濃度で存在する領域に向かって膜を越えて移動しなければならない。これらの場合には、その物質は拡散によって移動することはできない。濃度勾配に逆らって生体膜を通過するには化学エネルギーを必要とし、このような物質の移動を**能動輸送**と呼ぶ。拡散と能動輸送の相違点を**表2-1**にまとめる。

能動輸送は方向性がある

　3種の膜タンパク質が能動輸送に関与する(**図2-15**)。

- **単輸送(ユニポート)体**は単一の物質を一方向に輸送する。例えば、多くの細胞の細胞膜と小胞体膜に存在するカルシウム結合タンパク質は、細胞外や小胞体内などの高カルシウム

表2-1　膜輸送の機構

輸送機構	エネルギーの必要性	駆動力	膜タンパク質の必要性	特異性
単純拡散	不要	濃度勾配	不要	非特異的
促進拡散	不要	濃度勾配	必要	特異的
能動輸送	必要	ATPの加水分解（濃度勾配に逆らう）	必要	特異的

領域にカルシウムを能動輸送する。

■ **共輸送（シンポート）体**は2つの物質を同方向に輸送する。例えば、腸管を裏打ちしている細胞によるアミノ酸の取り込みは、輸送タンパク質にアミノ酸とNa$^+$が同時に結合しないと行われない。

■ **対向輸送（アンチポート）体**は2つの物質を反対方向に輸送する。一方は細胞内へ他方は細胞外へと輸送するわけである。例えば、多くの細胞はNa$^+$を細胞外へ汲み出し、K$^+$を細胞内へと汲み入れるナトリウム-カリウムポンプを持っている。

　共輸送体と対向輸送体は共役輸送体と呼ばれる。どちらも2つの物質を同時に輸送するからである。

一次能動輸送と二次能動輸送ではエネルギー源が異なる

能動輸送には次の2つのタイプがある。

■ **一次能動輸送**はエネルギーに富む分子であるATPの直接的関与を必要とする。

■ **二次能動輸送**はATPを直接は利用せず、一次能動輸送によって形成された特定のイオンの濃度勾配によって駆動される。

一次能動輸送では、ATPの加水分解によって放出されたエネルギーが、濃度勾配に逆らって特定のイオンの輸送を駆動する（3.2節でATPがどのように細胞にエネルギーを与えるかを詳説する）。例えば、ニューロン内部のカリウムイオン（K⁺）濃度は周りの溶液よりもずっと高いのに対して、ナトリウムイオン（Na⁺）濃度は周りの溶液の方がずっと高い。しかしながら、ニューロンの細胞膜に存在するタンパク質は、濃度勾配に逆らって持続的にNa⁺をニューロンから汲み出しK⁺をニューロンへ汲み入れて、これらの濃度勾配を維持している。この**ナトリウム–カリウム（Na⁺–K⁺）ポンプ**はすべての動物細胞に存在する。このポンプは膜内在性糖タンパク質であり、ATP

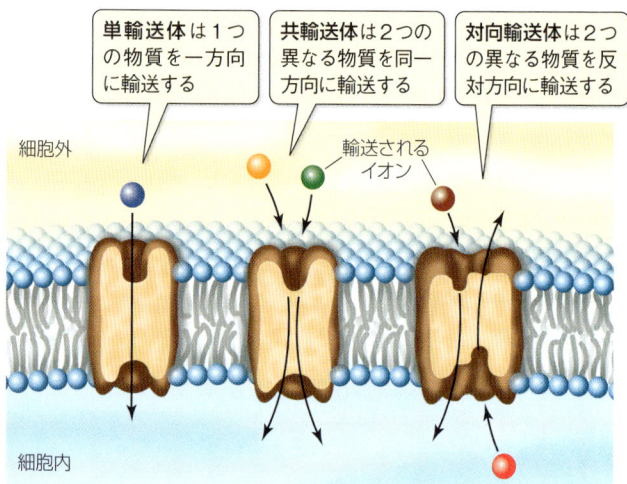

図2-15　能動輸送に関わる3種の膜タンパク質
3つの場合のいずれでも、輸送には方向性がある。共輸送と対向輸送は共役輸送である。

を分解して放出されたエネルギーを用いてK^+ 2分子を細胞内に輸送すると同時にNa^+ 3分子を細胞外に輸送する（**図2-16**）。このようにNa^+-K^+ポンプは対向輸送体である。

二次能動輸送では、濃度勾配に逆らう物質輸送は、イオンを濃度勾配にしたがって膜を通過させることにより獲得したエネルギーを用いて行われる。例えば、いったんナトリウム-カリ

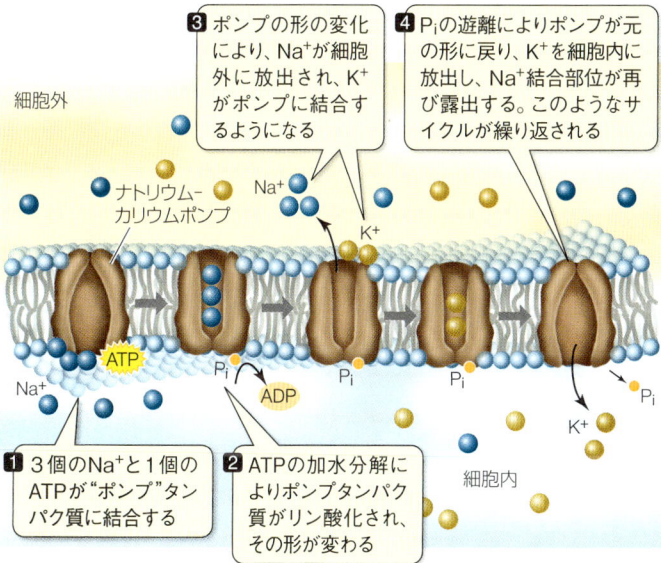

③ ポンプの形の変化により、Na^+が細胞外に放出され、K^+がポンプに結合するようになる

④ P_iの遊離によりポンプが元の形に戻り、K^+を細胞内に放出し、Na^+結合部位が再び露出する。このようなサイクルが繰り返される

細胞外

ナトリウム-カリウムポンプ

Na^+

K^+

ATP

P_i

ADP

P_i

P_i

P_i

P_i

Na^+

K^+

細胞内

① 3個のNa^+と1個のATPが"ポンプ"タンパク質に結合する

② ATPの加水分解によりポンプタンパク質がリン酸化され、その形が変わる

図2-16　一次能動輸送：ナトリウム-カリウムポンプ
能動輸送では、溶質を濃度勾配に逆らって輸送するためにエネルギーが使われる。Na^+濃度は細胞外が高くK^+濃度は細胞内が高いが、ATPが1分子加水分解される度に、2個のK^+が細胞内に汲み入れられ、3個のNa^+が細胞外に汲み出される（ATPの加水分解でエネルギーが放出され、ADP（アデノシン二リン酸）と無機リン酸イオンP_iが生ずる。3.2節参照）。

ウムポンプがNa⁺の濃度勾配を形成すれば、Na⁺の一部が細胞内に受動的に拡散する際のエネルギーがグルコースの細胞内への二次能動輸送に使われる（**図2-17**）。二次能動輸送は細胞の維持と成長にとって不可欠の原材料であるアミノ酸と糖の細胞内取り込みに用いられる。共役輸送系の2つのタイプ、すなわち共輸送体と対向輸送体が二次能動輸送に用いられる。

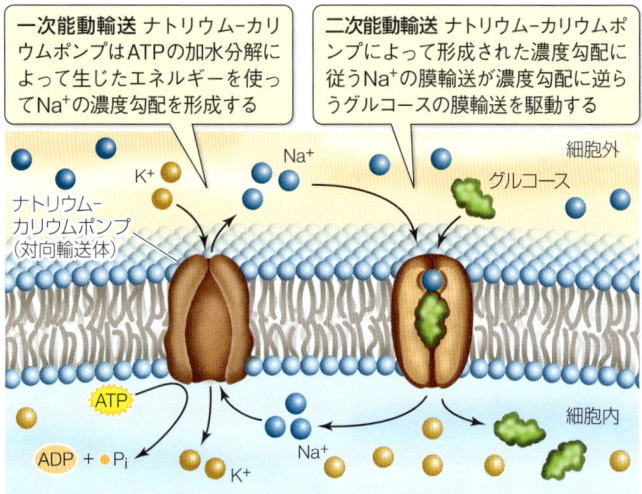

一次能動輸送 ナトリウム–カリウムポンプはATPの加水分解によって生じたエネルギーを使ってNa⁺の濃度勾配を形成する

二次能動輸送 ナトリウム–カリウムポンプによって形成された濃度勾配に従うNa⁺の膜輸送が濃度勾配に逆らうグルコースの膜輸送を駆動する

Na⁺

K⁺

グルコース

細胞外

ナトリウム–カリウムポンプ（対向輸送体）

ATP

ADP + Pi

K⁺

Na⁺

細胞内

図2-17　二次能動輸送
一次能動輸送によって形成されたNa⁺濃度勾配（左）がグルコースの二次能動輸送（右）にエネルギーを与える。濃度勾配に逆らうグルコースの膜輸送は、共輸送体タンパク質によってNa⁺の細胞内への輸送とカップル（共役）されている。

2.5　どのようにして大きな分子は細胞に出入りするのだろうか？

これまでイオンや小分子が細胞に出入りする多くの方法を見てきた。それでは大きな分子はどうだろうか？　サイズが大きいために、拡散速度は小さいし、膜を直接通過するのも困難だろう。大きな分子が膜を通過するためにはまったく異なる機構が必要となる。

タンパク質、多糖、核酸などの高分子は、サイズが大きいことや、大きく荷電していたり極性が高かったりするために、生体膜を通過することができない。これは実際には幸運なことである。もしこのような分子が細胞外に容易に拡散してしまうとしたらどのような結果になるか、考えてみれば明らかである。赤血球にはヘモグロビンがなくなってしまう！　一方で、細胞はしばしば大きな分子をそのまま取り込んだり、分泌したりしなければならない。1.3節で見たとおり、これは細胞膜からちぎれて細胞内に入る小胞（エンドサイトーシスの場合）や、細胞膜と融合し内容物を細胞外に放出する小胞（エキソサイトーシスの場合）によって達成される。

高分子や大きな粒子はエンドサイトーシスにより細胞内に入る

エンドサイトーシスは、低分子、高分子、大きな粒子、そして小さな細胞などを真核細胞に取り込む一連の過程の総称である（図2-18A）。エンドサイトーシスには3つのタイプがある。ファゴサイトーシス（食作用）、ピノサイトーシス（飲作用）、受容体依存性エンドサイトーシスである。これら3つの過程すべてで、細胞膜は環境にある物質を包み込んで陥入し

（内側に畳まれること）、小さなポケットを作る。このポケットが深くなり、ついには小胞を形成する。この小胞が細胞膜から分離し、内容物ごと細胞内へと移動する。

- **ファゴサイトーシス**では、細胞膜の一部が大きな粒子や細胞全体を取り囲む。ファゴサイトーシスは、単細胞の原生生物の場合は栄養（食物）の取り込みに用いられるし、体を守る

(A) エンドサイトーシス

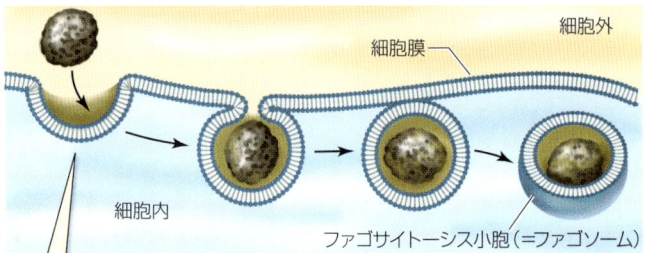

細胞外
細胞膜
細胞内
ファゴサイトーシス小胞（＝ファゴソーム）

細胞膜が外部環境の一部を取り囲み小胞として出芽する

小胞が細胞膜と融合する。小胞の中身は放出され、小胞膜は細胞膜の一部として取り込まれる

(B) エキソサイトーシス

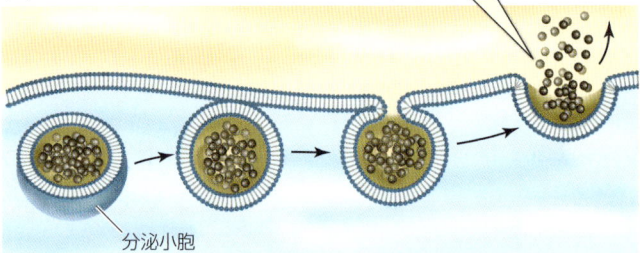

分泌小胞

図2-18　エンドサイトーシスとエキソサイトーシス
（A）エンドサイトーシスと（B）エキソサイトーシスは真核細胞が外部環境と物質の交換をする手段である。

白血球の場合は外来の細胞や物質を飲み込むために用いられる。形成されたファゴソーム（食胞）は通常リソソームと融合し、その内容物はリソソーム内で消化される（**図1-14**参照）。

■ **ピノサイトーシス**でも、小胞が形成される。しかしながら、これらの小胞はファゴサイトーシスで形成される小胞よりも小さく、この過程は小さな溶解した物質や液体を細胞内に取り込むために使われる。ファゴサイトーシスと同様に、ピノサイトーシスも取り込む物質に関しては比較的非特異的である。例えば、ピノサイトーシスは内皮では絶えず起こっている。内皮は周囲の組織と毛細血管を隔てている細胞の単層であり、内皮細胞は血液から迅速に液体を取り込んでいる。

■ **受容体依存性エンドサイトーシス**では、細胞表面の特異的な反応が特異的な物質の取り込みの引き金となる。

受容体依存性エンドサイトーシスについてもう少し詳しく見てみよう。

受容体依存性エンドサイトーシスは非常に特異的である

受容体依存性エンドサイトーシスは動物細胞が環境から特定の高分子を取り込むときに用いられる。この過程は**受容体タンパク質**と呼ばれる膜内在性タンパク質に依存し、受容体タンパク質は環境中のある特定の分子に結合する。物質を取り込む過程は非特異的なエンドサイトーシスと同様であるが、受容体依存性エンドサイトーシスでは細胞膜の細胞外表面のある特定領域に存在する受容体タンパク質がある特定の物質と結合する。これらの部位は被覆ピットと呼ばれる。細胞膜で少し凹んでいるからである。被覆ピットの細胞質側表面はクラスリンなど他のタンパク質によってコートされている。

受容体タンパク質が特定のリガンドと結合すると、それが存在する被覆ピットは陥入し、結合した高分子を取り囲む被覆小胞を形成する。クラスリン分子により強化・安定化され、この小胞は高分子を細胞内へと取り込む（**図2-19**）。いったん細胞内に入ると、小胞はクラスリンのコートを失いリソソームと融合し、取り込まれた物質は処理されて細胞質に放出される。特定の高分子に対する特異性があるために、受容体依存性エンドサイトーシスは環境中に低濃度でしか存在しない物質を迅速かつ効率的に取り込む手段となる。

受容体依存性エンドサイトーシスはほとんどの哺乳類細胞がコレステロールを取り込む手段である。水に不溶性のコレステロールとトリグリセリド（中性脂肪）は肝細胞によってリポタンパク質粒子に組み込まれ、リポタンパク質粒子は血流中に分泌されて体組織に脂質を供給する。リポタンパク質粒子の一種で、低密度リポタンパク質（LDL）と呼ばれる粒子は、肝臓によって取り込まれてリサイクルされる。この取り込みは受容体依存性エンドサイトーシスによって行われる。まずLDLが肝細胞表面の特異的な受容体タンパク質に結合し、エンドサイトーシスによって細胞膜に取り囲まれる。いったん細胞膜に取り囲まれるとLDL粒子は受容体から離れる。離れた受容体は小胞体の特定の領域へと集められ、この領域から新しい小胞が出芽する。この小胞は細胞膜へとリサイクルされる。離れたLDL粒子はもとの小胞中に留まり、この小胞はリソソームと融合し、そこでLDLは消化されコレステロールは細胞によって利用されるようになる。

家族性高コレステロール血症という遺伝性疾患の患者は血中コレステロール濃度が非常に高い。LDL受容体タンパク質に欠陥があり、肝臓でLDLの受容体依存性エンドサイトーシスが起こらないからである。

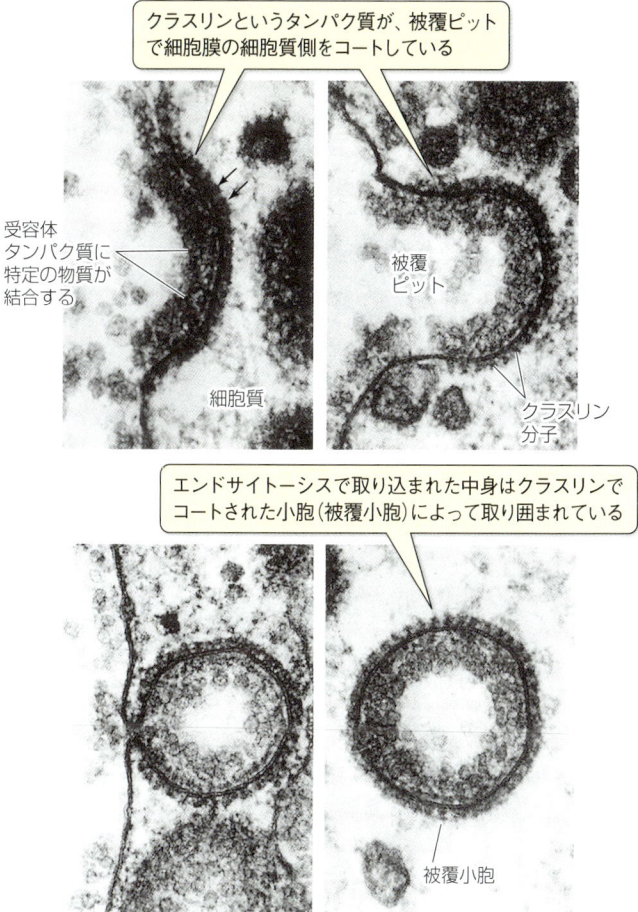

クラスリンというタンパク質が、被覆ピットで細胞膜の細胞質側をコートしている

受容体タンパク質に特定の物質が結合する

被覆ピット

細胞質

クラスリン分子

エンドサイトーシスで取り込まれた中身はクラスリンでコートされた小胞（被覆小胞）によって取り囲まれている

被覆小胞

図2-19　被覆小胞の形成
受容体依存性エンドサイトーシスでは、被覆ピットの受容体タンパク質が特定の高分子と結合し、これら高分子は被覆小胞によって細胞内へと運ばれる。

エキソサイトーシスは物質を細胞外に移動させる

　エキソサイトーシスでは、小胞膜が細胞膜と融合し、小胞内の物質が細胞外へと分泌される（**図2-18B**）。この過程の最初の出来事は、小胞の細胞質側から突き出ている膜タンパク質が、細胞膜の標的部位の細胞質側に存在する膜タンパク質と結合することである。2つの膜のリン脂質二重層が融合し、細胞外への出口が形成される。小胞の中身は環境へと分泌され、小胞膜は細胞膜に取り込まれる。

　第1章で、ファゴサイトーシスによって取り込まれた物質の処理の最終ステップとしてエキソサイトーシスを記載した。不消化の物質はエキソサイトーシスによって排泄されるのである。エキソサイトーシスは、膵臓からの消化酵素の分泌、ニューロンからの神経伝達物質の分泌、植物の細胞壁構築のための材料の分泌など、多くの異なる物質の分泌において重要な役割を果たしている。

2.6 膜には他にどんな機能があるだろうか？

　我々はこれまで、生体膜の構造を調べ、どのようにして膜表面の高分子が細胞相互の認識や結合を媒介しているか（その結果組織や器官が形成される）を見てきた。我々はまた、どのようにして細胞への物質の出入りが膜によって選択的に調節されているのかも見てきた。これらは膜の非常に重要な機能であるが、これらだけが生体膜の機能ではない。他の膜機能についても簡単に見てみよう。

　膜の重要な機能の1つは、さまざまな物質を分離しておくことである。1.3節で述べたが粗面小胞体の膜はリボソーム結合部位であることを思い出してほしい。新しく合成されたタンパク質はリボソームから小胞体膜を通って小胞体内部へと移動し、そこでタンパク質は修飾され細胞の他の部位へと配送される。このシステムには、これらのタンパク質を細胞の他の部分から隔離する区画が必要とされる。

　ある種の細胞、例えばニューロン、筋細胞、卵などの細胞膜はイオンが持つ電荷に反応する。これらの膜は電気的興奮性を持っており、この特性によりこれらの細胞は重要な機能を果たすことができる。例えば、ニューロンでは、細胞膜は神経インパルス（活動電位）を細胞体から神経終末（軸索末端）まで伝えることができる。

　膜に関連した他の生物活性や膜の特性については第3章以降で説明する。これらの活性は進化の過程における細胞、組織、個体（生命体）の分化で非常に重要な役割を果たした。これらのうち以下の3つは特に重要である。

■ **ある種の小器官の膜はエネルギー変換に重要な役割を果たす**
　ある種の小器官の膜はエネルギー処理に特化している（**図**

2-20A)。例えば、ミトコンドリア内膜は燃料分子のエネルギーをATPのエネルギーに変換し、葉緑体のチラコイド膜は光エネルギーの化学結合エネルギーへの変換に関与する。ほとんどの真核生物の生命活動にとって非常に重要なこれらの過程については第4章と第5章で詳述する。

■ **ある種の膜タンパク質は化学反応を組織化する**　多くの細胞過程は酵素によって触媒される一連の反応に依存している。

図2-20　膜が持つ他の機能

（A）ミトコンドリアや葉緑体の細胞膜はエネルギー変換のために特化している。（B）連鎖的な生化学的反応の場合には、反応が次々に起こるように必要な酵素が工場の「組み立てライン」のように細胞膜上に整然と配列されている。（C）膜タンパク質は情報処理の役割を担う。膜上の受容体は細胞外からのシグナルを細胞内へ伝え、細胞内での変化を引き起こす。

（A）エネルギー変換

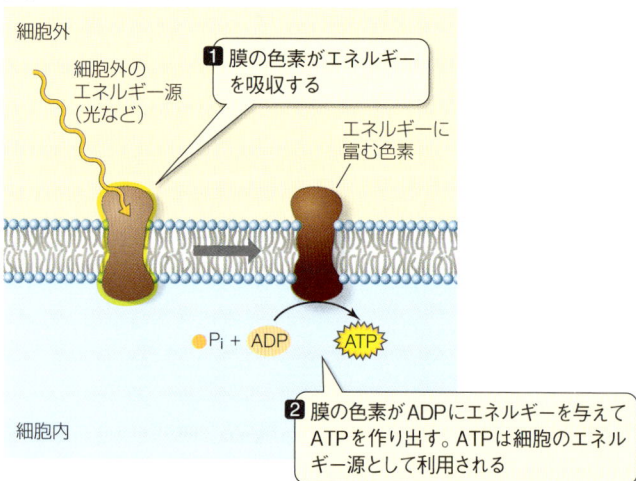

細胞外

細胞外のエネルギー源（光など）

❶ 膜の色素がエネルギーを吸収する

エネルギーに富む色素

P_i + ADP　ATP

❷ 膜の色素がADPにエネルギーを与えてATPを作り出す。ATPは細胞のエネルギー源として利用される

細胞内

(B) 化学反応の組織化

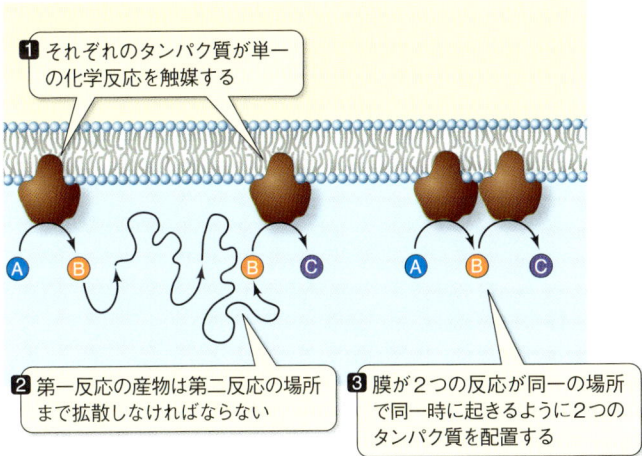

1 それぞれのタンパク質が単一の化学反応を触媒する

2 第一反応の産物は第二反応の場所まで拡散しなければならない

3 膜が2つの反応が同一の場所で同一時に起きるように2つのタンパク質を配置する

A → B → C

A → B → C

(C) 情報処理

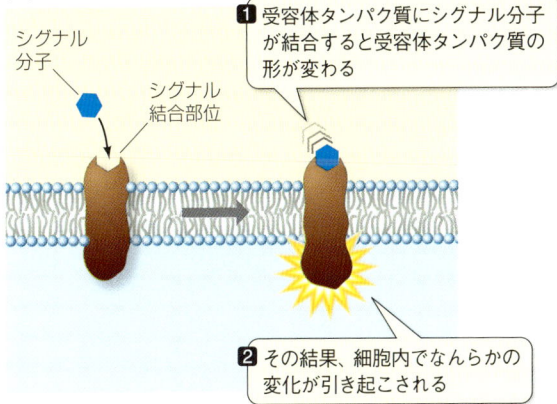

シグナル分子

シグナル結合部位

1 受容体タンパク質にシグナル分子が結合すると受容体タンパク質の形が変わる

2 その結果、細胞内でなんらかの変化が引き起こされる

これらの反応では、1つの反応の産物は次の反応の基質となる。そのような一連の反応が起こるためには、必要な分子がすべて一緒に存在しなければならない。溶液中では、例えば、基質と酵素分子はランダムに分布し、それらが衝突するのもランダムである。そのため一連の化学反応が完全に進行する速度は極めて遅い。しかしながら、もしさまざまな酵素が膜上に反応の進行順に結合していれば、ある反応の産物は次の反応を触媒する酵素の近くに放出されることになる。このような"組み立てライン"により、反応は迅速かつ効率的に進行することになる（**図2-20B**）。

■ **ある種の膜タンパク質は情報を処理する**　これまで見てきたように、生体膜は細胞外に突き出ている膜内在性タンパク質や糖鎖を持っており、これらが環境中の特定の物質と結合することができる。この特定の物質（リガンド）との結合が、細胞機能を開始したり、修飾したり、停止したりするシグナルとなる（**図2-20C**）。このタイプの情報処理では、結合の特異性が非常に重要である。

我々はLDLとそれが運搬するコレステロールのエンドサイトーシスで特異的な受容体タンパク質が重要な役割を果たすことを見てきた。このような特異的な受容体タンパク質が細胞の情報処理において重要な役割を果たす例としては、インスリンなどのホルモンが標的細胞上の特異的な受容体へ結合し、この結合により細胞によるグルコース取り込みが促進される、といった場合がある（訳注：肝細胞ではこのような反応は起こらない。筋細胞や脂肪細胞でこのような反応が起こる）。第12章（第3巻）で膜タンパク質が情報処理において果たす多くの役割の例を紹介するが、この章の冒頭で紹介したコレラの話も良

い見本である。

コレラ毒素は細胞の情報処理を妨害する。毒素タンパク質は２つのサブユニットから構成され、１つが細胞表面の糖脂質に結合し、毒素タンパク質の三次元構造が変化して、もう１つのサブユニットが細胞内に侵入できるようになる。このサブユニットが酵素として働き、細胞膜の細胞質側表面で膜タンパク質のアデニル酸シクラーゼと呼ばれるタンパク質（酵素）を修飾する。修飾されたアデニル酸シクラーゼは膜のCl^-チャネルを開く。その結果として腸管内腔にNa^+とCl^-が蓄積し、浸透の結果、水が腸管内腔へと失われる。

コレラはかつては先進国においてもほとんど致命的であったが、現在はそうではない。1997年に、コンゴでキャンプ生活をしている９万人のルワンダ難民のあいだでコレラの大流行が発生した。そのうち1521人が死亡したが、その大部分はキャンプのヘルスケアネットワークの管轄外の人たちだった。他の人々はすべて救われた。

1. 膜のリン脂質に関する以下の記述のうち、正しくないものはどれか？

ⓐ 二重層を形成している。
ⓑ 疎水性の"尾部"を持っている。
ⓒ 親水性の"頭部"を持っている。
ⓓ 膜に流動性を与えている。
ⓔ 膜の一方から反対側に容易に180度回転（方向転換）する。

2. ホルモン分子が細胞膜上の特定のタンパク質に結合する場合、ホルモン分子が結合するタンパク質は何と呼ばれるか？

ⓐ リガンド
ⓑ クラスリン
ⓒ 受容体タンパク質
ⓓ 疎水性タンパク質
ⓔ 細胞接着分子

3. 膜タンパク質に関する以下の記述のうち、正しくないものはどれか？

ⓐ すべて膜の一方から反対側まで貫いている。
ⓑ イオンが膜を通過するチャネルとして機能するものもある。
ⓒ 多くのものが膜内を横方向に（二次元的に）自由に移動することができる。
ⓓ 膜での位置はその三次元構造によって決定される。
ⓔ 光合成で機能を果たすものもある。

4. 膜の糖鎖に関する以下の記述のうち、正しくないものはどれか？

ⓐ ほとんどのものがタンパク質に結合している。
ⓑ 脂質に結合しているものもある。
ⓒ ゴルジ装置でタンパク質に付加される。
ⓓ 皆同じような構造をしている。
ⓔ 細胞表面における認識反応で重要な役割を果たす。

5. 動物細胞の細胞接着に関する以下の記述のうち、正しくないものはどれか？

ⓐ 密着結合は細胞間を分子が通過する際のバリアとなる。
ⓑ デスモソームにより細胞同士が強固に接着できる。
ⓒ ギャップ結合は隣り合う細胞間の情報交換を阻害する。
ⓓ コネクソンはタンパク質から構成される。
ⓔ デスモソームに結合している線維はタンパク質から構成される。

6. あなたはトランスフェリンというタンパク質がどのようにして細胞内に入るのかを研究しているとする。トランスフェリンを取り込んだ細胞を観察したところ、トランスフェリンはクラスリンでコートされた小胞中に存在することを見出した。細胞によるトランスフェリン取り込みの機構として最も可能性が高いのはどれか？

ⓐ 促進拡散
ⓑ 対向輸送
ⓒ 受容体依存性エンドサイトーシス
ⓓ ギャップ結合
ⓔ イオンチャネル

7. イオンチャネルに関する以下の記述のうち、正しくないものはどれか？

ⓐ 膜に孔を形成する。
ⓑ タンパク質である。
ⓒ すべてのイオンは同一のタイプのチャネルを通過する。
ⓓ チャネルを通過するイオンの動きは、高濃度領域から低濃度領域へ向かう。
ⓔ チャネルを通過するイオンの動きは、単純拡散である。

8. 促進拡散と能動輸送に関する以下の記述のうち、正しいものはどれか？

ⓐ 両者共にATPを必要とする。
ⓑ 両者共にタンパク質をキャリヤーとして必要とする。
ⓒ 両者共に溶質を一方向にしか輸送できない。
ⓓ 濃度勾配が増大するにつれて無制限に増大する。
ⓔ 溶質の脂溶性に依存する。

9. 一次能動輸送と二次能動輸送に関する以下の記述のうち、正しいものはどれか?

ⓐ ATPを産生する。
ⓑ Na⁺イオンの受動輸送に依存する。
ⓒ グルコース分子の受動輸送も含まれる。
ⓓ ATPを直接利用する。
ⓔ 濃度勾配に逆らって溶質を輸送できる。

10. 浸透に関する以下の記述のうち、正しくないものはどれか?

ⓐ 拡散の法則に従う。
ⓑ 動物組織では、細胞が環境に対して高張の場合は、
　水は細胞内に入ってくる。
ⓒ 赤血球は細胞に対して低張である血漿中になければならない。
ⓓ 溶質濃度が等しい2つの細胞は互いに等張である。
ⓔ 溶質濃度は浸透において一番重要な因子である。

第3章

エネルギー、
酵素、代謝

アルコール感受性

　花嫁と花婿が入場してきたとき、テーブルについていたゲストたちは熱狂的に拍手した。

　シャンパングラスが乾杯のために何度も掲げられた。しかしフランクはシャンパンを少し飲んだだけで気分が悪くなった。顔は真っ赤になり、心臓はドキドキし、お詫びを言って披露宴を退席した。数時間経ってからようやく気分が良くなった。彼は、以前にもアルコール飲料を飲んで、同様な経験をしたことがあった。

　アルコールをいくら飲んでも大丈夫な人と、フランクのように、ほんのちょっと飲んだだけで気分が悪くなる人がいる。このような個体差は体内でのアルコールの生化学（代謝）に起因する。典型的には、2つの連続する化学反応により、エチルアルコール（飲み物の中のアルコール）は体内で酢酸に変換される。まず第一の反応としてエチルアルコールはアセトアルデヒ

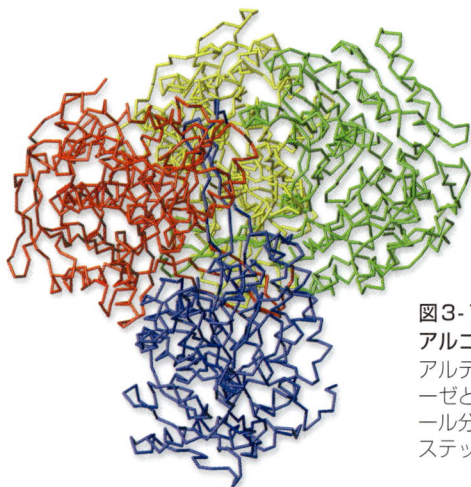

図3-1
アルコールに対する触媒
アルデヒドデヒドロゲナーゼという酵素はアルコール分解における重要なステップを触媒する。

ドに変換され、第二の反応としてアセトアルデヒドは酢酸に変換される。

　これらの反応が代謝経路を構成している。この経路では最初の反応の産物であるアセトアルデヒドが第二の反応の基質となる。どちらの反応も触媒なしには進行しない。それぞれの反応は、異なる触媒、すなわちそれぞれに特異的な酵素によって"スピードアップ"される必要がある。

　酵素はタンパク質であり、それぞれが特定のアミノ酸配列を持っている。アルコール代謝の第二の反応を触媒する酵素はアルデヒドデヒドロゲナーゼ（ALDH）と呼ばれ、517個のアミノ酸から構成される（**図3-1**）。フランクが出席した披露宴の客のほとんどは同一のアミノ酸配列のALDHを持っていたと考えられる。この"典型的な"アミノ酸配列では、487番目のアミノ酸はグルタミン酸であり、その側鎖はマイナスに荷電している。この配列のALDHは正しい三次元構造に折り畳まれ、ちゃんとその機能を全うする。すなわち、アセトアルデヒドから酢酸への変換をスピードアップする。しかしながらフランクの細胞では、487番目のアミノ酸はグルタミン酸ではなくリシンで、リシンはプラスに荷電している。この一見小さな違いにより、ALDHの三次元構造は変化し触媒機能は低下してしまう。

　構造変化のため、フランクの酵素は機能はするけれども、低速でしか機能しない。フランクが少量のシャンパンを飲んだとき、第一の代謝反応（アルコールからアセトアルデヒドへの変換）は迅速に起こったが、第二の反応（アセトアルデヒドから酢酸への変換）は起こらなかった。アルコールは体に対して心地よい効果をもたらすが、アセトアルデヒドが体に及ぼす効果は心地よいものではない。フランクの体にはアセトアルデヒドが蓄積したので、気持ちが悪くなったのである（**図3-2**）。顔

図3-2　トラブルの種
アルデヒドデヒドロゲナーゼという酵素に関して弱い活性しか持っていない人がいる。そのような人がアルコールを飲むと、アセトアルデヒドが体内に蓄積し、悪影響を及ぼす。

が赤くなり心臓がドキドキしたのは、典型的なアセトアルデヒドの短期効果である。アセトアルデヒドの長期効果としては脳の異常やある種のがんなどがある。

　フランクのALDHのアミノ酸配列変異の話から、アルコール耐性の個人差は必ずしも習慣によるのではなく生化学的な違いによることもある、ということがおわかりだと思う（だから、酒が飲めないからといって人をからかうのはやめた方が良いと思う）。

> **この章では** エネルギーの役割に焦点を当てて、生化学的な変換反応について学ぶ。エネルギー変換の基礎をなす物理法則を記述し、これらの法則がどのように生物学に当てはまるのかを記述した後で、エネルギー通貨であるATPが細胞でどのように重要な役割を果たしているかを見てみる。章の残りでは、生化学的な変換反応をスピードアップし、それなしには生命は存在し得ない酵素の性質、活性、調節について述べることにする。

3.1 生物学的なエネルギー変換の基礎となる物理法則はどのようなものだろうか？

　代謝反応と触媒は生体によるエネルギーの生化学的変換にとって不可欠のものである。光エネルギーを使って糖質を作る植物にしろ、食物のエネルギーを力に変えて調理台に飛び移ろうとする（より多くのエネルギーを得るために食物を見つけることを期待して）猫にしろ、エネルギー変換は生命の大きな特徴である。

　物理学者は**エネルギー**を「仕事をする能力」と定義する。「仕事」は、ある物体に力を加えてある距離を移動させた時に生じる。生化学では、エネルギーを「変化をもたらす能力」と捉えた方が便利である。いかなる細胞もエネルギーを生み出すことはできない。すべての生命はエネルギーを環境から得なければならない。実際、基本的な物理法則の1つは、エネルギーは作り出すことも破壊することもできない、というものである。しかしながら、エネルギーはある形から別の形へと変換することはできる。そして細胞は多くのそのようなエネルギー変換反応を行うことができるのである。エネルギー変換は細胞内で起こる化学的変換、すなわち化学結合の分解、膜を越えての物質輸送などとリンクしている。

エネルギーと代謝には2つのタイプがある。

　エネルギーには多くの形がある。化学エネルギー、電気エネルギー、熱エネルギー、光エネルギー、機械エネルギーなどである。しかしすべての形のエネルギーは次の2つのタイプに分けて考えることができる。

- **位置（ポテンシャル）エネルギー**は、状態ないし位置のエネルギー、すなわち保存されたエネルギーである。これは多くの形で、すなわち化学結合、濃度勾配、電荷の不均衡など

（2.3節で述べた膜電位のような）の形で保存される。筋肉を
ぎゅっと緊張させ、飛び跳ねようとして身構えている猫のこ
とを想像してみよう。
- **運動エネルギー**は運動のエネルギー、すなわち仕事をするエ
  ネルギーである。先の猫がまさに跳んだところを想像してみ
  よう。そのとき、緊張した筋肉に蓄えられていた位置エネル
  ギーの一部が筋収縮に変換されているのである。

位置エネルギーと運動エネルギーが相互変換可能なように、
それぞれのタイプに属するエネルギーも相互変換可能である。
猫の筋肉中では位置エネルギーは共有結合中に化学エネルギー
として保存されているが、跳んでいる猫の運動エネルギーは機
械エネルギーである（**図3-3**）。他にも多くのエネルギーの相
互変換がある。例えば、この本を読むあいだに、光エネルギー
が眼の中で化学エネルギーに変換されるし、その化学エネルギ
ーが神経細胞中で電気エネルギーに変換され、脳へと情報が伝
達される。
いかなる生物の中でも化学反応が絶えず起きている。**代謝**は
そのような反応の総和と定義される。2つのタイプの代謝反応
がすべての生物のすべての細胞の中で起きている。
- **同化反応**により、単純な分子から複雑な分子が作られる。ア
  ミノ酸からのタンパク質合成は同化反応である。同化反応は
  エネルギーの入力を必要とし、そのエネルギーを合成される
  化学結合の中に蓄える。
- **異化反応**により、複雑な分子は単純な分子へと分解され、化
  学結合中に蓄えられていたエネルギーが放出される。

同化反応と異化反応はしばしばリンクしている。異化反応で

図3-3　エネルギー変換と仕事
飛び跳ねている猫は、位置エネルギーと運動エネルギーのあいだの変換、化学エネルギーと機械エネルギーの変換の双方の例を示している。

放出されたエネルギーは、しばしば同化反応ないし生物学的な仕事、例えば跳んでいる猫の筋収縮、膜を越えての能動輸送のような細胞活動などを駆動するために使われる。

　生物もまた物理的宇宙の一部であるから、星を支配する**熱力学の法則**は細胞内のエネルギー変換にも当てはまる。

熱力学第一法則：エネルギーは作り出すことも消し去ることもできない

　熱力学第一法則は、エネルギー変換の際、エネルギーは作り出すことも消し去ることもできない、というものである。言葉を換えると、「エネルギーをある形から別の形へと変換する際に、変換の前後でエネルギーの総量は変化しない（不変である）」ということである（**図3-4A**）。次の2つの章で見るように、糖質の化学結合中の位置エネルギーはATPの形の位置エネルギーに変換可能である。このエネルギーは次に運動エネルギーに変換されて筋収縮などの機械的仕事をするのに用いられる。

熱力学第二法則：乱雑さは増大する

　熱力学第二法則は、エネルギーは作り出すことも消し去ることもできないが、「エネルギーがある形から別の形へと変換されるときに、そのエネルギーの一部は仕事には使えなくなる」というものである（**図3-4B**）。言葉を換えると、どんな物理的過程も化学反応も100％効率的ということはあり得ず、放出されたエネルギーのすべてを仕事に変えることはできない、ということである。エネルギーの一部は無秩序と関連した形で失われる。無秩序は乱雑さの一種である。ある系に秩序を与えるのにはエネルギーがいる。ある系に秩序を与えるためのエネルギーが供給されない場合、その系は乱雑になる。寝室や寮の部屋が良い例である。学生時代だったら、部屋は散らかっていて、それを整頓するのにはエネルギーが必要であろう。熱力学第二法則はすべてのエネルギー変換に当てはまるが、ここでは生体での化学反応に焦点を当てよう。

(A) 熱力学第一法則

エネルギーの総量は、変換前後で不変である。新たなエネルギーが作り出されることはないし、失われることもない。

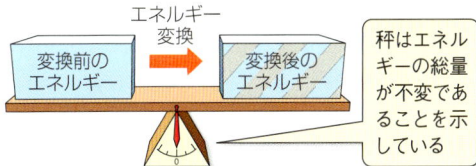

エネルギー変換

変換前のエネルギー → 変換後のエネルギー

秤はエネルギーの総量が不変であることを示している

(B) 熱力学第二法則

閉じられた系では、変換によってエネルギーの総量は変わらないが、変換の後では、仕事に使えるエネルギー量は変換前の量に比べて常に減少する。

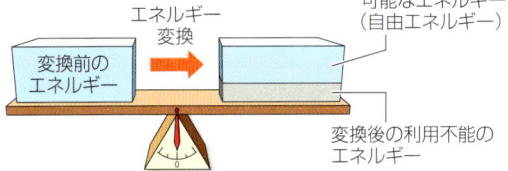

エネルギー変換

変換前のエネルギー →

変換後の利用可能なエネルギー（自由エネルギー）

変換後の利用不能のエネルギー

第二法則を別の言い方で表すと、閉じられた系では、エネルギー変換を繰り返すにつれて、自由エネルギーは減少し、利用できないエネルギーが増大する。このことはエントロピー産生として知られる現象である。

変換後の利用不能のエネルギー

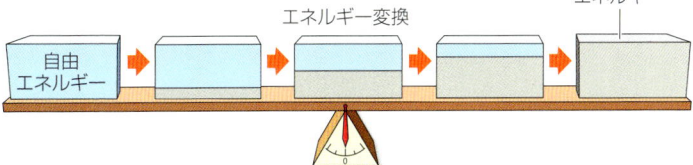

自由エネルギー

エネルギー変換

図3-4　熱力学の法則
（A）第一法則によると、エネルギーは作り出すことも消し去ることもできない。（B）第二法則によると、エネルギー変換の際には、エネルギーの一部は仕事に使われずに失われてしまう。

どの系でも、総エネルギーは仕事ができる利用可能なエネルギーと無秩序へと失われる利用不能のエネルギーを含んでいる。

総エネルギー

= 利用可能なエネルギー + 利用不能のエネルギー

生体系では、総エネルギーは**エンタルピー（H）**と呼ばれる。仕事ができる利用可能なエネルギーは**自由エネルギー（G）**と呼ばれる。自由エネルギーは細胞成長、細胞分裂、細胞の健康の維持などのすべての化学反応のために細胞が必要とするものである。利用不能のエネルギーは**エントロピー（S）**で表すことができる。エントロピーは絶対温度（T）を乗じたときに系の無秩序さを表す尺度となる。

以上より、前ページの式を正確に書き表すと以下の式になる。

$$H = G + TS$$

我々にとって重要なのは利用可能なエネルギーであるから、こう書き直そう。

$$G = H - TS$$

運動するとどうして熱くなるのだろうか？　運動時には、筋肉は食物から得た化学エネルギーを筋収縮の機械エネルギーに変換する。このエネルギー変換の20％以下しか運動には用いられない。残りは熱として失われてしまう。

G、H、Sの絶対値を測定することはできないが、ある一定温度におけるこれらの変化を測定することはできる。このようなエネルギー変化はカロリー（cal）もしくはジュール（J）で測定できる（注：1カロリーは1グラムの純水の温度を14.5℃から15.5℃まで1度上昇させるのに必要な熱エネルギーの量である。1ジュールは普遍的に用いられるSI単位系におけるエネルギー単位である。1 J = 0.239calで、逆に1 cal =

4.184J。例えば486cal＝2033Jもしくは2.033kJである。熱で定義されているけれどもカロリーとジュールはともに、機械、電気、化学エネルギーの単位である。エネルギーに関するデータを比較するときには、いつもジュールはジュールで、カロリーはカロリーで比較することを忘れないようにすること）。エネルギー変化はギリシア文字のデルタ（Δ）で表す。いかなる化学反応の**自由エネルギー変化（ΔG）**も産物と反応物の自由エネルギーの差異に等しい。

$$\Delta G_{反応} = G_{産物} - G_{反応物}$$

このような変化はプラスの場合もマイナスの場合もあり得る。すなわち、産物の自由エネルギーは反応物の自由エネルギーに比べて大きい場合もあるし、小さい場合もある。もしも産物の自由エネルギーの方が大きければ、反応にはエネルギーを入力しなければならない（エネルギーは作り出すことができないので、外部からある程度のエネルギーを足してやらなければならない）。

一定温度では、ΔGは総エネルギー変化（ΔH）とエントロピー変化（ΔS）から次のように定義される。

$$\Delta G = \Delta H - T\Delta S$$

この式からある化学反応で自由エネルギーが放出されるのか消費されるのかがわかる。

■ ΔGがマイナス（ΔG<0）の場合、自由エネルギーは放出される。
■ ΔGがプラス（ΔG>0）の場合、自由エネルギーが要求（消費）される。

もし必要な自由エネルギーが得られなければ、その反応は起こらない。ΔGがプラスかマイナスか、またΔGの大きさは、

この式の右辺の2つの要素に依存する。

■ ΔH：化学反応において、ΔHはその系に加えられたエネルギーの総量（$\Delta H > 0$の場合）かその系から放出されたエネルギーの総量（$\Delta H < 0$の場合）である。

■ ΔS：ΔSの符号（プラスかマイナスか）と大きさにより、$T\Delta S$の符号と大きさが決まる。言葉を換えると、一定温度（Tが不変）の生体系では、ΔGの符号と大きさはエントロピー変化に大きく依存するということである。エントロピーが大きく変化すればΔGの値も大きくマイナス側に移動する（$T\Delta S$の前のマイナス符号が示すとおり）。

　ある化学反応においてエントロピーが増大する場合は、その産物は反応物に比べてより無秩序で乱雑である。タンパク質がアミノ酸に加水分解されるように、反応物に比べて産物の数が多い場合は、産物は自由に動き回ることができる。アミノ酸溶液は、ペプチド結合やその他の力により動きが制限されているタンパク質溶液に比べて、より無秩序な状態であるといえる。だから、加水分解反応ではエントロピー変化（ΔS）はプラスである。

　もし産物の方が反応物に比べて少数で動きが制限されている場合は、ΔSはマイナスとなる。例えば、ペプチド結合によりアミノ酸が繋がっている大きなタンパク質はその材料となる数百数千のアミノ酸の溶液に比べると自由度は低いといえる。

　無秩序は増大する傾向がある　熱力学第二法則から次のことも予告される。すなわち、エネルギー変換の結果として、無秩序は増大する傾向がある。化学的変化、物理的変化、生物学的過程のいずれにせよ、エントロピーは増大し、無秩序あるいは乱

雑さへと向かう（**図3-4B**参照）。この無秩序が増大する傾向により物理的過程や化学反応の方向性が決定される。これによりある反応がある一方向に進み逆の方向には進まないことが説明できる。

熱力学第二法則は生命にどのように当てはまるのだろうか？単純な分子から構成された、高度に複雑な構造である人体のことを考えてみよう。この複雑性の増大は第二法則と矛盾するように思われる。しかし、実際はそうではない。人体1kgを作るためには、生体材料10kgの代謝を必要とし、この過程でこれらはCO_2、H_2O、その他の単純な分子に変換される。この代謝により人体1kg分よりもはるかに大きな無秩序が作り出され、この変換には大きなエネルギーが必要とされる。生命は秩序を維持するために絶えずエネルギーが入力されなければならない。熱力学第二法則とは矛盾しないのである。

これまで熱力学の法則が生命に当てはまることを見てきたので、これらの法則が生化学反応にどのように当てはまるのかを見てみよう。

化学反応によりエネルギーが放出されたり消費されたりする

同化反応により細胞内の複雑さ（秩序）が増大するのに対して、異化反応により細胞内の複雑さが減少する（無秩序が創造される）ことを思い出してほしい。したがって、同化反応にはエネルギーが必要であり、異化反応によりエネルギーが放出される。

■異化反応により、タンパク質などの秩序立った反応物が、アミノ酸などのより小さくて乱雑に分布する産物に分解される。自由エネルギーを放出する反応（$\Delta G < 0$）は**発エルゴン反応**と呼ばれる（**図3-5A**）。

例えば：

　　　　複雑な分子→自由エネルギー＋小分子

■ 同化反応により、多数のアミノ酸などのより小さな反応物
（より乱雑な分子）から、タンパク質などの高度に秩序立っ
た単一の産物が産生される。自由エネルギーを必要とする反
応（$\Delta G > 0$）は**吸エルゴン反応**と呼ばれる（**図3-5B**）。
　　例えば：

　　　　自由エネルギー＋小分子→複雑な分子

　原則として、化学反応は正反応も逆反応も起こりうる。例え
ば、化合物Aが化合物Bに変換可能ならば（A→B）、原則と
して、BはAに変換可能である（B→A）。ただしA、Bそれぞ
れがある濃度の場合、その条件下ではこれらの反応のうち一方
だけがよく進む。全体の反応は正反応と逆反応のあいだの競合
の結果である（A⇄B）。Aの濃度を上げると正反応の速度が
増大するし、Bの濃度を上げると逆反応の速度が増大する。A
とBの濃度がある値のとき、正反応と逆反応の速度は等しくな
る。この濃度では、個々の分子は形成されたり分解されたりし
ているが、系の正味の変化は起こらない。この正反応と逆反応
のあいだのバランスが取れた状態を**化学平衡**と呼ぶ。化学平衡
は静的な状態、正味の変化がない状態、$\Delta G = 0$の状態である。

化学平衡と自由エネルギーは関連している

　どの化学反応もある程度までは進行するが、必ずしも完了す
るまで進行するわけではない。言葉を換えると、存在する反応
物は必ずしもすべてが産物（生成物）に変換されるわけではな
い。それぞれの反応には特定の平衡点があり、その平衡点は、
ある特定の条件下でその反応により放出される自由エネルギー

（A）発エルゴン反応

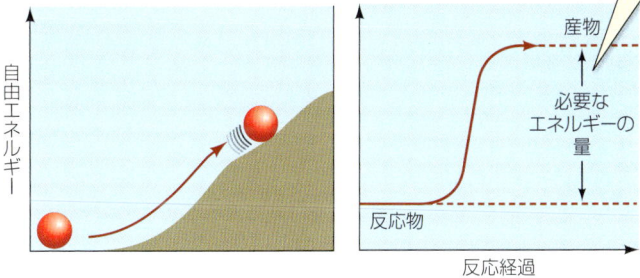

発エルゴン反応では、反応物が低エネルギー産物を産生するあいだにエネルギーが放出される。ΔGはマイナスである

（B）吸エルゴン反応

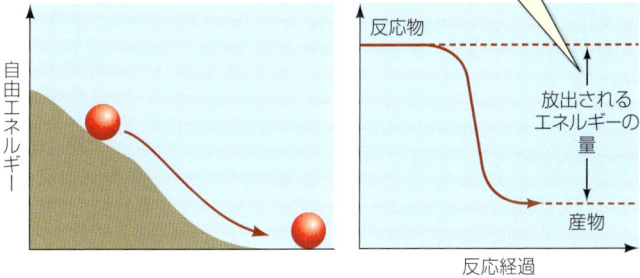

反応物が高エネルギー状態の産物に変換される吸エルゴン反応では、エネルギーを与えなければならない。ΔGはプラスである

図3-5　発エルゴン反応と吸エルゴン反応
（A）発エルゴン反応では、反応物は坂道を転がり落ちるボールのように振る舞い、エネルギーが放出される。（B）ボールは自分の力では坂を上ることはない。吸エルゴン反応を進ませるためには、坂道を上らせるように、ボールに自由エネルギーを加えることが必要である。

と関連している。平衡の原則を理解するために、以下の例を考えてみよう。

　ほとんどの細胞はグルコース1-リン酸を含んでいる。グルコース1-リン酸は細胞内でグルコース6-リン酸に変換される。0.02M（Mはモル濃度の単位）の濃度のグルコース1-リン酸の水溶液から始めよう。この水溶液の環境条件（25℃でpH7）は一定である。反応がゆっくりと平衡に向けて進行するとき、産物であるグルコース6-リン酸の濃度は0から0.019Mに上昇するのに対して、反応物であるグルコース1-リン酸の濃度は0.001Mに低下する。この時点で、平衡状態に達する（**図3-6**）。これ以降は逆反応すなわちグルコース6-リン酸からグルコース1-リン酸への変換も正反応と同じ速度で進行する。

　平衡状態では、この反応における産物の反応物に対する比は19：1（0.019/0.001）であり、正反応は反応完了（式でいうと右に到達する）の95％まで進行する。したがって、正反応は発エルゴン反応である。この反応では、同一条件下で実験が行われる限り、必ず同じ結果が得られる。反応は以下の式で表される。

　　　グルコース1-リン酸 $\rightleftarrows$ グルコース6-リン酸

　どの反応でも、自由エネルギー変化（ΔG）は平衡点と直接の関連がある。平衡点が反応完了に近ければ近いほど、より大きな自由エネルギーが放出される。グルコース1-リン酸からグルコース6-リン酸への変換のような発エルゴン反応では、ΔGは負の数である（この例では$\Delta G = -1.7\,\mathrm{kcal/mol}$または$-7.1\,\mathrm{kJ/mol}$）。

　反応のΔGが大きな正の数である場合、その反応（A→B）はなかなか右へは進まないということを意味する。しかし産物

が存在する場合は、その反応は逆にすなわち左に（A←B）進む（ほとんどすべてのBがAに変換される）。ΔGの値がゼロに近いのは容易に両方向に進みうる反応の特徴である。反応物と産物がほとんど同一の自由エネルギーを持っている。

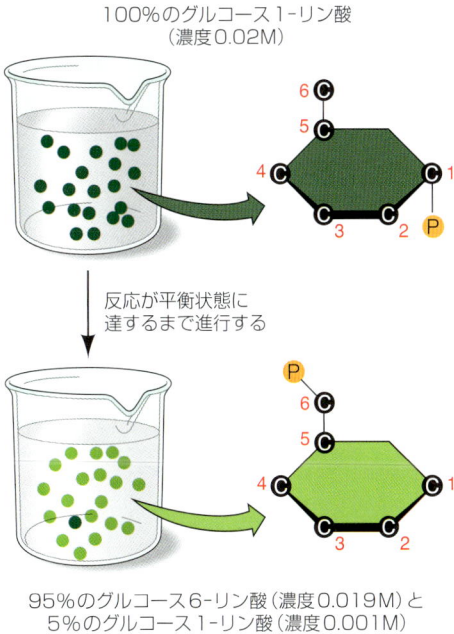

図3-6　化学反応は平衡に達するまで進行する
グルコース1-リン酸とグルコース6-リン酸を水に溶かす量にかかわりなく、平衡状態に達すると、常に95％のグルコース6-リン酸と5％のグルコース1-リン酸になる。

3.2 生化学のエネルギー学におけるATPの役割は何か?

　我々が論じてきた熱力学の法則は、宇宙のすべてのエネルギー変換に当てはまるとても強力で有益なものである。次に我々は、生物のエネルギー通貨であるATPが関与する細胞内の反応に、熱力学の法則を応用してみよう。

　細胞は化学的な仕事をするために必要な自由エネルギーの獲得と移動に関して**アデノシン三リン酸**すなわち**ATP**を利用する。ATPは一種の"エネルギー通貨"として機能する。すなわち、仕事でお金を稼いで、それを食事に使うように、ある発エルゴン反応で放出された自由エネルギーの一部をATPの形で獲得し、その分解で放出される自由エネルギーを使って吸エルゴン反応を進行させるのである。

　ATPは細胞によっていろいろな方法で産生され（それについては続く2つの章で記載する）、いろいろなところで利用される。ATPは決して特殊な分子ではない。事実、細胞では別の重要な利用法がある。すなわち核酸（RNA）合成の構成要素に変換されうるヌクレオチドとしての利用法である（訳注：エネルギー通貨や核酸合成の構成要素の他に、ATPには細胞外に分泌される神経伝達物質や、エネルギー代謝における重要な酵素の調節因子という役割もある）。ATPは2つの特徴のために細胞にとって特に便利な分子である。1つは加水分解されたときに比較的大量のエネルギーを放出することであり、もう1つは多くの異なる分子をリン酸化（リン酸基を付与すること）できることである。以下でこれらの2つの特性について調べてみよう。

ATPの加水分解でエネルギーが放出される

　ATP分子は窒素性塩基であるアデニンがリボース（糖質）に結合し、そのリボースに3つのリン酸基が並んだものが結合している分子である（**図3-7A**）。ATPの加水分解によって自由エネルギーが放出され、ADP（アデノシン二リン酸）と無機リン酸イオン（このイオン$HPO_4{}^{2-}$は普通P_iと省略される）が産生される。すなわち、

$$ATP + H_2O \rightarrow ADP + P_i + 自由エネルギー$$

　この反応の重要な性質は、自由エネルギーを放出する発エルゴン反応であるということである。ある温度、pH、溶質濃度のときの自由エネルギー変化（ΔG）は、およそ$-7.3\,kcal/mol$（$-30\,kJ/mol$）である。

　ATPの2つの性質から、それがリン酸基を失うときに放出される自由エネルギーが説明できる。

- リン酸基間のP−O結合（リン酸無水物結合）の自由エネルギーは加水分解の後で形成されるH−O結合のエネルギーよりもはるかに大きい。そのため加水分解により、利用可能なエネルギーが放出される。
- リン酸はマイナスに荷電し、互いに反発し合うので、リン酸同士を互いに近づけてそれらのあいだに共有結合を作らせる（例えばADPにリン酸を付加してATPを合成する）にはエネルギーを必要とする。

　生物発光（生体による光の産生、**図3-7B**）は、ATPの加水分解によって駆動される吸エルゴン反応とエネルギー型の相互変換（化学エネルギーから光エネルギーへ）の一例である。蛍光を発する化学物質はルシフェリン（悪魔を意味するルシファーから命名）と呼ばれる。

$$\text{ルシフェリン} + O_2 + \text{ATP} \xrightarrow{\text{ルシフェラーゼ}}$$
$$\text{オキシルシフェリン} + \text{AMP}(\text{アデノシン一リン酸}) + \text{PP}_i + \text{光}$$

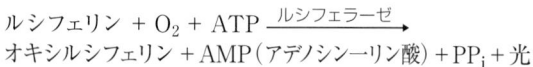

この反応とそれを触媒する酵素（ルシフェラーゼ）はお馴染みのホタル以外にも海産生物からキノコまで多様な生物の細胞に存在する。産生される光は捕食者を遠ざけたり、交配のための信号として使われる。

> ソフトドリンク製造会社は、ホタルのタンパク質ルシフェリンとルシフェラーゼを細菌汚染の検出に用いている。生きている細胞があるところには必ずATPがあり、これらホタルのタンパク質がATPと酸素に出会うと発光する。このため光るソフトドリンクは細菌に汚染されているということになる。

ATPは発エルゴン反応と吸エルゴン反応を共役させる

これまで見てきたように、ATPの加水分解は発エルゴン反応であり、ADP、P_i、自由エネルギーを生み出す。逆反応であるADPとP_iからのATP産生は吸エルゴン反応であり、ATPの加水分解で放出される自由エネルギーと同じ自由エネルギーを必要とする。

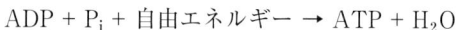

$$\text{ADP} + P_i + \text{自由エネルギー} \rightarrow \text{ATP} + H_2O$$

細胞内の多くの異なる発エルゴン反応がADPからATPへの変換に必要なエネルギーを供給できる。真核生物では、これらの反応の中で最も重要なものは細胞呼吸である。細胞呼吸では燃料分子から放出されたエネルギーの一部がATPの形で獲得される。ATPの産生と加水分解は"エネルギー共役サイクル"とでも呼ぶべきサイクルを構成し、このサイクルでADPは発エルゴン反応からのエネルギーを受け取ってATPになり、ATPは吸エルゴン反応に対してエネルギーを与える。

このATPサイクルは、どのようにしてエネルギーを獲得し

(A)

ATP（空間充塡モデル）　　　**ATP**（構造式）

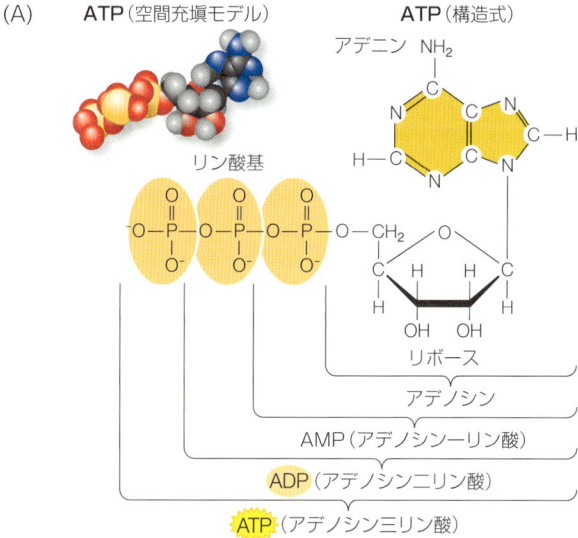

リン酸基

AMP（アデノシン一リン酸）

ADP（アデノシン二リン酸）

ATP（アデノシン三リン酸）

アデニン

リボース

アデノシン

(B)

図3-7　ATP

（A）ATPはその類似物であるADPやAMPと比較するとよりエネルギーに富む分子である。ATPの加水分解によって、2番目のリン酸基と3番目のリン酸基とのあいだのP−O結合に保存されているエネルギーが放出される。（B）ホタルはATPを利用してルシフェリンの酸化を開始する。この反応により化学エネルギーから光エネルギーへの変換が起こり、律動的な発光が起こる。これはこの昆虫が交配の準備ができた信号となる。この変換で熱として失われるエネルギーは非常に小さい。

たり放出したりするのであろうか？　発エルゴン反応はADP
とP_iからATPを合成する吸エルゴン反応と共役している（**図
3-8**）。発エルゴン反応と吸エルゴン反応の共役は「代謝にお
いて非常に普遍的なもの」である。ATPが産生されるとき、
ATPは自由エネルギーを獲得しそれをP-O結合の形で保持す
る。ATPは次に細胞内の別の場所に拡散し、そこで加水分解
され、放出された自由エネルギーによって吸エルゴン反応が駆
動される。

　このエネルギー共役サイクルの一例を**図3-9**に示す。グル
タミンというアミノ酸の合成はプラスのΔGを持ち（吸エルゴ
ン反応）、マイナスのΔGを持つ（発エルゴン反応）ATPの加

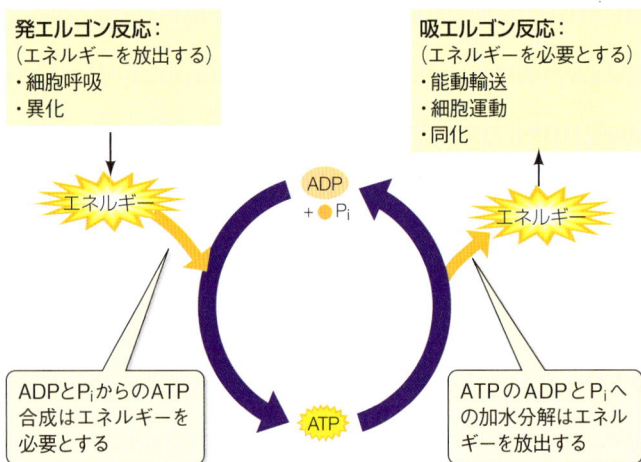

発エルゴン反応：
（エネルギーを放出する）
・細胞呼吸
・異化

吸エルゴン反応：
（エネルギーを必要とする）
・能動輸送
・細胞運動
・同化

エネルギー

エネルギー

ADP
+ P_i

ATP

ADPとP_iからのATP
合成はエネルギーを
必要とする

ATPのADPとP_iへ
の加水分解はエネル
ギーを放出する

図3-8　共役反応
発エルゴン的な細胞反応はADPからATPを合成するのに必要なエネ
ルギーを放出する。ATPからADPに戻る際に放出されるエネルギー
を用いて吸エルゴン反応を駆動することができる。

水分解から自由エネルギーを受け取らないと進行しない。これ
ら共役反応全体の ΔG（2つの ΔG を足し合わせたもの）はマ
イナスである。このため、この2つの反応は共役する場合には
発エルゴン反応として進行し、グルタミンが合成される。

　活発な細胞はその生化学装置を駆動するために毎秒数百万個
の ATP 分子を必要とする。ATP 分子は平均して合成されてか

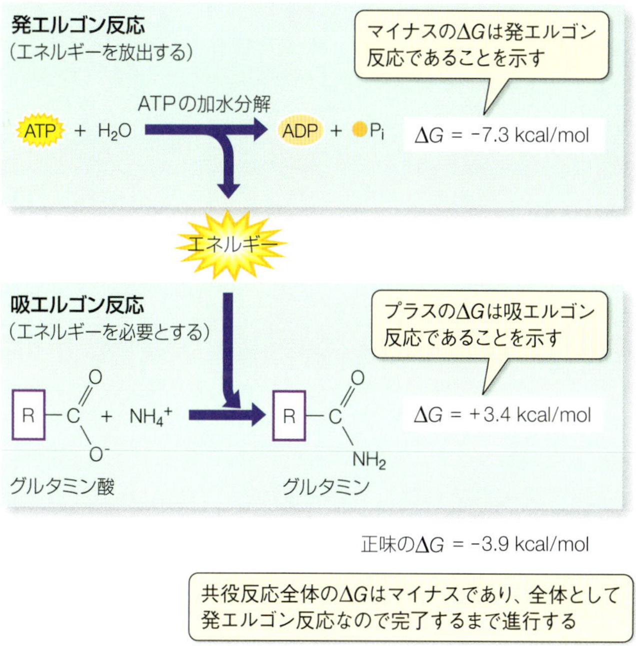

発エルゴン反応
（エネルギーを放出する）

ATP の加水分解

ATP + H_2O → ADP + P_i　　$\Delta G = -7.3$ kcal/mol

マイナスの ΔG は発エルゴン反応であることを示す

エネルギー

吸エルゴン反応
（エネルギーを必要とする）

プラスの ΔG は吸エルゴン反応であることを示す

$\Delta G = +3.4$ kcal/mol

グルタミン酸　　グルタミン

正味の $\Delta G = -3.9$ kcal/mol

共役反応全体の ΔG はマイナスであり、全体として
発エルゴン反応なので完了するまで進行する

図3-9　ATPの加水分解と吸エルゴン反応の共役
グルタミン酸とアンモニウムイオンからのグルタミンというアミノ酸
の合成は吸エルゴン反応であり、発エルゴン的なATPの加水分解と共
役させないと進行しない。

163

ら1秒以内に消費される。安静時に、平均的な人は1日当たりおよそ40kg（人によっては体重と同じぐらい）のATPの合成・加水分解を行う。これは1個のATP分子は合成・加水分解のサイクルを毎日1万回繰り返していることを意味する。

3.3 酵素とは何か？

ATPは極めて迅速に合成・消費される。しかしながらこれらの生化学反応は、酵素と呼ばれる触媒タンパク質の助けなしには、これほど迅速には進行しない。

　ある反応の自由エネルギー変化（ΔG）を知れば、その反応の平衡点がどこにあるかを知ることができる。ΔGがマイナスであればあるほど、反応の平衡は完了に近い方に存在する。しかしながら、ΔGは反応の**速度**（反応が平衡に向かって進行する速度）については何も語ってくれない。細胞がスピードを増加させるようなトリックを用いなければ、細胞内で起こる反応は遅すぎて、生命に寄与することはできない。このトリックを担うのが**触媒**である。触媒は、反応をスピードアップする物質であるが、その反応によって変化させられてしまうことはない。触媒は、それなしには起こらないような反応を進行させることはできない。単に正反応と逆反応の両方の速度を増加させ、平衡がより迅速に達せられるように働くだけである。

　ほとんどの生物触媒はタンパク質であり、**酵素**と呼ばれる。ここではタンパク質だけに焦点を当てるが、生物触媒（たぶん生命の起源の中で最も初期のものと考えられる）の中にはリボザイムと呼ばれるRNA分子も存在する。タンパク質にしろ

RNAにしろ、生物触媒は化学触媒作用が起きる鋳型である。時間の経過と共に、タンパク質は触媒として進化してきた。その三次元構造は非常に多様性に富むものとなり、多様な化学反応を触媒するようになった。

　この節では化学反応の速度を調節しているエネルギー障壁について考える。それから酵素の役割、どのようにして特定の反応物と相互作用するのか、どのようにしてエネルギー障壁を低下させるのか、どのようにして反応をより速く進行させるようにするのか、について焦点を当てる。さらに次の3.4節ではどのようにして酵素が反応の共役に寄与するのかを考える。

反応が進行するためにはエネルギー障壁を克服しなければならない

　発エルゴン反応は大量の自由エネルギーを放出し得るが、その反応の進行が極めて遅いこともあり得る。反応の中には、反応物と産物のあいだにエネルギー障壁が存在するために遅いものもある。プロパンストーブを考えてみよう。プロパンの燃焼（$C_3H_8 + 5O_2 \rightarrow 3CO_2 + 4H_2O + エネルギー$）は発エルゴン反応であり、エネルギーは熱と光の形で放出される。いったん開始すると、この反応は完了するまで続く。すべてのプロパンは酸素と反応して二酸化炭素と水蒸気になる。

　燃焼しているプロパンは大量のエネルギーを放出するので、この反応はプロパンと酸素が出会えば迅速に進行するようにも思える。しかし、そんなことは起こらない。単にプロパンと空気を混ぜ合わせても何も起こらない。プロパンは火花（エネルギー入力）によって初めて燃え始めるのである（ストーブの場合、このエネルギーはマッチによって供給される）。反応を始めるために火花が必要であるということは、反応物と産物のあ

いだにエネルギー障壁が存在することを示している。

　一般的に、発エルゴン反応は、反応物に少量のエネルギーを与えることによりエネルギー障壁を乗り越えさせて初めて進行するようになる。このようにエネルギー障壁は反応を開始するために必要なエネルギー量を表し、**活性化エネルギー（E_a）** ともいう（**図3-10A**）。**図3-5**の坂道を転げ落ちるボールのことを思い出してみよう。ボールは坂の上では大量の位置エネルギーを持っている。しかしながら、もしボールが小さなくぼみにはまり込んでしまうと、たとえその運動が発エルゴン反応であったとしても、坂道を転がり落ちることはできない。ボールが転がり落ちるためには、ボールをそのくぼみから脱出させるために少量のエネルギー（活性化エネルギー）が必要となる（**図3-10B**）。

　化学反応においては、活性化エネルギーは反応物を**遷移状態種**と呼ばれる不安定な分子形態に変えるのに必要なエネルギーである。遷移状態種は反応物や産物よりも高い自由エネルギーを持っている。その結合は引き伸ばされており不安定である。反応によって必要な活性化エネルギーの量は異なるけれども、反応の自由エネルギー変化に比べると小さいことが多い。反応を開始するための活性化エネルギーは、引き続いて起こる反応の"下り坂"相のあいだに回収される。したがって、活性化エネルギーは正味の自由エネルギー変化（ΔG）の一部ではない（**図3-10A**参照）。

　活性化エネルギーはどこから来るのだろうか？　室温ないし体温に反応物が置かれたとき、分子の一部は動き回り、その運動の運動エネルギーを使いエネルギー障壁に打ち勝って遷移状態に入り、反応を開始するだろう。しかしながら、この温度では、ごく少数の分子しかこれを達成するだけのエネルギーを持

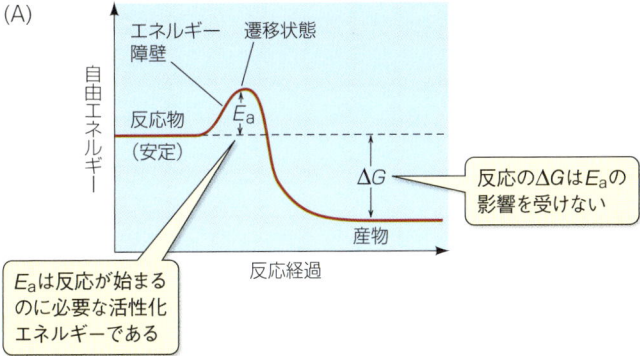

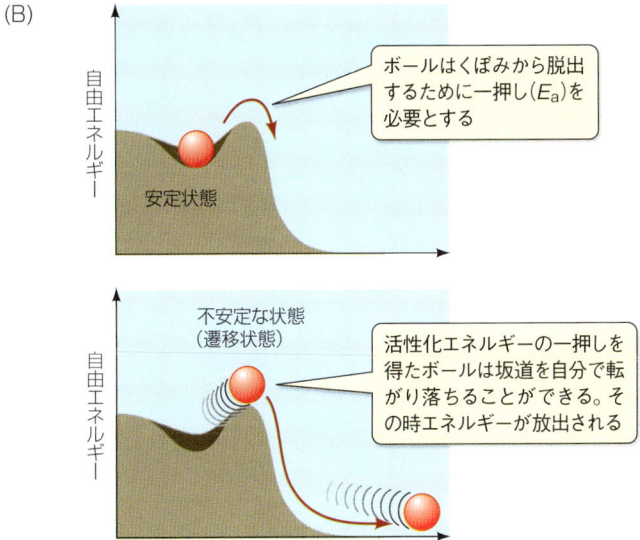

図3-10　活性化エネルギーが反応を開始させる
（A）どの化学反応でも、反応が進行するためには、初期安定状態は不安定にならなければならない。（B）坂道にあるボールは（A）のグラフに示された生化学的法則の物理的モデルを提供してくれる。

たないだろう。ほとんどの分子は活性化のための運動エネルギーを十分には持たず、反応はゆっくりとしか進行しない。もし系の温度を高めれば、すべての反応物分子はより速く動き、より大きな運動エネルギーを持つようになる。より多くの分子が必要な活性化エネルギーを超えるエネルギーを持つようになり、反応はスピードアップするだろう。

　しかしながら、十分に熱を加えて分子の平均運動エネルギーを上昇させることは、生体系ではうまくいかない。そのような非特異的なアプローチはすべての反応を促進し、タンパク質の変性などの破壊的な反応をも促進させてしまう。生体系で反応をスピードアップするもっと効率的な方法は、反応物同士を互いに近づけてエネルギー障壁を低下させることである。生きた細胞では、酵素がこの仕事を行う。

酵素は特定の（特異的な）反応物分子を結合する

　触媒は化学反応をスピードアップさせる。ほとんどの非生物触媒は、非特異的である。例えば、粉末プラチナは分子状水素（H_2）が反応物である場合、ほとんどすべての反応を触媒する。これとは対照的に、ほとんどの生物触媒は特異性が非常に高い。生物触媒であるタンパク質（酵素）やRNA（リボザイム）などの複雑な分子は、比較的単純な化学反応を触媒する。酵素やリボザイムは、通常ただ1つの（もしくはそれと類似の少数の）反応物を認識し、その反応物としか結合しない。そして1つの化学反応しか触媒しない。以下の説明では、酵素に焦点を当てるが、リボザイムにも同様の化学法則が当てはまると考えていい。

　酵素によって触媒される反応では、反応物は**基質**と呼ばれる。基質分子は**活性部位**と呼ばれる酵素上の特定部位に結合

し、活性部位で触媒反応が起こる（**図3-11**）。酵素の特異性はその活性部位の三次元構造によって決定される。三次元構造により、そこにはまり込む基質が決定されるからである。他の分子（異なる形、異なる官能基、異なる性質を持つ）は活性部位に入り込み結合することができない。

　酵素の名前はその機能の特異性を反映し、しばしば"アーゼ"という接尾辞で終わる。例えば、RNAポリメラーゼという酵素はRNAの合成を触媒するが、DNAの合成は触媒しない。またヘキソキナーゼという酵素はヘキソースという糖のリン酸化を加速するが、ペントースという糖のリン酸化は触媒しない。

　酵素の活性部位への基質の結合により **酵素−基質複合体（ES）** が形成される。酵素と基質の結合は水素結合、電気的誘

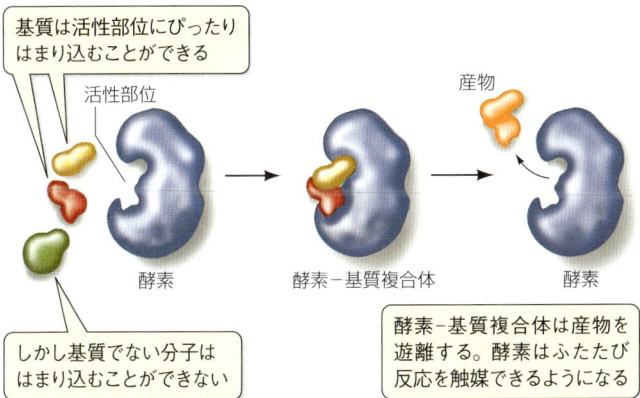

基質は活性部位にぴったりはまり込むことができる

活性部位

産物

酵素

酵素−基質複合体

酵素

しかし基質でない分子ははまり込むことができない

酵素−基質複合体は産物を遊離する。酵素はふたたび反応を触媒できるようになる

図3-11　酵素と基質
酵素はタンパク質触媒であり、1つあるいはそれ以上の基質分子を結合する活性部位を持つ。

引、共有結合などである。酵素-基質複合体から産物と遊離酵素が生じる。

$$E + S = ES \rightarrow E + P$$

Eは酵素、Sは基質、Pは産物であり、ESは酵素-基質複合体である。遊離酵素（E）は反応の前と後で変化はない。基質に結合しているときは化学的に変化している場合でも、反応が終わるときまでには元の形に戻っている。

酵素はエネルギー障壁を低下させるが平衡には影響を与えない

反応物が酵素-基質複合体の一部となっているときには、それに対応する非触媒反応の遷移状態種に比べて、より少ない活性化エネルギーしか必要としない（**図3-12**）。このように酵素は反応のエネルギー障壁を低下させ、より容易な通り道を反応に提供する。酵素がエネルギー障壁を低下させるとき、正反応と逆反応の両方ともにスピードアップするので、酵素によって触媒される反応は非触媒反応に比べてより迅速に平衡に達する。最終平衡は酵素があろうがなかろうが変わらない。同様に、酵素を反応に加えても反応物と産物のあいだの自由エネルギー変化（ΔG）は変わらない。

> 毎年500トン以上のプロテアーゼという酵素が、シャツについたピザの汚れといったタンパク質を分解するために、洗濯用洗剤に添加されている。これらの酵素は巨大なステンレススチール製のタンクで培養された細菌によって作られている。

酵素は反応速度を大きく変化させる。例えば、カルボキシル末端にアルギニンを持つタンパク質分子が600個溶液中に存在する場合、そのタンパク質分子の無秩序さが増大し、次第に末端のペプチド結合は分解し末端のアルギニンが放出される（Δ

Sが増大する）。7年後に、およそ半数（300個）のタンパク質がこの反応を終えているだろう。しかしながらカルボキシペプチダーゼAという酵素がこの反応を触媒する場合には、0.5秒以内に300個のアルギニンが放出されてしまう。

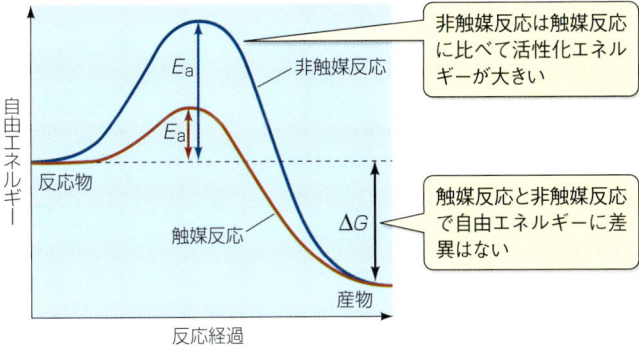

図3-12　酵素はエネルギー障壁を低下させる
酵素によって触媒される反応では、非触媒反応に比べて活性化エネルギーが低下するが、放出されるエネルギーは触媒があってもなくても変わらない。言葉を換えると、E_aは低下するが、ΔGは変わらない。

3.4 酵素はどのように働くのか？

酵素の構造と特異性を理解したので、酵素がどのように基質分子間の化学反応をスピードアップするのかを見てみよう。

酵素-基質複合体を形成した後で、化学的相互反応が起こる。この相互反応は、古い結合の分解と新しい結合の形成に直接寄与する。反応を触媒するに当たって、酵素は以下の機構のいずれかを用いる。

■ **酵素は基質を適切に配置する** 基質は、溶液中に遊離状態で存在するときには、ぐるぐる回ったりひっくり返ったりしていて、衝突するときに相互作用するための適切な位置関係にないことが多い。反応を開始させるために必要な活性化エネルギーの一部は、結合が作られる特定の原子同士を近づけさせるために用いられる（**図3-13A**）。例えば、アセチルCoA（活性酢酸）とオキサロ酢酸からクエン酸が合成される場合には（4.2節で見るようにグルコース代謝の一部をなす反応である）、アセチルCoAのメチル基の炭素原子が、オキサロ酢酸のカルボニル基の炭素原子と共有結合を作るように、2つの基質が配置されなければならない。クエン酸シンターゼという酵素の活性部位は、これら2つの分子を結合したときにこれらの原子が隣り合うような三次元構造を持っている。

■ **酵素は基質にひずみをもたらす** いったん基質が活性部位に結合すると、酵素は基質の中の結合が伸展するように作用し、基質を不安定な遷移状態にする（**図3-13B**）。例えば、リゾチームは細胞壁中の多糖鎖を分解することにより侵入してきた細菌を破壊する防御的酵素である。リゾチームの活性部位はリゾチームの基質の1つである細菌の多糖中の結合を"引き伸ばす"。引き伸ばされることにより多糖鎖の結合は不

(A)

2つの基質は互いに反応
できるように配置される

2つの基質はクエン酸シンターゼと
いう酵素の活性部位に結合する

クエン酸シンターゼ

(B)

酵素は基質にひずみを
もたらす

リゾチームの活性部位は多糖基質
にひずみを与え平べったくする

リゾチーム

(C)

酵素は基質に
電荷を与える

キモトリプシンの活性部位の2つのアミノ
酸は基質と接触したときに荷電する

キモトリプシン

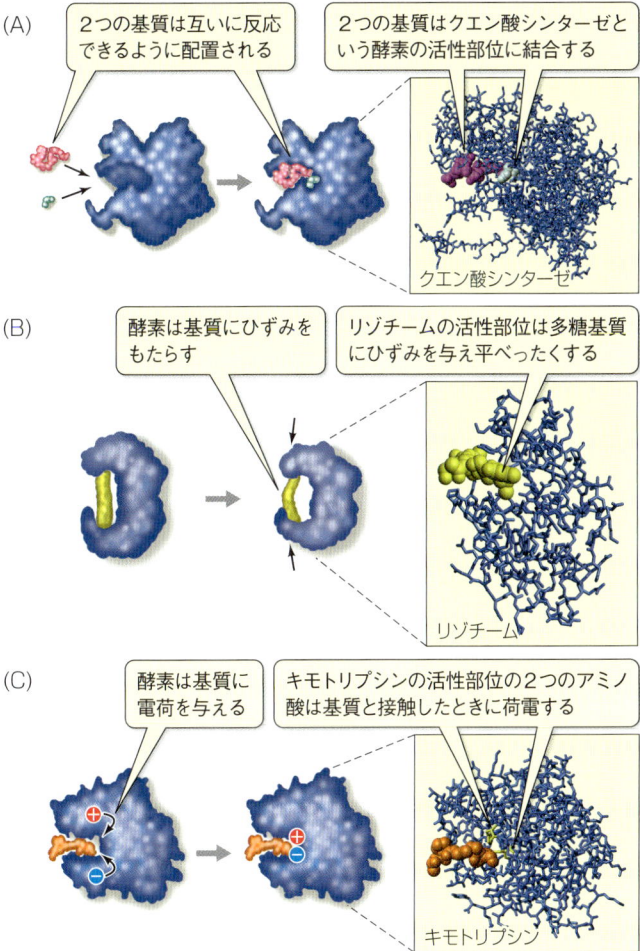

図3-13　酵素の活性部位
酵素が基質を遷移状態に入らせる方法はいくつかある。（A）適切な配
置、（B）物理的ひずみ、（C）化学的変化である。

安定になり、リゾチームのもう1つの基質である水と反応しやすくなる。

■ **酵素は基質に一時的に化学基を付加する**　酵素のアミノ酸の側鎖（R基）が、基質をより化学的に反応しやすいものに変えるのに直接関与する場合もある（**図3-13C**）。

■ 酸-塩基触媒では、活性部位を形成しているアミノ酸の酸性側鎖ないし塩基性側鎖が基質にH^+を与え（あるいは基質からH^+を奪い）、基質の共有結合を不安定化し壊れやすくする。

■ 共有結合触媒では、側鎖の官能基が基質の一部と一時的に共有結合を形成する。

■ 金属イオン触媒では、酵素の側鎖にしっかりと結合している銅、鉄、マンガンなどの金属イオンが、酵素から離れることなく電子を失ったり獲得したりする。この性質により、これらの金属イオンは電子の喪失・獲得を伴う酸化-還元反応において重要な役割を担う。

分子構造が酵素機能を決定する

　ほとんどの酵素は基質に比べてはるかに大きい。酵素は典型的には数百のアミノ酸を含むタンパク質であり、単一の折り畳まれたポリペプチド鎖か数個のサブユニットから構成されている。その基質は通常小分子である。酵素の活性部位は通常極めて小さく、6～12個のアミノ酸から構成される。2つの疑問がこれらの観察から生じる。

■ どのような性質によって活性部位は基質を認識し結合することができるのだろうか？

■ 酵素という大きなタンパク質の活性部位以外の部分はどんな役割を果たすのだろうか？

活性部位は基質に対して特異的である　正しい基質を選ぶ驚異的な酵素の能力は、活性部位における分子の形の正確な組み合わせと化学基の相互作用に依存する。活性部位への基質の結合は酵素の三次元構造を維持しているのと同様の力に依存している。すなわち、水素結合、荷電している基の反発力ないし誘引力、疎水性相互作用などである。

1894年に、ドイツの化学者エミール・フィッシャー（Emil Fischer）は酵素と基質の関係を鍵穴と鍵の関係に喩えた。フィッシャーのモデルは半世紀以上にわたって支持する証拠が間接的なものしかない状態が続いた。最初の直接的な証拠は1965年になってようやく提示された。ロンドンの王立研究所のデイヴィッド・フィリップス（David Phillips）らが、リゾチームという酵素の結晶化とX線結晶解析学（8.2節〈第2巻〉で説明する）の技術を用いたその三次元構造の決定に成功したのである。彼らはリゾチームの三次元構造上の穴がその基質にぴったり合うことを見出した（**図3-13B**参照）。

酵素は基質と結合するとその形を変える　酵素はタンパク質なので不変の構造ではない。多くの酵素は基質と結合するとその三次元構造が変化する。この形の変化により酵素の活性部位が露出する。基質の結合による酵素の形状変化を誘導適合と呼ぶ。

誘導適合の例は、ヘキソキナーゼという酵素に見られる。この酵素は次の反応を触媒する。

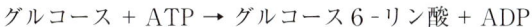

グルコース ＋ ATP → グルコース6-リン酸 ＋ ADP

誘導適合によりヘキソキナーゼの活性部位の反応性側鎖が基質と隣り合うように並び（**図3-14**）、触媒作用が促進される。同様に重要なのは、ヘキソキナーゼが基質であるグルコースを取り囲むように変形することにより、活性部位から水が排除さ

れることである。これは非常に重要である。というのは、活性部位に結合している2つの分子はグルコースとATPだからである。もし水が存在すると、ATPは加水分解してADPとリン酸になってしまう。しかし水がないので、ATPからリン酸基がグルコースに転移されることになるのである。

　誘導適合は酵素が大きい理由を少なくとも部分的には説明してくれる。酵素という高分子の活性部位以外の部分は2つの役割を持っている。

■ 活性部位のアミノ酸が基質に対して適切な位置にあるように調整する枠組みを提供する。

■ タンパク質の形と構造に小さいながらも重大な変化をもたらし、その結果として誘導適合が起こるようにする。

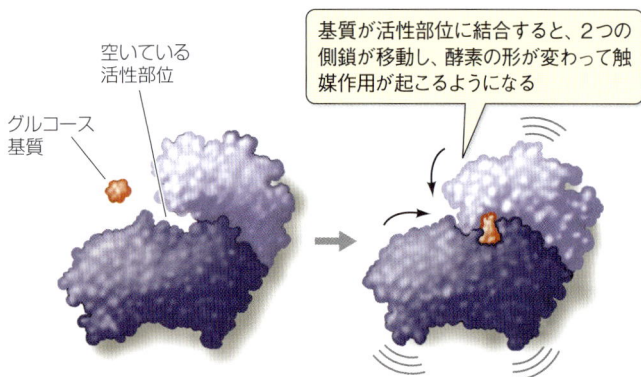

図3-14　酵素の中には基質が結合したときに形が変わるものがある
酵素と基質が結合すると誘導適合と呼ばれる酵素の形状変化が起こり、酵素の触媒効率が上昇する。誘導適合はヘキソキナーゼという酵素に見られる。その基質の1つであるグルコースの有無で形状が変化する（もう1つの基質はATPである）。

酵素の中には機能するために他の分子を必要とするものもある

　酵素は多数あって複雑だが、その多くはタンパク質でない他の"パートナー"を必要とする（**表3-1**）。

■ **補欠分子族**はアミノ酸ではない特定の原子あるいは分子族であり、酵素に永久的に結合している。

■ **補因子**はある種の酵素に結合し、その機能に不可欠な銅、亜鉛、鉄などの無機イオンである（訳注：広義には、補因子は補酵素、補欠分子族も含む）。

■ **補酵素**はある種の酵素の機能に必要な炭素含有分子である。補酵素は通常、それが一時的に結合する酵素に比べると小さい分子である（**図3-15**）。

表3-1　酵素の非タンパク質性"パートナー"の例

分子の種類	触媒反応における役割
補因子	
鉄	酸化 / 還元
銅	酸化 / 還元
亜鉛	NAD結合を助ける
補酵素	
ビオチン	−COO⁻のキャリヤー（担体）
補酵素A	−CO−CH₃のキャリヤー（担体）
NAD	電子のキャリヤー（伝達体）
FAD	電子のキャリヤー（伝達体）
ATP	エネルギーの供給 / 捕捉
補欠分子族	
ヘム	イオン、O₂、電子を結合する；補因子として鉄を含む
フラビン	電子を結合する
レチナール	光エネルギーを変換する

例えば、補欠分子族には、細胞呼吸で重要な役割を果たしているミトコンドリア酵素コハク酸デヒドロゲナーゼに結合しているフラビンヌクレオチドなどが含まれる。酵素ではないけれども、ヘモグロビンもタンパク質にヘムという補欠分子族が結合している例である。

補酵素は酵素分子から別の酵素分子に移動して、基質から化学基を奪ったり付加したりする。補酵素は酵素に永久的に結合していないが酵素と出会ってその活性部位に結合しなければならない、という点において基質に似ている。それに加えて、補酵素は反応の過程で化学的に変化し、酵素から離れて他の反応

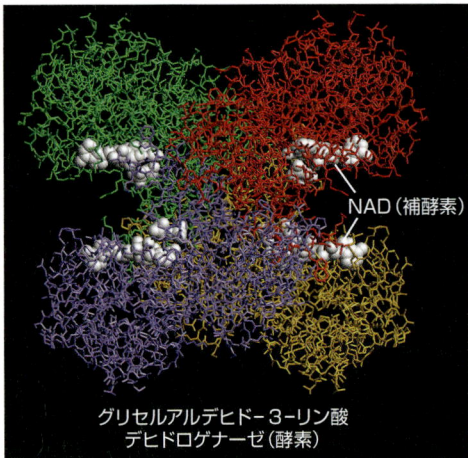

図3-15 **補酵素を伴う酵素**
酵素の中には機能するために補酵素を必要とするものがある。この図はグリセルアルデヒド−3−リン酸デヒドロゲナーゼ酵素の4つのサブユニット（赤、黄、緑、紫）とその補酵素であるNAD（白）の相対的大きさを示している。

に参加する。

　ATPとADPは補酵素と考えることもできる。というのは、いくつかの反応に必要で、それらの反応で変化し、それらの反応を触媒する酵素に結合したり離れたりするからである。次の章で、エネルギー獲得反応において電子や水素原子の授受を通して機能する他の補酵素を扱う。動物では、補酵素の一部はビタミンから合成される。ビタミンとは体では合成されないために食物として摂取しなければならない物質のことを指す。例えば、ビタミンBであるナイアシンは補酵素NADを合成するために用いられる。

基質濃度は反応速度に影響を与える

　A→Bというタイプの反応では、触媒されない場合の反応速度はAの濃度に比例する。基質濃度が高ければ高いほど、単位時間当たりの反応は大きくなる。適切な酵素を加えると、もちろん反応はスピードアップするが、基質濃度に対して反応速度をプロットしたカーブの形も変わるのである（図3-16）。初めは、基質濃度が増加するにつれて酵素によって触媒される反応の速度も増加するが、しだいに横ばい状態になっていく。基質濃度をさらに上げていっても反応速度は有意に上昇せず、最大速度に達する。

　通常、酵素の濃度は基質濃度よりもはるかに低いので、我々が見ているのは促進拡散の場合のような飽和現象なのである（図2-14B参照）。すべての酵素分子が基質分子を結合したとき、酵素は最大限に、すなわち最大速度で働いているのである。基質をさらに加えても何も起こらない。触媒として働くことができる遊離の酵素は残っていないからである。

　触媒された反応の最大速度はその酵素の効率、すなわち過剰

な基質が存在するときに単位時間当たり何分子の基質が産物に
変換されるかを測るのに用いることができる。この代謝回転数
は、リゾチームの2秒毎に1分子という値から、肝臓のカタラ
ーゼという酵素の毎秒4000万分子という驚異的な値まで、大
きな幅がある。

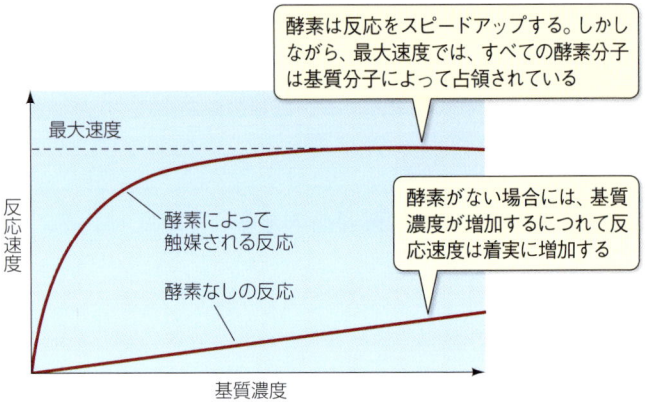

図3-16 触媒された反応は最大速度に達する
通常、酵素は基質より少ないので、酵素が飽和されたときに反応速度
は横ばい状態になる。

3.5 酵素活性はどのように調節されているのだろうか？

　酵素の機能について学んだので、どのようにして複雑な生体の中で、一つ一つはただひとつ（ないし少数）の反応しか触媒しない無数の酵素が、協働するのかを見ていこう。

　生命の主要な特徴はホメオスタシス、すなわち内的条件を安定に保つということである。細胞はどのようにして数千の化学反応が進行しているあいだに比較的一定な内部環境を維持するのであろうか？　これらの化学反応は代謝経路の形で組織化されている。代謝経路では、ある反応の産物は次の反応の反応物となる。この章の初めに記述したヒトのアルコール代謝経路は、内部環境を調節しグルコースの異化やアミノ酸の同化など多様な機能を含む数多くの代謝経路の1つに過ぎない。これらの経路は孤立して存在するのではなく、広範囲に相互作用する。そして個々の経路中の反応は特異的な酵素によって触媒される。細胞内あるいは個体内で、酵素はある代謝経路が機能するか否か、機能する場合はどの程度機能するかを調節する。代謝経路中の1つの酵素が不活性の場合、その酵素が触媒する反応のみならず、その反応の下流に位置する反応はすべてストップする。

　これらの相互作用する経路を通しての化学物質（例えば炭素原子）の"流れ"を調べることは可能であるが、一つ一つの経路は互いに影響を及ぼし合うので、非常に複雑なものとなる。コンピュータによる数学的アルゴリズムを用いてこれらの経路をモデル化すると、それらが網目状の相互依存システムであることがわかる（**図3-17**）。このようなモデルはある分子の濃度が変化した場合に何が起こるかを予測する際に役

181

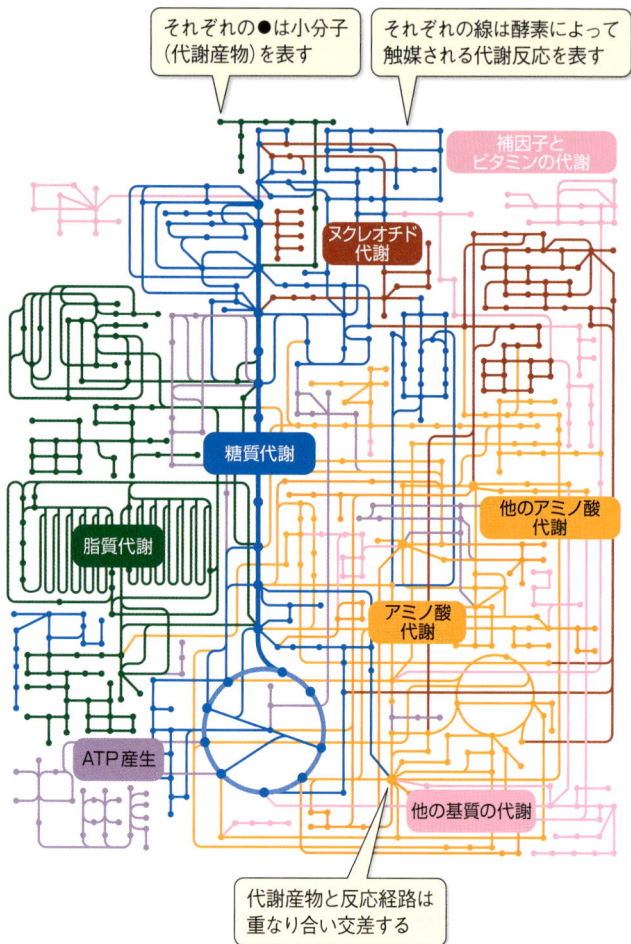

それぞれの●は小分子（代謝産物）を表す

それぞれの線は酵素によって触媒される代謝反応を表す

補因子とビタミンの代謝

ヌクレオチド代謝

糖質代謝

他のアミノ酸代謝

脂質代謝

アミノ酸代謝

ATP産生

他の基質の代謝

代謝産物と反応経路は重なり合い交差する

図3-17 代謝経路
代謝経路の複雑な相互作用はシステム生物学によってモデル化可能である。細胞では、これらの経路を制御する主要な要素は酵素である。

立つ。無数の応用がある生物学のこの新しい分野を**システム生物学**と呼ぶ。

　数千の異なる酵素の速度の制御は生体内のホメオスタシス維持に寄与する。この節では、代謝経路を組織化し調節している酵素の役割を調べる。生きた細胞では、酵素はいろいろな方法で活性化されたり阻害されたりしている。だから、酵素が存在するからといって必ずしもそれが機能しているとは限らない。また酵素の中には、その反応速度によって代謝経路全体の流量が決定されるような重要な役割を果たしているものがあり、そのような酵素に対しては反応速度を調節する独特のメカニズムが存在する。最後に、どのようにして環境、とくに温度とpHが酵素活性に影響を及ぼすかを見てみる。

酵素は阻害因子によって調節されうる

　多様な阻害因子が酵素に結合して、酵素が触媒する反応の速度を低下させる。阻害因子の中には細胞にもともと存在するものもあるし、人工的なものもある。天然の阻害因子は代謝を調節するし、人工的な阻害因子は病気の治療に用いられたり、病原体を殺したり、実験室で酵素の機能を研究するために用いられる。阻害因子の中には酵素に永久的に結合し、不可逆的に阻害するものがある。一方、酵素に対して可逆的に作用するもの、すなわち酵素から離れるものもある。天然の可逆的阻害因子を除去すれば酵素の触媒速度は上昇する。

　不可逆的阻害　阻害因子の中には酵素の活性部位の側鎖に共有結合し、正しい基質と相互作用する能力を破壊することにより、その酵素を永久に不活化するものがある。不可逆的阻害因子の例として、セリンと反応するDIPF（ジイソプロピルフルオロリ

183

ン酸）がある（**図3-18**）。DIPFは神経系の正常な機能に不可欠なアセチルコリンエステラーゼの不可逆的阻害因子である。

アセチルコリンエステラーゼに対する効果のため、DIPFとその類似物質は神経ガスに分類される。それらの1つであるサリンは1995年に東京での地下鉄テロに用いられ、12人が死亡し数百名が入院した。広く用いられている殺虫剤マラチオンは昆虫のアセチルコリンエステラーゼのみを阻害し、哺乳類の酵素は阻害しないDIPF誘導体である。

可逆的阻害　すべての阻害が不可逆的というわけではない。阻害因子の中には、酵素の活性部位に可逆的に結合する点では基質と似ているが、それが結合した酵素が化学反応を触媒できないという点で基質とは異なるものがある。そのような分子が

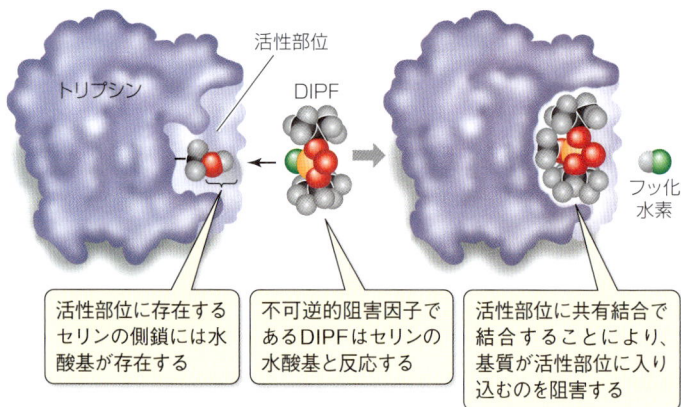

活性部位

トリプシン

DIPF

フッ化水素

活性部位に存在するセリンの側鎖には水酸基が存在する

不可逆的阻害因子であるDIPFはセリンの水酸基と反応する

活性部位に共有結合で結合することにより、基質が活性部位に入り込むのを阻害する

図3-18　不可逆的阻害
DIPFはトリプシン酵素の活性部位に存在するアミノ酸であるセリンの側鎖と安定な共有結合を作り、トリプシンを不可逆的に失活（不活化）させる。

(A) 競合的阻害

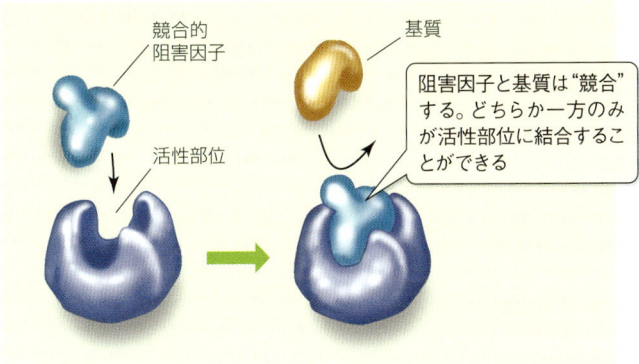

競合的阻害因子

基質

活性部位

阻害因子と基質は"競合"する。どちらか一方のみが活性部位に結合することができる

(B) 非競合的阻害

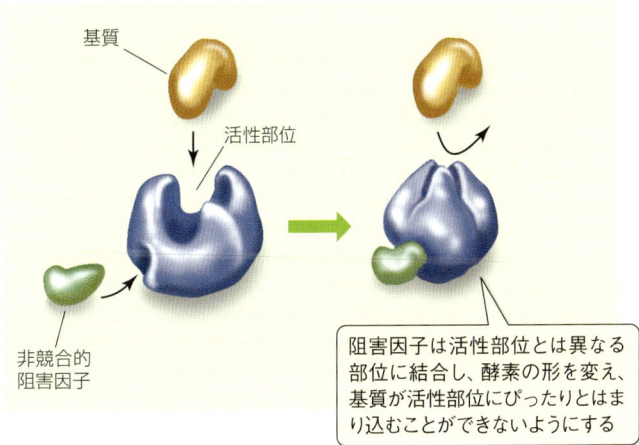

基質

活性部位

非競合的阻害因子

阻害因子は活性部位とは異なる部位に結合し、酵素の形を変え、基質が活性部位にぴったりとはまり込むことができないようにする

図3-19 可逆的阻害

（A）競合的阻害因子は酵素の活性部位に一時的に結合する。（B）非競合的阻害因子は酵素上の活性部位とは異なる部位に結合する。いずれの場合も、酵素の機能は阻害因子が結合しているあいだだけ阻害される。

酵素に結合しているあいだは、基質は活性部位に近づけない。結果として、そのような分子は酵素の時間を浪費し、その触媒作用を阻害する。このような分子は**競合的阻害因子**と呼ばれる。それらは活性部位をめぐって基質と競合するからである（**図3-19A**）。これらの例では、阻害は可逆的である。競合的阻害因子の濃度を下げると、それらは活性部位から外れて、酵素は活性を取り戻す。

　非競合的阻害因子は酵素上の活性部位とは異なる部位に結合する。この阻害因子が酵素に結合することにより、酵素の形が変化して活性部位の構造も変化する（**図3-19B**）。この場合は、活性部位には基質分子が結合しうるが、反応速度は減少する。非競合的阻害因子も競合的阻害因子と同様に酵素から離れることができるので、その阻害は可逆的である。

> フランクは機能するアルデヒドデヒドロゲナーゼ（ALDH）を持っていなかったため、シャンパン1杯を飲んだだけで気分が悪くなった（142ページ参照）。アンタビュースという薬物はALDHの競合的阻害薬である。アンタビュースはアルコール依存症の治療に用いられる。アルコール依存症患者がアンタビュースを服用すると、アルコール摂取により気分が悪くなるからである。

アロステリック酵素はその形を変えることにより活性を制御する

　非競合的阻害因子が結合することによる酵素の形の変化は**アロステリック効果**の一例である。この場合、阻害因子の結合により、酵素タンパク質の形が変わる。より一般的なのは細胞内で2つ以上の形を取りうる酵素の場合である（**図3-20**）。

※**訳注**：酵素の活性部位（基質結合部位）と立体構造上異なる部位に小さな分子が結合してその活性が変わる現象をアロステリック効果と呼ぶ。このような機能を持つ酵素（またはタンパク質）をアロステリッ

ク酵素（アロステリックタンパク質）、これらの活性（機能）が小分子によって調節される現象をアロステリック制御と呼ぶ。

- 酵素の活性型は基質結合に適した形をしている。
- 酵素の不活性型は基質を結合できないが、阻害因子を結合できる形をしている。阻害因子が活性部位（基質結合部位）とは異なる部位に結合すると、不活性型が安定化し活性型に変

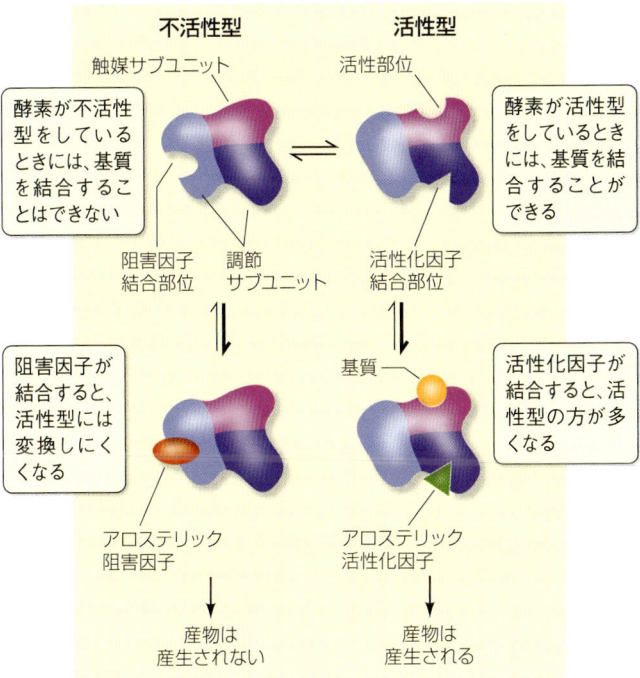

不活性型

触媒サブユニット　活性部位

酵素が不活性型をしているときには、基質を結合することはできない

酵素が活性型をしているときには、基質を結合することができる

活性型

阻害因子結合部位　調節サブユニット

活性化因子結合部位

阻害因子が結合すると、活性型には変換しにくくなる

基質

活性化因子が結合すると、活性型の方が多くなる

アロステリック阻害因子

アロステリック活性化因子

産物は産生されない

産物は産生される

図3-20　酵素のアロステリック制御
酵素の活性型と不活性型は、活性部位とは異なる部位への調節分子の結合に依存して、相互に変換可能である。

換しにくくなる。

■ 酵素の３番目の部位に活性化因子が結合することにより、活性型が安定化する。

　基質結合と同様に、阻害因子と活性化因子の結合も非常に特異的なものである。

　アロステリック制御を受けるほとんどの（すべてではない）酵素は、四次構造を持つタンパク質である。すなわち複数のポリペプチド性サブユニットから構成されている。活性部位はそのようなサブユニットのうちの１つに存在し、活性部位を持つサブユニットを**触媒サブユニット**と呼ぶ。活性化因子ないし阻害因子を結合する制御部位を持つのは別のサブユニットであり、これらのサブユニットを**調節サブユニット**と呼ぶ。

　アロステリック酵素と非アロステリック酵素は、基質濃度が低いときの反応速度が大きく異なる。反応速度を基質濃度に対してプロットしたグラフを見るとその関係がわかる。非アロステリック酵素の場合、カーブは**図３-21A**のようになる。基質濃度を増加させると、反応速度は初めのうちシャープに立ち上がるが、酵素が基質で飽和されるにつれて次第に横ばいになり一定の最大速度に近づく。多くのアロステリック酵素の場合、カーブはまったく異なるものになり、シグモイド（S字状）カーブになる（**図３-21B**）。基質濃度を増加させた場合、基質濃度が低いあいだは反応速度の増加は微々たるものだが、ある濃度の範囲では、反応速度は基質濃度の比較的小さな変化にも極めて鋭敏に反応する。この感度の高さのために、アロステリック酵素は代謝経路全体の制御において重要な役割を果たしているのである。

(A) 非アロステリック酵素　　(B) アロステリック酵素

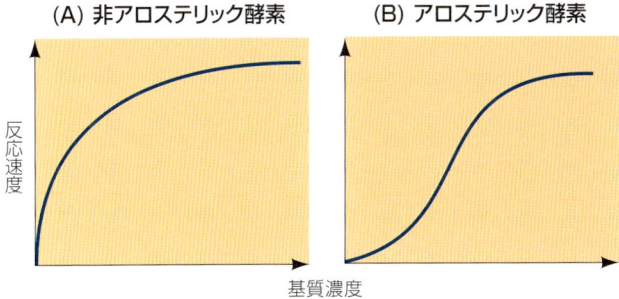

図3-21　アロステリック効果と反応速度
基質濃度を増加させたときに酵素によって触媒される反応の速度がどのように変化するかは、その酵素がアロステリック酵素か否かによって異なる。

アロステリック効果が代謝を制御する

　典型的な代謝経路は、出発材料があって、多様な中間産物があり、細胞にとって何らかの目的で必要とされる最終産物で終わる。それぞれの経路にはたくさんの反応があり、それぞれの反応が異なる酵素によって触媒され中間産物を産生する。経路の第1番目のステップを**方向決定段階**と呼ぶ。いったんこの酵素によって触媒される反応が起きると、"ボールは転がりはじめ"、他の反応が順番に起こって最終産物の産生に至るからである。しかし、例えば、産物が環境から十分に得られるために細胞がその産物を産生する必要がない場合には、どうなるのだろうか？　細胞が必要としないものを作り続けるのはエネルギーの無駄であろう。

　細胞がこの問題に対処する方法の1つは、最終産物が方向決定段階を触媒する酵素をアロステリックに阻害することにより、代謝経路をシャットダウンすることである（**図3-22**）。この機

構を**フィードバック阻害**ないし**最終産物阻害**と呼ぶ。最終産物が高濃度に存在する場合は、それが方向決定段階酵素のアロステリック部位に結合し、酵素を不活化する。後の章で、そのようなアロステリック相互作用の実例を多く見ることになる。

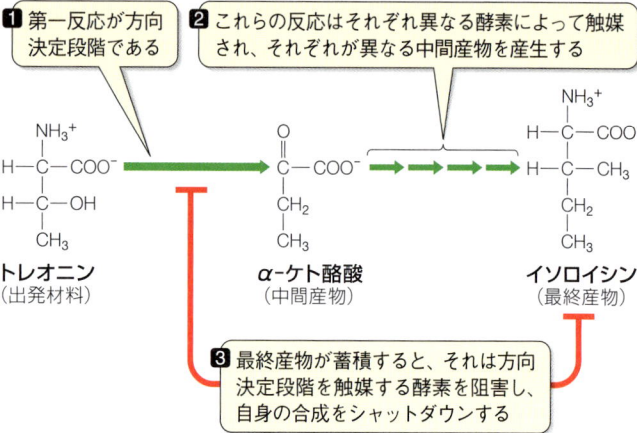

図3-22　代謝経路のフィードバック阻害
方向決定段階は経路の最終産物によって阻害可能なアロステリック酵素が触媒する。ここに例示した代謝経路は細菌によるトレオニンからのイソロイシンというアミノ酸の合成経路である。この経路は多くの酵素によって触媒される生物反応の典型例である。

酵素は環境の影響を受ける

　細胞は、酵素のおかげで実験室で化学者が用いる極端な温度やpHを用いることなく、化学反応を行い複雑な過程を遂行することができる。しかしながら、活性部位のアミノ酸側鎖の三次元構造や化学的性質のため、酵素は温度やpHに対して非常に敏感である。ここで、温度やpHの酵素機能に及ぼす影響を

見てみよう（もちろん酵素機能は酵素の構造と化学的性質に依存する）。

pHは酵素活性に影響を及ぼす　ほとんどの酵素反応の速度はpHに依存する。それぞれの酵素には最大活性を発揮する特定のpHがある。その"理想的な"（至適）pHよりも酸性にしたり塩基性にしたりすると酵素活性は減少する（**図3-23**）。

　いくつかの因子がこの効果に寄与している。1つは基質ないし酵素のカルボキシ基（カルボキシル基ともいう）、アミノ基などのイオン化状態である。中性ないし塩基性溶液中では、カルボキシ基（$-COOH$）はH^+を放出してマイナスに荷電したカルボキシラートイオン（$-COO^-$）になる。同様に、中性ないし酸性溶液中では、アミノ基（$-NH_2$）はH^+を受け取って

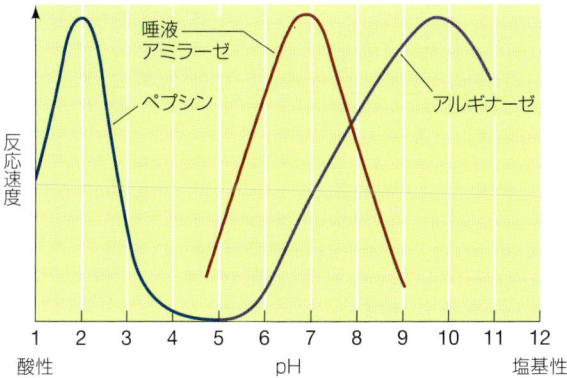

図3-23　pHは酵素活性に影響を及ぼす
それぞれの酵素はある特定のpHで最大活性を発揮する。活性カーブはそれぞれの酵素の一番活性が高いpHでピークを形成する。例えば、ペプシンは胃の酸性環境下で活性を発揮するプロテアーゼである。

プラスに荷電した-NH₃⁺基になる。中性溶液中では、アミノ基を持つ分子はカルボキシ基を持つ別の分子に電気的に引き付けられる。両方の基ともにイオン化して反対の電荷を持つからである。しかしながら、pHが変化するとこれらの基のイオン化状態も変化する。例えば、pHが低い（高H⁺濃度）ときには、過剰なH⁺は-COO⁻と反応してCOOHができる。もしこうなれば、この基は荷電していないのでタンパク質中の他の荷電した基とは相互作用せず、タンパク質の折り畳み方に変化が起きる。もしこのような変化が酵素の活性部位に起きると、酵素は基質を結合できなくなってしまう。

温度は酵素活性に影響を及ぼす　一般的に、温度を上げると酵素反応の速度は上昇する。高温では、反応分子の大部分が活性化エネルギーを供給するのに十分な運動エネルギーを持っているからである（**図3-24**）。しかしながら、あまり温度が高すぎると酵素は不活化される。高温では酵素分子は高速で振動・回転し、非共有結合の一部が壊れてしまうからである。熱によって三次元構造が変化すると、酵素は変性し活性を失う。酵素

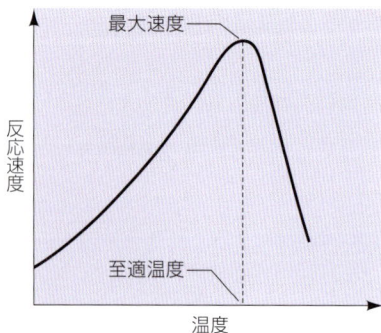

図3-24
温度は酵素活性に影響を及ぼす
それぞれの酵素には至適温度がある。高温では変性のために活性は低下する。

の中には体温よりもほんの少し高い温度で変性してしまうものもあるが、沸騰水中や氷点下でも安定な酵素も存在する。しかしながらすべての酵素には至適温度がある。

　個々の生物は環境変化にいろいろな方法で適応する。そのような適応法の1つが、**アイソザイム**と呼ばれる一群の酵素に基づくものである。アイソザイムは、同一の反応を触媒するが異なる化学組成と物理的特性を持つ一群の酵素を指す。あるグループのアイソザイムは異なる至適温度を持つ。例えば、ニジマスにはアセチルコリンエステラーゼに関していくつかのアイソザイムがある。もし、ニジマスを温かい水から氷点に近い水（2℃）に移すと、ニジマスは高温で産生するアイソザイムとは異なるアイソザイムを産生する。新しいアイソザイムは低い至適温度を持つので、ニジマスの神経系は低温でも正常に機能することができる。

　一般的に、高温に適応した酵素は高温でも変性しない。その三次元構造の大部分は、熱感受性の、弱い化学相互作用ではなく、ジスルフィド（S‐S）結合などの共有結合で維持されているからである。ヒトの酵素のほとんどは、我々に感染する細菌の酵素よりも熱に対して安定である。そのため軽度の発熱では細菌の酵素は変性するがヒトの酵素は変性しない。

1. 補酵素が酵素と異なるのは以下のどの点においてか?

ⓐ 細胞外においてのみ活性がある。
ⓑ アミノ酸の重合体である。
ⓒ ビタミンなど、より小さな分子である。
ⓓ 1つの反応に対して特異的である。
ⓔ 高エネルギーリン酸の担体である。

2. 熱力学に関する以下の記述のうち、正しいものはどれか?

ⓐ 自由エネルギーは発エルゴン反応で消費される。
ⓑ 自由エネルギーは仕事に使えない。
ⓒ 化学的変換の前後でエネルギーの総量は変化する。
ⓓ 自由エネルギーは運動エネルギーであり位置エネルギーではない。
ⓔ エントロピーは増大する傾向がある。

3. 化学反応に関する以下の記述のうち、正しいものはどれか?

ⓐ 速度はΔGの値に依存する。
ⓑ 速度は活性化エネルギーに依存する。
ⓒ エントロピー変化は活性化エネルギーに依存する。
ⓓ 活性化エネルギーはΔGの値に依存する。
ⓔ 自由エネルギー変化は活性化エネルギーに依存する。

4. 酵素に関する以下の記述のうち、正しくないものはどれか?

ⓐ 通常タンパク質からできている。
ⓑ 触媒反応の速度を変化させる。
ⓒ 反応のΔGの値を変化させる。
ⓓ 熱感受性がある。
ⓔ pH感受性がある。

5. 酵素の活性部位に関する以下の記述のうち、正しいものはどれか?

ⓐ 決して形は変わらない。
ⓑ 基質とは化学的結合を作らない。
ⓒ その構造により酵素の特異性が決定される。
ⓓ 酵素表面から突き出ているランプのように見える。
ⓔ 反応のΔGを変える。

6. ATP分子に関する以下の記述のうち、正しいものはどれか？

ⓐ ほとんどのタンパク質の構成要素である。
ⓑ アデニンがあるため高エネルギーである。
ⓒ 多くのエネルギーを産生する生化学反応で必要である。
ⓓ 触媒である。
ⓔ 吸エルゴン反応で利用される。

7. 酵素反応に関する以下の記述のうち、正しいものはどれか？

ⓐ 基質は変化しない。
ⓑ 基質濃度が上昇するにしたがって速度は低下する。
ⓒ 酵素は不可逆的に変化する。
ⓓ 基質にひずみがもたらされる。
ⓔ 速度は基質濃度の影響を受けない。

8. 酵素阻害因子に関する以下の記述のうち、正しくないものはどれか？

ⓐ 競合的阻害因子は酵素の活性部位に結合する。
ⓑ アロステリック阻害因子は酵素の活性型に結合する。
ⓒ 非競合的阻害因子は活性部位とは別の部位に結合する。
ⓓ 非競合的阻害因子は基質を加えることによって完全にその影響を
　 打ち消すことはできない。
ⓔ 競合的阻害因子は基質を加えることによって完全にその影響を
　 打ち消すことができる。

9. 酵素のフィードバック阻害に関する以下の記述のうち、正しくないものはどれか？

ⓐ アロステリック効果によってもたらされる。
ⓑ 代謝経路の最初の方向決定段階を触媒する酵素を標的とする。
ⓒ 反応速度に影響を及ぼすが、酵素濃度には影響を及ぼさない。
ⓓ 作用は極めて遅い。
ⓔ 可逆的阻害である。

10. 温度に関する以下の記述のうち、正しくないものはどれか？

ⓐ 温度を上げると酵素活性が下がることがある。
ⓑ 温度を上げると酵素活性が上がることがある。
ⓒ 温度を上げると酵素が変性することがある。
ⓓ 酵素の中には沸騰している湯の中でも安定なものがある。
ⓔ すべての酵素は同一の至適温度を持つ。

テストの答え　1.ⓒ　2.ⓔ　3.ⓑ　4.ⓒ　5.ⓒ
　　　　　　　 6.ⓔ　7.ⓓ　8.ⓑ　9.ⓓ　10.ⓔ

第4章

化学エネルギーを
獲得する経路

マウスとマラソン

　生物学の単位を取るには猛勉強が必要なように、名のあるマラソン大会で優勝するのは、きつい練習をたくさん積んだ後で初めて可能になる。トップクラスの長距離走者の脚の筋肉は、普通の人の脚の筋肉よりも多くのミトコンドリアを含んでいる。ミトコンドリアではATPが産生されるが、そのATPが加水分解されるときに放出する化学エネルギーが、筋肉を動かす機械的エネルギーに変換される。

　筋組織の細胞は2つのタイプの筋線維に分類される。ほとんどの人はこれら2つを均等に持っている。しかしマラソンのトップランナーの場合、体の筋肉の90％はいわゆる遅筋線維から構成されている（**図4-1**）。遅筋線維の細胞はたくさんミトコンドリアを持っており、酸素を消費して脂質と糖質を分解し、ATPを作っている。これとは対照的に、短距離走者の筋肉はおよそ80％が速筋線維であり、これらはミトコンドリアを少数しか含んでいない。速筋線維は酸素がなくても短時間で

図4-1　マラソン走者
マラソンを走るためにはたくさんのトレーニングが必要である。トレーニングの結果の1つとして、脚の筋肉はエネルギーを産生するミトコンドリアが豊富な細胞から構成される遅筋線維の割合が大きくなる。

図4-2 マラソンマウス
このマウスはエネルギー代謝が遺伝的に操作されているために、普通のマウスに比べて長い距離を走ることができる。

大量のATPを合成することができるが、そのATPはすぐに消費されてしまう。運動選手を調べたところ、トレーニングによって筋線維への血液循環の効率が上昇し、酸素供給が豊富になること、さらには遅筋線維と速筋線維の比率も変わることが明らかになった。

　さて、マラソンマウスの話に入ろう。これは漫画の主人公でもコンピュータ・ゲームでもない。ソーク研究所のロン・エヴァンス（Ron Evans）が遺伝子操作で作った、筋肉に高濃度のPPAR δ タンパク質を発現する実在のマウスのことである（**図4-2**）。このタンパク質は通常は脂肪組織で脂肪の分解を制御しているが、遅筋線維にも存在しており脂肪の分解によるATP合成を促進している。マラソンマウスは脂肪をより速く分解し、スリムになることが期待された。しかし予期しなかった効果も得られた。PPAR δ が増加すると遅筋線維が増加し、速筋線維が減少したのである。あたかもこのマウスは長期間マラソンのトレーニングを受けたかのようであった。

　マラソンマウスは普通のマウスに比べてやせていて素晴らしいマウスである。やせているのは脂肪をよく燃焼させるからであり、素晴らしい理由は長距離を走り続けることができるから

である。運動用の回し車で、普通のマウスは90分、およそ900メートル走ると疲れてしまうが、PPAR δ マウスはほとんど２倍の時間を走り続けることができる。まさに真の長距離走者である。ヒトでも遺伝子操作で運動能力（および脂肪燃焼）を高めることができるのだろうか？

　ヒトの遺伝子操作は、もし可能だとしても遠い将来の話である。しかし、遺伝子操作を加えた筋組織を移植することは実際のところあり得ない話ではなく、すでに運動能力の不正な強化に用いられる危険性が指摘されている。近い将来の話として、GW 501516と呼ばれる実験薬（グラクソ・スミスクライン〈Glaxo-Smith/Kline〉という製薬会社によって開発された）の使用がある。この薬はPPAR δ タンパク質を活性化する。前出のエヴァンスらがこの薬を正常なマウスに与えたところ、それらのマウスは遺伝子操作したマウスと同様の結果を示した。この薬は脂肪分解を促進するので、肥満の治療薬として治験中である。

　ATPに保存されているエネルギーは、マラソンを走ったりこの本のページをめくったりというような意識的な行為と、呼吸や心筋の収縮というような無意識の運動の両者にエネルギーを提供するのに常に利用されるエネルギーである。

この章では いかにして細胞が利用可能なエネルギーを（通常ATPの形で）産生するかを学ぶ。酸素がある場合、および酸素がない場合に、グルコースが酸化される代謝経路を記述する。そして最後に生物学的に重要な４つの分子、すなわち糖質、脂質、タンパク質、核酸を合成し分解する代謝経路間の関係を概観する。

4.1 どのようにしてグルコースの酸化から化学エネルギーが放出されるのだろうか？

　燃料とは、保存されているエネルギーを利用できる形で放出することができる分子のことである。キャンプファイアで木を燃やすとエネルギーは熱と光として放出される。細胞では化学燃料分子が放出した化学エネルギーはATPの合成に利用され、ATPは吸エルゴン反応を駆動させるために用いられる。

　光合成生物は光のエネルギーを利用して自分自身の燃料分子を合成する。これは第5章で記述する。しかしながら、光合成をしない生物では、最も一般的な化学燃料はグルコース（$C_6H_{12}O_6$）という糖質である。脂質やタンパク質など他の分子もエネルギーを供給しうるが、エネルギーを放出するためにはグルコースかグルコース代謝の多様な経路の中間体に変換されなければならない。

　この節では、細胞はどのようにして酸化という化学反応によりグルコースからエネルギーを獲得するのか（これは一連の代謝経路により行われる）を調べる。いくつかの原則（そのうちあるものはすでに3.5節で記述した）が代謝経路を支配している。

- 細胞内の複雑な化学的変換は一連の個別の反応から構成される代謝経路の形で行われる。
- 代謝経路を構成する反応は特異的な酵素によって触媒される。
- 代謝経路は細菌からヒトまですべての生物で同一である。
- 真核生物では多くの代謝経路は区画化されており、特定の反応は特定の小器官内で起こる。
- 代謝経路は阻害されたり活性化されたりする重要酵素によって調節されており、代謝流量はこの酵素によって決定される。

細胞はグルコースを代謝する間にエネルギーを獲得する

　燃焼という身近な現象は細胞内でエネルギーを放出する化学反応に大変よく似ている。グルコースを炎で燃やすと、酸素ガス（O_2）と反応して二酸化炭素と水ができ、エネルギーが熱の形で放出される。この燃焼反応を表す式は以下のようになる。

$$C_6H_{12}O_6 + 6O_2 \rightarrow 6CO_2 + 6H_2O + 自由エネルギー$$

同様の式が細胞内におけるグルコース代謝にも当てはまる。上述した代謝の原則はこの過程にも当てはまる。グルコースの代謝は多段階の経路である。それぞれの段階（反応）は酵素によって触媒される。グルコース代謝は区画化されており、経路は酵素による調節を受けている。

　グルコース代謝の経路はグルコースに保存されているエネルギーを次の反応により ATP 分子に"捕獲"する。

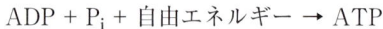

$$ADP + P_i + 自由エネルギー \rightarrow ATP$$

　ATP に捕獲されたエネルギーは、燃焼によって獲得された熱エネルギーを仕事に使えるように、筋肉の収縮や能動輸送などの細胞の仕事に用いることができる。

　グルコースと O_2 を CO_2 と水にまで完全に変換するときの自由エネルギー変化（ΔG）は、燃焼によるにせよ代謝によるにせよ、$-686\,kcal/mol$（$-2870\,kJ/mol$）である。このように反応全体は非常に発エルゴン的であり、ADP とリン酸からの ATP 合成という吸エルゴン反応を駆動させることができる。グルコース代謝の多段階の反応で、このエネルギーが ATP の形で獲得される。

　グルコースからのエネルギー獲得において 3 つの代謝経路が重要な役割を果たしている。解糖系、細胞呼吸、発酵である（**図4-3**）。これら 3 つの代謝経路は多くの別個の化学反応から構成されている。

■ **解糖系**がすべての細胞でグルコース代謝を開始し、3炭素産物であるピルビン酸を2分子産生する。このとき、グルコースに保存されているエネルギーのうち少量が使用可能な形で獲得される。解糖系は酸素を利用しない。

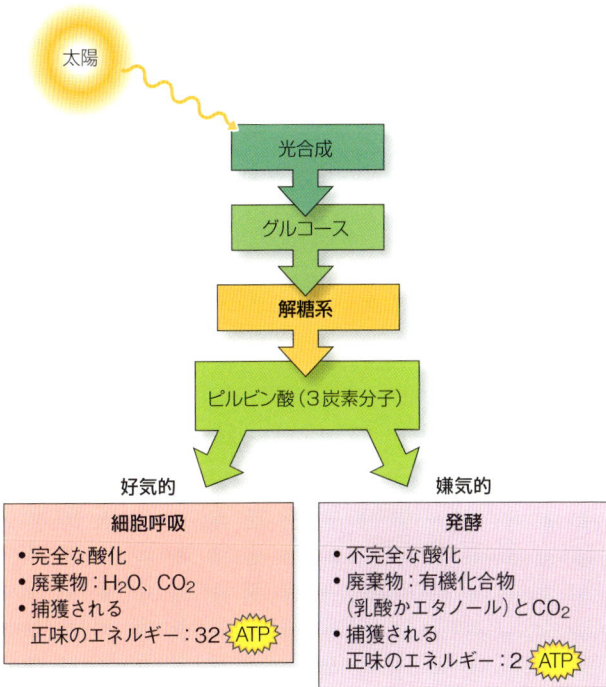

図4-3　生命のためのエネルギー
生物は光合成によって作られた食物からエネルギーを得る。生物は食物をグルコースに変換し、グルコースは解糖系で3炭素化合物のピルビン酸に変換される。ピルビン酸分子は嫌気的発酵か好気的細胞呼吸によって代謝される。正味の結果として、ATP分子にエネルギーは"捕獲"されて、生細胞の活動のエネルギー源となる。

- **細胞呼吸**は環境中のO_2を利用し（**好気的代謝**）、一連の代謝経路を通してピルビン酸分子を2分子のCO_2にまで完全に変換する。その過程で、ピルビン酸の共有結合に保存されている多量のエネルギーが放出されADPとリン酸からのATP合成に用いられる。
- **発酵**はO_2を利用しない（**嫌気的代謝**）。発酵によりピルビン酸は乳酸かエチルアルコール（エタノール）に変換される。これらは未だ比較的エネルギーに富む分子である。グルコースの分解は不完全なので、発酵によって放出されるエネルギーは細胞呼吸によって放出されるエネルギーに比べてはるかに小さい。

概観：グルコースからのエネルギー獲得

　細胞のエネルギー獲得過程は、O_2があるかないかで、異なる代謝経路の組み合わせを用いる。
- O_2が電子の最終受容体として利用可能な場合は、4つの経路が働く（**図4-4A**）。まず解糖系が働き、次に細胞呼吸の3つの経路が続く。すなわち**ピルビン酸酸化**、**クエン酸回路**（クレブス回路、トリカルボン酸回路とも呼ばれる）、**電子伝達鎖**（呼吸鎖とも呼ばれる）である。
- O_2が利用できない場合は、ピルビン酸酸化、クエン酸回路、電子伝達鎖は機能せず、解糖系によって生じたピルビン酸は**発酵**によって代謝される（**図4-4B**）。

　これらの5つの代謝経路（後で1つずつ考察する）は、細胞内の異なる部位で起こる（**表4-1**）。

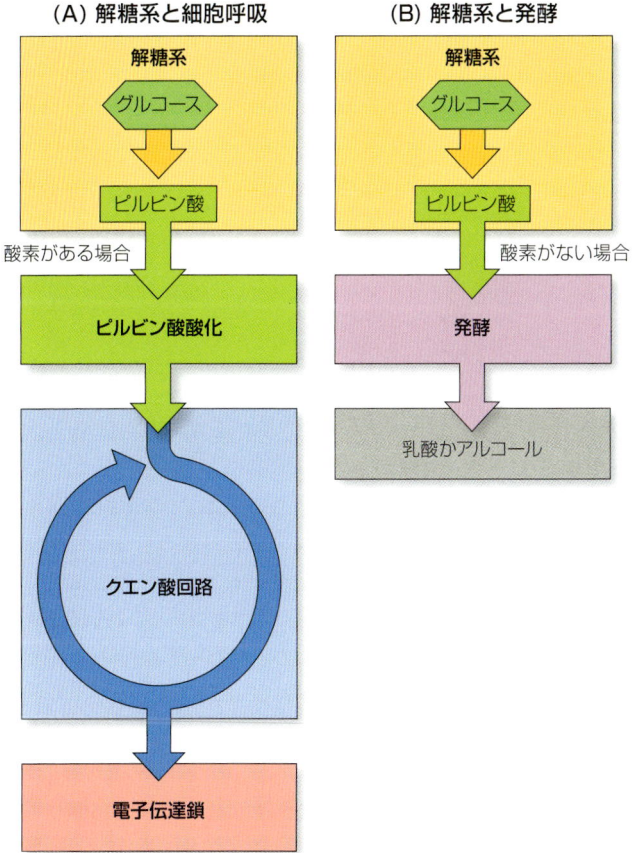

図4-4　エネルギー産生代謝経路
エネルギー産生反応は5つの代謝経路に分類される。解糖系、ピルビン酸酸化、クエン酸回路、電子伝達鎖、発酵の5つである。（A）下の3つの経路は酸素があるときにしか機能せず、まとめて細胞呼吸と呼ばれる。（B）酸素がないと、解糖系に引き続いて発酵が起こる。

表4-1 真核生物と原核生物におけるエネルギー代謝経路の細胞内局在

真核生物	原核生物
ミトコンドリア外	**細胞質中**
解糖系	解糖系
発酵	発酵
	クエン酸回路
ミトコンドリア内	**細胞膜上**
内膜	ピルビン酸酸化
電子伝達鎖	電子伝達鎖
マトリックス	
クエン酸回路	
ピルビン酸酸化	

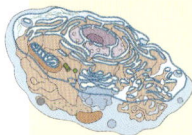

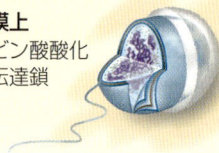

酸化-還元反応（レドックス反応）によって電子とエネルギーが伝達される

3.2節で記述したように、ADPとリン酸からのATP合成は吸エルゴン反応であり、発エルゴン反応からのエネルギーを抽出・保存できる。エネルギーを伝達するもう1つの方法は電子伝達である。ある物質が他の物質に1つ以上の電子を伝達する反応を「酸化-還元反応」ないしレドックス反応と呼ぶ。

- **還元**はある原子、イオン、分子による1つ以上の電子の獲得である。
- **酸化**は1つ以上の電子の喪失である。

酸化と還元はいつも電子の受け渡しという観点から定義されるが、これらは水素原子（水素イオンではない）の獲得・喪失という観点から考えることもできる。なぜなら水素原子の伝達には電子伝達が伴うからである（$H = H^+ + e^-$）。ある分子が水素原子を失う場合は、その分子は酸化される。

酸化と還元は常に一緒に起こる。ある物質が酸化されると、

その物質が失った電子は他の物質に伝達され、その物質を還元する。レドックス反応では、還元される反応物を酸化剤と呼び、酸化される反応物を還元剤と呼ぶ（**図4-5**）。グルコースの燃焼とグルコース代謝の両方で、グルコースは還元剤（電子供与体）であり、酸素は酸化剤（電子受容体）である。

　レドックス反応で、エネルギーが伝達される。もともと還元剤に存在していたエネルギーの多くは還元された産物に移行する（残りは還元剤に留まるか失われる）。これから見るように、解糖系と細胞呼吸の重要な反応のいくつかは非常に発エルゴン的なレドックス反応である。

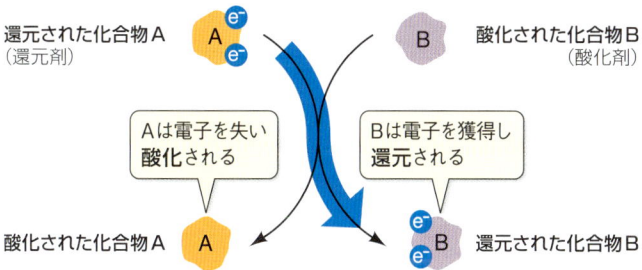

図4-5　酸化と還元は共役している
レドックス反応では、反応物Aは酸化され、反応物Bは還元される。その過程で、Aは電子を失い、Bは電子を獲得する。プロトンも電子とともに伝達され、実際に伝達されるのは（太い青矢印）水素原子である：$AH_2 + B \rightarrow A + BH_2$

補酵素NADはレドックス反応における重要な電子伝達体である

　3.4節で、酵素触媒反応を手助けする小分子である補酵素の役割を記述した。ADPは発エルゴン反応で放出されたエネルギーを獲得し、それを用いてATPを合成する反応（吸エルゴ

207

ン反応）の補酵素と考えることができる。同様に、補酵素 **NAD（ニコチンアミドアデニンジヌクレオチド）** はレドックス反応における電子伝達体として機能する（**図4-6A**）。

NADは2つの化学的に異なる形で存在する。酸化型（NAD^+）と還元型（$NADH + H^+$）である（**図4-6B**）。両者ともに生物のレドックス反応に関与する。

$$NAD^+ + 2H \rightarrow NADH + H^+$$

式の上では2つの水素原子（$2H^+ + 2e^-$）の伝達であるが、実際に伝達されるのはヒドリドイオン（H^-、プロトンと2つの電子）であり、遊離のプロトン（H^+）が残る。この記述は還元が電子の付加を伴うことを強調している。

酸素は非常に電気陰性度が高く、容易にNADHから電子を奪い取る。酸素による$NADH + H^+$の酸化、すなわち

$$NADH + H^+ + 1/2O_2 \rightarrow NAD^+ + H_2O$$

は非常に発エルゴン的な反応で、ΔGは$-52.4\,kcal/mol$（$-219\,kJ/mol$）である。酸化剤はここで "O" ではなく "$1/2O_2$" と表記されていることに注意してほしい。この記述は酸化剤として働くのが分子状酸素O_2であることを強調している。

1分子のATPがおよそ$12\,kcal/mol$（$50\,kJ/mol$）の自由エネルギーの束（パッケージ）と考えることができるように、NADはより大きな自由エネルギーのパッケージ（およそ$50\,kcal/mol$、$200\,kJ/mol$）と考えることができる。NADは細胞内の一般的な電子伝達体であるが、唯一の電子伝達体ではない。**FAD（フラビンアデニンジヌクレオチド）** もグルコース代謝において電子を伝達する。

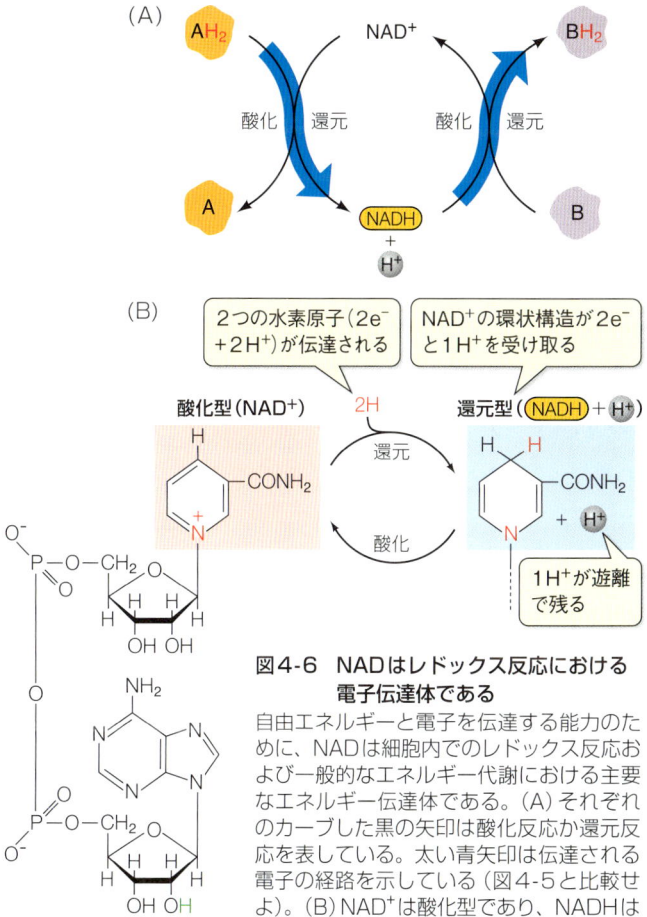

図4-6　NADはレドックス反応における電子伝達体である

自由エネルギーと電子を伝達する能力のために、NADは細胞内でのレドックス反応および一般的なエネルギー代謝における主要なエネルギー伝達体である。（A）それぞれのカーブした黒の矢印は酸化反応か還元反応を表している。太い青矢印は伝達される電子の経路を示している（図4-5と比較せよ）。（B）NAD$^+$は酸化型であり、NADHはNAD$^+$の還元型である。分子の網掛けになっていない部分（左）はレドックス反応で変化しない（訳注：緑色のH部分がリン酸基—PO$_3^{2-}$に置換されたものがNADP$^+$である〈274ページ参照〉。またNADPHについては262ページの訳注参照）。

209

4.2 グルコース代謝の好気的経路

　グルコースからエネルギーを獲得する代謝経路を概観してきた。次は、酸素が電子受容体として利用可能なときに代謝過程を開始する3つの経路（解糖系、ピルビン酸酸化、クエン酸回路）を見ることからこの代謝経路の詳細な考察を始めよう。

　解糖系は細胞のサイトゾル（細胞質ゾル）で起こる。解糖系によりグルコースはピルビン酸に変換され、少量のエネルギーを産生するが、CO_2は産生しない。解糖系ではグルコース分子の炭素と水素のあいだの共有結合のいくつかが酸化されて、この糖質に保存されているエネルギーの一部が放出される。10種類の酵素によって触媒される反応を経た後の、解糖系の最終産物は2分子の**ピルビン酸**、正味2分子のATP、2分子のNADHである。解糖系は2段階に分けることができる。ATPを消費するエネルギー投資段階とATPを産生するエネルギー獲得段階である（**図4-7**）。

解糖系のエネルギー投資段階はATPを必要とする

　図4-7をガイドとして、解糖系を調べてみよう。

　解糖系のはじめの5つの反応は吸エルゴン反応である。すなわち、細胞はグルコース分子に自由エネルギーを投資する。2つの別々の反応（**図4-7**の反応**1**と反応**3**）で、2分子のATPのエネルギーが投資されて、グルコース分子に2つのリン酸基が付加され、フルクトース1,6-ビスリン酸が産生される。この分子の持つ自由エネルギーはグルコースよりもずっと大きい。後にこれらのリン酸基はADPに転移されて新しいATP分子が産生される。

　解糖系のこれらの反応は2つともATPを基質の1つとして

使うが、それぞれは別の特異的な酵素によって触媒される。酵素ヘキソキナーゼが反応 **1** を触媒し、ATPのリン酸基が六炭糖のグルコース分子に転移されグルコース6-リン酸が産生される（キナーゼはATPのリン酸基を他の分子に転移する反応を触媒する酵素である）。反応 **2** では、グルコースの六員環がフルクトースの五員環に変換される。反応 **3** では、酵素ホスホフルクトキナーゼがフルクトース環に第二のリン酸基を付加し（もう1つのATPから）、フルクトース1,6-ビスリン酸という六炭糖が産生される。

　反応 **4** では六炭糖が開裂し、2つの異なる三炭糖リン酸、すなわちジヒドロキシアセトンリン酸とグリセルアルデヒド3-リン酸が産生される。反応 **5** では、ジヒドロキシアセトンリン酸がグリセルアルデヒド3-リン酸（G3P、トリオースリン酸）に変換される。まとめると、解糖系の途中までで、2つのことが起こる。

■ 2分子のATPが投資される。
■ 六炭糖のグルコースが、2分子の三炭糖リン酸、すなわちグリセルアルデヒド3-リン酸（G3P）に変換される。

解糖系のエネルギー獲得段階でNADH＋H⁺とATPが産生される

　以下の説明では、それぞれの反応はグルコース1分子あたり2回起こるということを忘れないでほしい。グルコース1分子は開裂して2分子のG3Pになるからである。ここで我々の関心の的はG3Pの運命である。その変換によりNADH＋H⁺とATPが産生される。

NADH＋H⁺の産生　反応 **6** は酵素グリセルアルデヒド3-リン酸デヒドロゲナーゼによって触媒され、産物はリン酸エステ

211

解糖系 グルコース / ピルビン酸 / ピルビン酸酸化 / クエン酸回路 / 電子伝達鎖

2 NADH+ ⊕ H+
2 NAD+
2 ⬤ Pi

グリセルアルデヒド
3-リン酸
デヒドロゲナーゼ

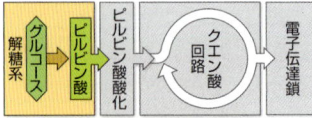

エネルギー投資段階

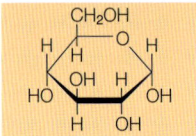

グルコース

❶ ATP が六炭糖のグルコースに リン酸基を転移する

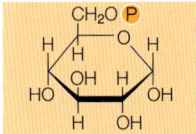

ヘキソキナーゼ

ATP → ADP

グルコース6-リン酸（G6P）

❷ グルコース6-リン酸はフルクト ース6-リン酸に異性化される

ホスホヘキソース イソメラーゼ

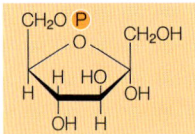

フルクトース6-リン酸（F6P）

ATP → ADP

ホスホ フルクト キナーゼ

❸ 2番目のATPがリン酸基を転移してフ ルクトース1,6-ビスリン酸が産生される

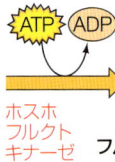

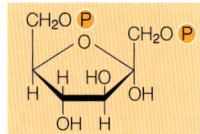

❻ 2分子のG3Pがリン酸基を転 移され、酸化されて、2組のNA DH+H+と2分子の1,3-ビス ホスホグリセリン酸（BPG）が 産生される

エネルギー獲得段階

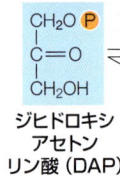

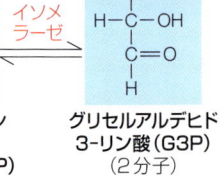

ジヒドロキシ アセトン リン酸（DAP）

イソメ ラーゼ

グリセルアルデヒド 3-リン酸（G3P）
（2分子）

❺ DAP分子はG3Pに変換される

アルドラーゼ

フルクトース1,6-ビスリン酸（FBP）

❹ フルクトース環が開裂し、六 炭素のフルクトース1,6-ビス リン酸が三炭糖リン酸のDAP とその異性体であるG3Pに分 解される

212

CH₂O Ⓟ
H–C–OH
C=O
O Ⓟ

1,3-ビスホスホグリセリン酸 (BPG)
(2分子)

ホスホグリセリン酸
キナーゼ

2 ADP
2 ATP

解糖系では1分子のグルコースから、正味2分子のATPと2分子の電子伝達体NADHが産生される。また2分子のピルビン酸が産生される。

CH₃
C=O
C=O

ピルビン酸 (2分子)

❼ 2分子のBPGがリン酸基をADPに転移し、2分子のATPと2分子の3-ホスホグリセリン酸 (3PG) が産生される

❿ 最終的に、2分子のPEPはリン酸基をADPに転移して、2分子のATPと2分子のピルビン酸が産生される

CH₂O Ⓟ
H–C–OH
C=O
O⁻

3-ホスホグリセリン酸 (3PG)
(2分子)

ホスホグリセリン酸
ムターゼ

2 ATP
2 ADP

ピルビン酸
キナーゼ

CH₂
C–O–Ⓟ
C=O
O⁻

ホスホエノールピルビン酸 (PEP)
(2分子)

❽ 2分子の3PG上のリン酸基が移動して、2分子の2-ホスホグリセリン酸 (2PG) が産生される

❾ 2分子の2PGが水を失って、2分子の高エネルギー化合物であるホスホエノールピルビン酸 (PEP) になる

CH₂OH
HC–O–Ⓟ
C=O
O⁻

2-ホスホグリセリン酸 (2PG)
(2分子)

エノラーゼ

2 H₂O

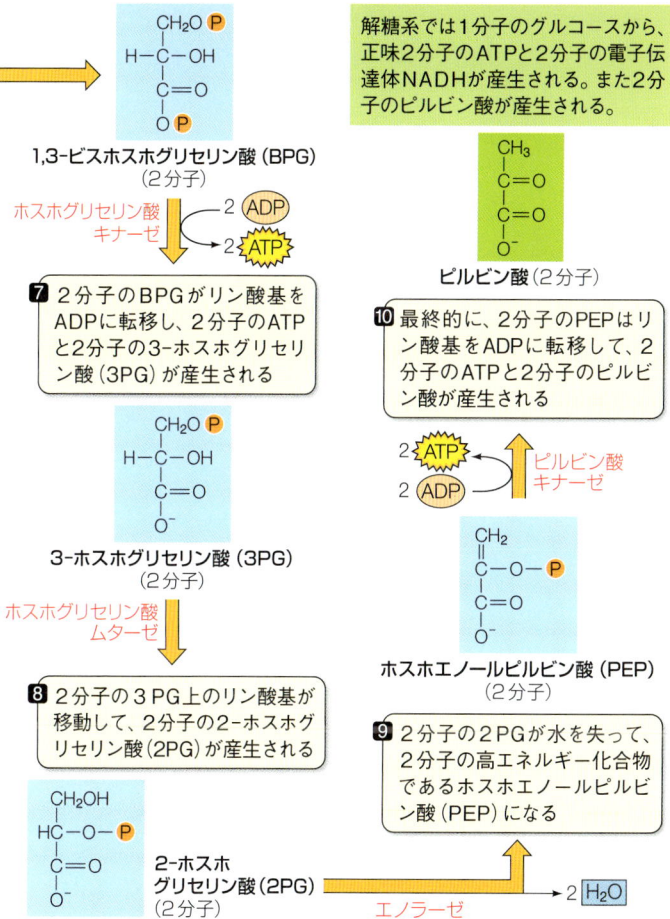

図4-7　解糖系によりグルコースはピルビン酸に変換される
ヘキソキナーゼから始まる10の酵素（名前は赤）が順番に10の反応を触媒する。その途中で、ATPが産生され（反応❼と❿）、2個のNAD⁺が還元されて2組のNADH＋H⁺になる（反応❻）。

213

ルの1,3-ビスホスホグリセリン酸（BPG）である。反応**6**は酸化で、大きな自由エネルギーの低下を伴う。1モルのグルコースあたり100kcal以上のエネルギーがこの発エルゴン反応で放出される（**図4-8**）。もしもこの大きなエネルギー放出が単に熱として失われるだけだったら、解糖系は細胞に対して有益なエネルギーを供給できないだろう。しかしながら、このエネルギーは熱として失われる代わりに、2分子のNAD^+を還元して2組の$NADH + H^+$を産生することにより化学エネルギーとして保存される。

　NAD^+は細胞内に少量しか存在しないので、解糖系が持続するためにはリサイクルされなければならない。もしNADHが酸化されてNAD^+に戻らなければ、解糖系は止まってしまう。解糖系に引き続いて起こる代謝経路がこの酸化を行う。

ATPの産生　解糖系の反応**7**〜**10**では、BPGの2つのリン酸基はADP分子に一つ一つ転移される。そのあいだにリン酸基の分子内移動が起こる。BPGが1モル分解される度に20kcal（83.6kJ/mol）以上の自由エネルギーがATPに保存される。最終的に、解糖系に1モルのグルコースが入る度ごとに2モルのピルビン酸が産生される。

　リン酸基が供与分子から酵素触媒によりADP分子に転移されATPが産生されることを、**基質レベルのリン酸化**と呼ぶ（リン酸化とは分子へのリン酸基の付加のことである。基質レベルのリン酸化は、この章の後半で説明する電子伝達鎖によって行われる酸化的リン酸化とは違うものである）。解糖系においては、酸化によって放出されるエネルギーを用いてNADHが合成される。基質レベルのリン酸化の例は、反応**7**で起こる。ここではホスホグリセリン酸キナーゼがBPGからADPへ

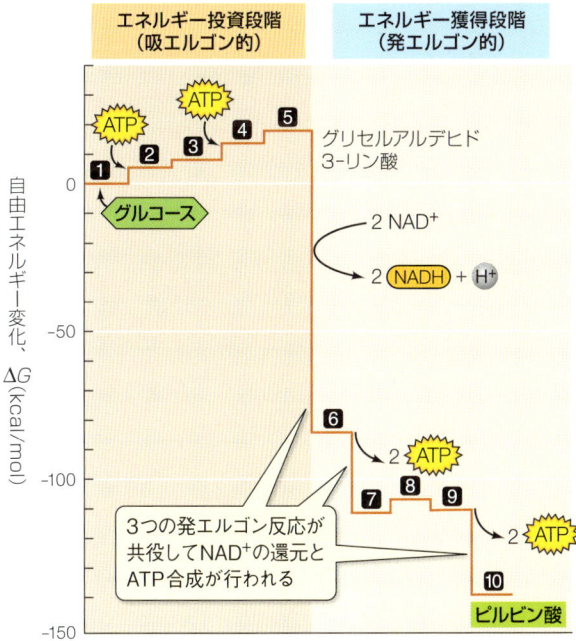

図4-8　解糖系の自由エネルギー変化
解糖系のそれぞれの反応は自由エネルギー変化を伴う。反応の番号は図4-7を参照のこと（例えば、反応 **1** はヘキソキナーゼにより触媒される）。

1分子のグルコースから以下のものが産生される
・2分子のピルビン酸
・2組のNADH＋H⁺
・正味2分子のATP

のリン酸基の転移を触媒し、ATPが産生される。相当量のエネルギーがATP産生に使われるけれども、反応 **6** と **7** の両者は共に発エルゴン反応である。

　まとめると、

■ 解糖系のエネルギー投資段階は1分子のグルコースあたり2

215

分子のATPの加水分解のエネルギーを消費する。
■ 解糖系のエネルギー獲得段階は1分子のグルコースあたり4分子のATPを産生する。

　酸素がある場合、解糖系は細胞呼吸の3つの経路によって引き継がれる。

ピルビン酸酸化が解糖系とクエン酸回路をリンクする

　ピルビン酸から**アセチルCoA**への酸化が解糖系と細胞呼吸の諸反応を結び付ける反応である（**図4-9**参照）。補酵素A（CoA）は2炭素のアセチル基を結合する複雑な分子である。アセチルCoA産生はピルビン酸デヒドロゲナーゼ複合体によって触媒される多段階反応である。ピルビン酸デヒドロゲナーゼ複合体はミトコンドリア内膜に結合している巨大な多酵素複合体である。ピルビン酸はミトコンドリアの中に拡散し、そこで一連の共役反応が起こる。

①ピルビン酸は酸化されて2炭素のアセチル基になり、CO_2が放出される。

②この酸化によって放出されるエネルギーの一部は、NAD^+の$NADH + H^+$への還元によって捕捉される。

③残りのエネルギーの一部はアセチル基とCoAとの結合に一時的に保存されて、アセチルCoAが産生される。

　　ピルビン酸 + NAD^+ + CoA
　　→ アセチルCoA + $NADH + H^+ + CO_2$

　アセチルCoAは単なる酢酸よりも7.5kcal/mol（31.4kJ/mol）だけ多くエネルギーを持っている。アセチルCoAは、ATPがリン酸基を多様な受容体に与えることができるように、アセチル基を受容分子に与えることができる。アセチルCoAは

そのアセチル基を4炭素化合物のオキサロ酢酸に与えて6炭素のクエン酸を合成する。クエン酸は生命の最も重要なエネルギー獲得経路の1つであるクエン酸回路を開始する化合物である。

> ネズミ退治と殺人ミステリー小説の古典的な毒であるヒ素は、ピルビン酸デヒドロゲナーゼを阻害し、アセチルCoA産生を減少させることにより作用する。アセチルCoAの欠乏によりクエン酸回路は停止し、細胞はやがてATP欠乏のために"餓死"してしまう。

クエン酸回路はグルコースのCO_2への酸化を完了する

アセチルCoAはクエン酸回路の出発点である。この8つの反応からなる経路は2炭素のアセチル基を完全に酸化して2分子の二酸化炭素にする。これらの反応で放出される自由エネルギーはADP（訳注：直接的にはGDP）と電子伝達体のNAD$^+$とFADによって捕捉される。図4-9は経路のエネルギー特性を示す。エネルギーは酸化に伴って放出され、ATP（訳注：直接的にはGTP）、FADH$_2$、NADH＋H$^+$などに保存されることも思い出してほしい。

クエン酸回路は定常状態に維持される。すなわち、回路の中間体の出入りはあるけれども、それらの中間体の濃度は大きくは変わらない。以下のいくつかのパラグラフを読む際には、図4-10の番号の付いた反応をよく注意してみること。

アセチルCoAに一時的に保存されたエネルギーによって、オキサロ酢酸からのクエン酸産生が駆動される（反応**1**）。この反応のあいだに、補酵素Aは外されて、再利用可能になる。反応**2**では、クエン酸はイソクエン酸に異性化される。反応**3**では、CO_2分子と2つの水素原子が外され、イソクエン酸はα-ケトグルタル酸になる。この反応は自由エネルギーの大きな低下を伴い、放出されたエネルギーの一部はNADH＋H$^+$に保存される。

クエン酸回路の反応**4**では、α-ケトグルタル酸が酸化されてスクシニルCoAが産生されるが、ピルビン酸が酸化されてアセチルCoAが産生される反応に類似しており、その反応と同様に、多酵素複合体によって触媒される。反応**5**では、スクシニルCoAのエネルギーの一部を使ってGDPとリン酸からGTP（グアノシン三リン酸）が合成される。これは基質レベルのリン酸化の一例である。GTPはADPからのATP合成に利用される。

反応**6**では自由エネルギーが放出される。この反応では反応**5**でスクシニルCoAから放出されたコハク酸が酸化されてフマル酸になる。この過程で2つの水素が電子伝達体FADを含む酵素に転移される。水和反応（反応**7**）の後で、NAD^+の還元反応がもう1つ起こり、リンゴ酸からオキサロ酢酸が産生される（反応**8**）。これら2つの反応は一般的な生化学機構の一例である。水（H_2O）が反応**7**で付加されて-OH基が産生され、反応**8**でその-OH基からHが外されて、NAD^+から$NADH + H^+$への還元に用いられる。最終産物のオキサロ酢酸はアセチルCoAから再びアセチル基を受け取って回路を回るようになる。クエン酸回路はグルコース1分子が解糖系に入る度に2回回転する（ピルビン酸1分子がミトコンドリアに入る度に1回回転する）。

まとめると、

■ クエン酸回路への入力は酢酸（アセチルCoAの形で）、水、酸化型電子伝達体（NAD^+とFAD）である。

■ クエン酸回路からの出力は二酸化炭素、還元型電子伝達体（$NADH + H^+$と$FADH_2$）と少量のATP（訳注：直接的にはGTP）である。まとめるとアセチル基が1つ入るごとにクエン酸回路は2つの炭素をCO_2として外して4対の水素原

218

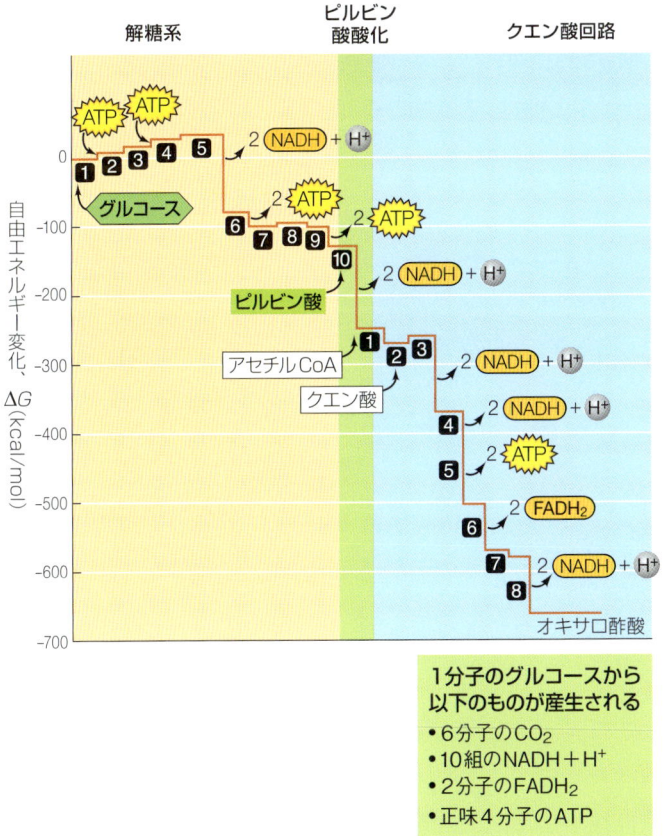

図4-9　クエン酸回路は解糖系よりもはるかに大きな自由エネルギーを放出させる
代謝が進むにつれて自由エネルギーの大きな低下があり、他の反応と共役した反応で、電子伝達体（解糖系ではNAD⁺、クエン酸回路ではNAD⁺とFAD）は還元され、ATPが産生される。

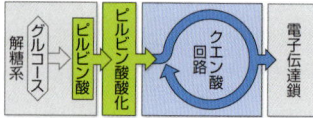

ミトコンドリア

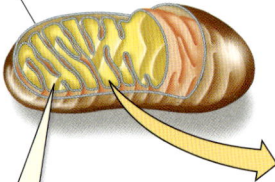

ピルビン酸酸化とクエン酸
回路はミトコンドリアのマ
トリックスで行われる

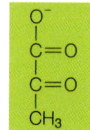

ピルビン酸

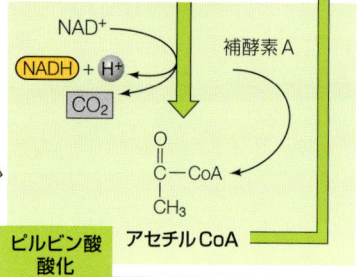

ピルビン酸
酸化

アセチル CoA

ピルビン酸は酸化され補酵素A
と結合してアセチルCoAとなり、
$NADH+H^+$が産生され、CO_2が
放出される

図4-10　ピルビン酸酸化とクエン酸回路

ピルビン酸はミトコンドリア内に拡散し、酸化されてアセチルCoAと
なり、アセチルCoAはクエン酸回路に入る。反応❸❹❻❽が回路の主
要な役割、すなわち電子をNAD⁺ないしFADに伝達することによりエ
ネルギーを捕捉するという役割を果たす。反応❺ではエネルギーは
ATP（訳注：直接的にはGTP）に捕捉される。それぞれの反応は特異
的酵素によって触媒される（酵素はこの図では示されていない）。

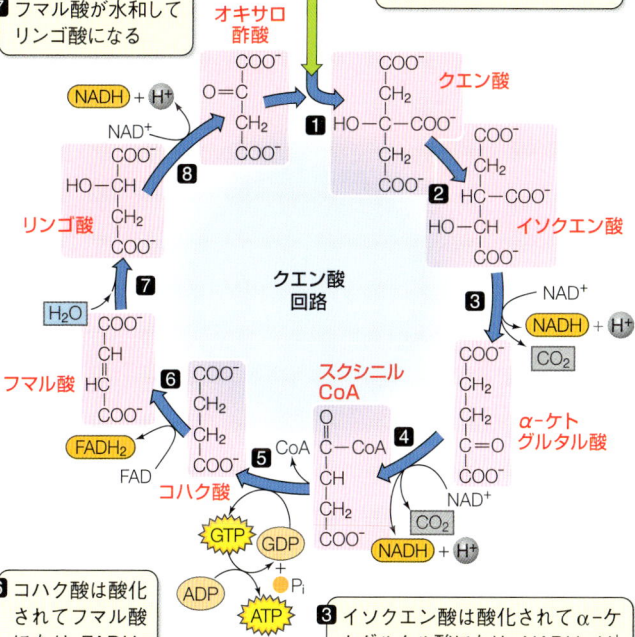

8 リンゴ酸が酸化されてオキサロ酢酸になり、$NADH+H^+$が産生される。オキサロ酢酸はまたアセチルCoAと反応してクエン酸回路に再び入る

1 2炭素のアセチル基と4炭素のオキサロ酢酸が結合して6炭素のクエン酸が産生される

2 クエン酸はイソクエン酸に異性化される

7 フマル酸が水和してリンゴ酸になる

オキサロ酢酸

COO^-
$O=C$
CH_2
COO^-

$NADH + H^+$

NAD^+

8

クエン酸

COO^-
CH_2
$HO-C-COO^-$
CH_2
COO^-

1

2

COO^-
$HC-COO^-$
$HO-CH$
COO^-

イソクエン酸

リンゴ酸

COO^-
$HO-CH$
CH_2
COO^-

クエン酸回路

NAD^+

3

$NADH + H^+$

CO_2

7

H_2O

COO^-
CH
HC
COO^-

フマル酸

6

COO^-
CH_2
CH_2
COO^-

コハク酸

$FADH_2$

FAD

スクシニルCoA

COO^-
CH_2
$O=C-CoA$
CH
CH_2
COO^-

5

4

CoA

COO^-
CH_2
$C=O$
COO^-

α-ケトグルタル酸

NAD^+

CO_2

$NADH + H^+$

GTP　GDP

ADP　$+P_i$　ATP

6 コハク酸は酸化されてフマル酸になり、$FADH_2$が産生される

5 スクシニルCoAは補酵素Aを放出しコハク酸になる。このとき放出されるエネルギーによりGDPからGTPへの変換が起こり、GTPはADPからのATP合成に用いられる

3 イソクエン酸は酸化されてα-ケトグルタル酸になり、$NADH+H^+$とCO_2が産生される

4 α-ケトグルタル酸は酸化されてスクシニルCoAになり、$NADH+H^+$とCO_2が産生される。このステップはすべてピルビン酸酸化と同一である

221

子を用いて電子伝達体を還元する。

クエン酸回路は出発材料の濃度によって調節されている

これまで3炭素分子であるピルビン酸が、どのようにしてピルビン酸デヒドロゲナーゼとクエン酸回路によって完全に酸化されCO$_2$になるのかを見てきた。あらためて回路がスタートするためには、出発材料、すなわちグルコースの酸化によって得られたアセチルCoAと酸化型の電子伝達体がすべて揃っていなければならない。電子伝達体は、回路が回るあいだに還元されるので（解糖系でも同様。**図4-7**の反応**6**参照）、再酸化されないとクエン酸回路の反応から出てくる電子を受け取ることができない。

$$\mathrm{NADH} \rightarrow \mathrm{NAD^+ + H^+ + e^-}$$
$$\mathrm{FADH_2} \rightarrow \mathrm{FAD + 2H^+ + 2e^-}$$

これらの電子伝達体の酸化は共役レドックス反応として起こる。そのため何らかの他の分子（"X"と呼ぼう）が還元される。

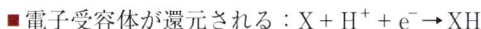

■ NADが酸化される：$\mathrm{NADH} \rightarrow \mathrm{NAD^+ + H^+ + e^-}$
■ 電子受容体が還元される：$\mathrm{X + H^+ + e^- \rightarrow XH}$

細胞はこれを達成するために2つの方法を持っている。

■ 発酵：酸素がない場合、"X"は解糖系の最終産物のピルビン酸である。解糖系で生成したNADHを再酸化する過程で、ピルビン酸は還元されて乳酸かエチルアルコールになる。これらが最終産物であり、クエン酸回路は回らない。

■ 酸化的リン酸化：酸素がある場合、"X"は酸素である。ピルビン酸はCO$_2$にまで完全に酸化され、クエン酸回路のNADHとFADH$_2$はすべて再酸化される。これらの電子伝達体の酸化によりエネルギーが放出され、このエネルギーは捕捉されてATP合成に用いられる。

4.3 酸素がない場合にエネルギーはグルコースからどのように獲得されるのか？

ピルビン酸酸化とクエン酸回路は電子受容体として酸素を必要とする。ここでは酸素がない場合にピルビン酸を処理する代謝経路である発酵を見てみよう。さらに次の4.4節では好気的細胞呼吸の電子伝達を完結する酸化的リン酸化を見ることにする。

発酵は解糖系と同様にサイトゾルで起こる。電子受容体として酸素が利用できないとき、発酵は解糖系で生成したNADH + H$^+$を利用してピルビン酸（あるいはその代謝誘導体）を還元しNAD$^+$を再生する。図4-7で見たように、NAD$^+$は解糖系の反応❻に必要であり、細胞は発酵によってNAD$^+$を補充するとさらに多くのグルコースを代謝できるようになる。

原核生物は多数の発酵経路を利用することが知られている。しかしながら、一番良く理解されているのは、多くの異なる細胞に存在する2つの短い発酵経路である。最終産物が乳酸の乳酸発酵と、最終産物がエチルアルコールのアルコール発酵である。

乳酸発酵ではピルビン酸が電子受容体となる（図4-11）。これは多くの微生物で起こる。乳酸発酵は筋細胞でも（とくに盛んに収縮しているとき）起こる。筋収縮は大量のエネルギーを必要とし、そのエネルギーはATPによって供給されなければならない。しかし盛んに筋収縮が起こっているときに血流は十分な酸素を供給することができない。嫌気的状態で筋組織が機能し続けるためには、筋細胞は乳酸発酵に"スイッチ"する。長期間乳酸発酵が続いた後では乳酸の蓄積が問題となる。乳酸がイオン化してH$^+$を生成、細胞内pHが低下し細胞活性を減少させるからである（筋けいれんも起きる）。

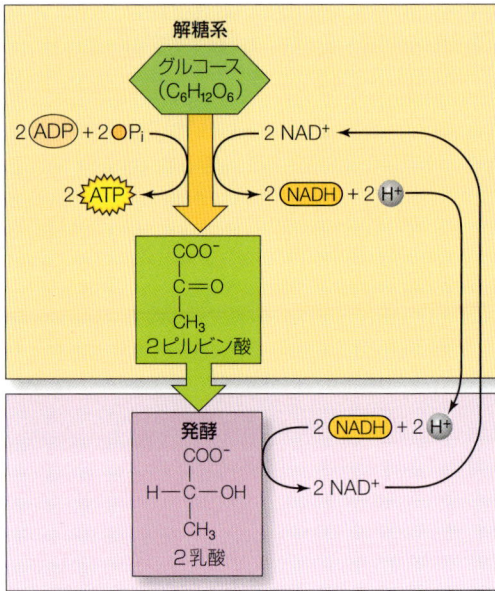

図4-11　乳酸発酵
解糖系ではグルコースからピルビン酸、ATP、NADH＋H⁺が作られる。乳酸発酵ではNADH＋H⁺を還元剤として用いてピルビン酸を還元して乳酸にする。

　アルコール発酵は嫌気的条件で、ある種の酵母と植物細胞で起こる（**図4-12**）。この過程はピルビン酸を代謝するために2つの酵素を必要とする。最初に、ピルビン酸から二酸化炭素が外されてアセトアルデヒドが生成される。次に、アセトアルデヒドがNADH＋H⁺によって還元されてNAD⁺とエチルアルコール（エタノール）ができる。アルコール飲料はブドウ（ワイン）や大麦（ビール）など植物由来のグルコースを用いた酵母細胞の嫌気的発酵で作られる。

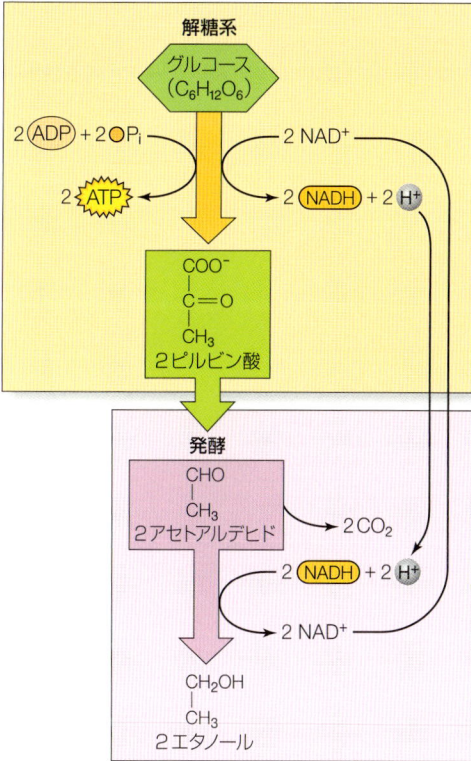

図4-12　アルコール発酵

アルコール発酵では、解糖系由来のピルビン酸はアセトアルデヒドに変換されCO_2が放出される。解糖系由来のNADH＋H^+が還元剤として機能し、アセトアルデヒドをエタノールに還元する。

> 無数の原核微生物が、哺乳動物の消化器官（小腸や、ウシなどの特殊化した"胃"である反芻胃など）の嫌気的環境で発酵によって生息している。これらの微生物は"宿主"の哺乳動物の健康と生存に大きく寄与している。

　発酵によって、解糖系から基質レベルのリン酸化を通して少量のATPが産生される。グルコース1分子あたり正味2分子のATPが作られるが、これは利用可能なエネルギーとしては微々たるものであり、嫌気的環境で生息している生物のほとんどが、増殖が比較的遅い小さな微生物であることは、驚くことではない。

4.4 どのようにしてグルコースの酸化から ATP合成が起こるのか？

　発酵は生命の進化の初期には非常に重要なエネルギー源だった。昔の地球の大気には遊離の酸素は乏しかったからである。しかし酸素が電子の受容体として存在する場合には、NADHとFADH$_2$の再酸化により、大量のATPが合成できる。この過程がどのように起こるのかを見てみよう。

　酸素の存在下に電子伝達体の再酸化によって行われるATP合成の全過程を**酸化的リン酸化**と呼ぶ。酸化的リン酸化は2つの段階に分けることができる。

①**電子伝達鎖**　NADHとFADH$_2$からの電子は一連の膜結合性電子伝達体を次々と受け渡される。この電子伝達鎖を通した電子の流れによって、マトリックスからミトコンドリア内膜を越えて膜間腔へのプロトン（H$^+$）の輸送が起こり、プロトン濃度勾配が形成される。

②**化学浸透**　プロトンはプロトンチャネルを通ってミトコンドリアマトリックスへ拡散で戻る。プロトンチャネルがこの拡散とATP合成を共役させている。

　これら2つの経路を詳細に見る前に、重要な問題を考えてみよう。電子伝達鎖にはどうしてこんなに多くの構成成分があり、どうしてこんなに複雑な反応から構成されているのだろうか？　どうして細胞は以下のような単純なワンステップを用いないのだろうか？

$$\text{NADH} + \text{H}^+ + 1/2\text{O}_2 \rightarrow \text{NAD}^+ + \text{H}_2\text{O}$$

　その答えはこの反応がとても手に負えないものだからである。この反応は、あたかも細胞内でダイナマイトに点火するような、非常に発エルゴン的な反応である。その爆発的なエネルギーを効率的に捕捉し、それを生理的な目的で用いることができるような生化学的方法は存在しない。言葉を換えると、ワンステップでその爆発的なエネルギーの相当量を消費するほど大きな吸エルゴン反応は細胞内に存在しないということである。細胞内でグルコースの酸化によるエネルギーの放出を制御するために、進化により長い電子伝達鎖が完成した。電子伝達鎖では、少量の取り扱い可能な量のエネルギーが放出される反応が直列的に組み合わされている。

電子伝達鎖は電子を次々に受け渡しその際にエネルギーが放出される

　電子伝達鎖には大きな膜内在性タンパク質、小さな可動性のタンパク質、そしてもっと小さな脂質分子が含まれている（**図4-13**）。

■真核生物では、電子伝達体と関連酵素を含む4つの大きなタンパク質複合体（I、II、III、IV）はミトコンドリア内膜の

227

膜内在性タンパク質である（**図1-15**参照）。そのうち３つは膜貫通性タンパク質（膜の両面を貫く）である。

- **シトクロム c** は膜間腔に存在する小さな膜周辺タンパク質である。シトクロム c（略号 Cyt c）はミトコンドリア内膜に弱く結合している。
- **ユビキノン**（略号 Q）と呼ばれる非タンパク質性構成成分は小さな非極性分子であり、ミトコンドリア内膜のリン脂質二重層の疎水性内部を自由に移動する。

　図4-14のように、$NADH + H^+$ は電子を NADH-Q レダクターゼと呼ばれる最初の大きなタンパク質複合体（I）に受け渡し、I は電子を Q に受け渡す。第二の複合体（II）コハク酸デヒドロゲナーゼは、クエン酸回路の反応**6**でコハク酸からフマル酸への変換の際に生成する $FADH_2$ から電子を Q へと受け渡す（**図4-10**参照）。これらの電子は NADH からの電子よりも後で電子伝達鎖に入ってくる。

　第三の複合体（III）はシトクロム c レダクターゼと呼ばれ、Q から電子を受け取り、それをシトクロム c へと受け渡す。第四の複合体（IV）シトクロム c オキシダーゼは、シトクロム c から電子を受け取り、それを酸素へと受け渡す。酸素はこれらの電子を受け取るとともに（$1/2 O_2 + 2e^-$）、２つのプロトン（H^+）を受け取って H_2O になる。

　電子伝達鎖の電子伝達体は（３つの膜貫通性のタンパク質複合体に含まれるのも含めて）還元されるときの変化の仕方が違う。例えば NAD^+ は H^-（ヒドリドイオン、１個のプロトンと２個の電子からなる）を受け取り、他の水素原子からのプロトンは遊離状態で残る。その結果は $NADH + H^+$ である（**図4-6B**参照）。他の伝達体は Q も含めて、２個のプロトンと２個

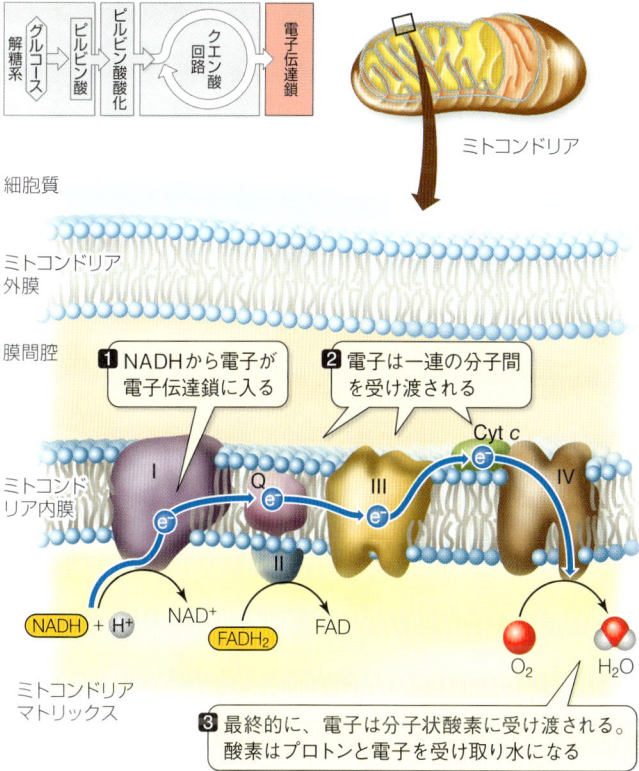

図4-13　NADH＋H⁺の酸化

NADH＋H⁺からの電子は、電子伝達鎖と呼ばれる、電子伝達体と関連酵素を含む一連のミトコンドリア内膜のタンパク質複合体間を受け渡される。電子伝達体は還元されると自由エネルギーを獲得し、酸化されると自由エネルギーを放出する。

の電子を受け取り、例えばQH_2になる。Qの下流では伝達鎖は電子のみを受け渡す。プロトンではなく電子がQからシトクロムcに受け渡される。QH_2からの電子はシトクロムのFe^{3+}をFe^{2+}へと還元する。

　プロトンはどうなるのだろうか？　後で見るように、3つの膜貫通性のタンパク質複合体のそれぞれで電子が受け渡されるときに、プロトンはミトコンドリア内膜を越えて膜間腔へと汲み出され、これらのプロトンが膜を越えてマトリックスに戻ってくる運動がATP合成と共役している。このようにもともとグルコースと他の燃料分子に含まれていたエネルギーは最終的には細胞のエネルギー通貨であるATPに捕捉される。理論的には、1対の電子が$NADH + H^+$から電子伝達鎖を通って酸素へと受け渡されると、およそ3分子のATPが合成されることになるが、実際には、もう少し少なくて、NADH 1分子が酸化されるとおよそ2.5分子のATPが合成され、FADH 1分子が酸化されるとおよそ1.5分子のATPが合成される。

プロトンの拡散がATP合成と共役している

　図4-13に示したように、シトクロムc以外のすべての電子伝達体と関連酵素は、ミトコンドリア内膜に埋め込まれている。電子伝達鎖によって電子が受け渡されるときに、ミトコンドリアマトリックスからミトコンドリア内膜を越えて膜間腔へと、濃度勾配に逆らってプロトン（H^+）が輸送される。これは3つの大きな膜貫通性のタンパク質複合体（I、III、IV）に含まれる電子伝達体が、プロトンが内膜の一方（ミトコンドリアマトリックス側）で電子とともに取り込まれて、内膜の反対側（膜間腔側）に輸送されるように配置されているからである（図4-15）。このように電子伝達鎖の膜貫通性のタンパク質複

合体はプロトンポンプとして機能する。プロトン（H^+）はプラスの電荷を持っているので、このプロトン汲み出しによりミトコンドリア内膜の内外に、プロトンの濃度勾配のみならず、ミトコンドリアマトリックスが膜間腔に比べてマイナスに荷電

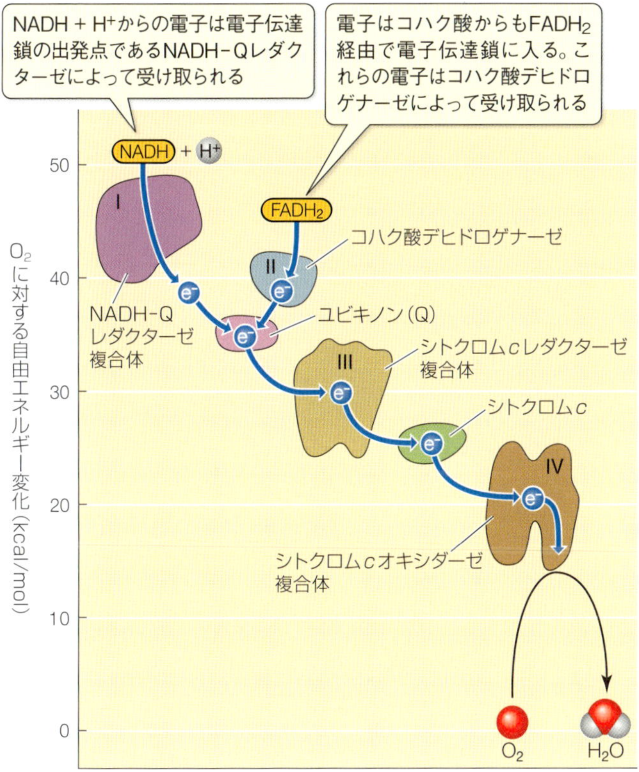

図4-14　電子伝達鎖の全体像
電子は2つのルートから電子伝達鎖に入るが、Q以降は同一の経路をたどる。

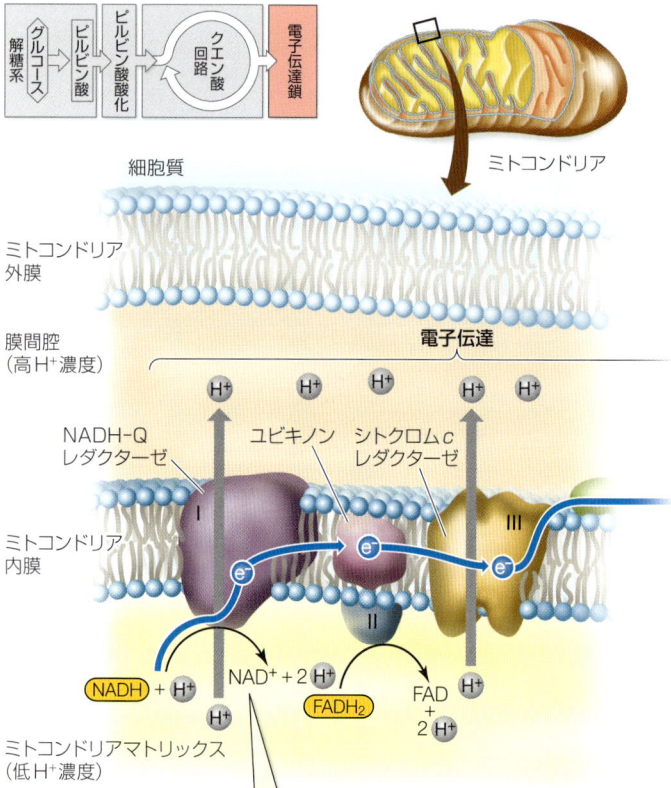

細胞質

ミトコンドリア
外膜

膜間腔
（高H⁺濃度）

電子伝達

NADH-Q
レダクターゼ

ユビキノン

シトクロム *c*
レダクターゼ

ミトコンドリア
内膜

ミトコンドリアマトリックス
（低H⁺濃度）

1 解糖系とクエン酸回路からの電子（NADHとFADH₂によって運ばれた）はミトコンドリア内膜の電子伝達体に受け渡され、これらの電子伝達体はプロトン（H⁺）をマトリックスから膜間腔へと汲み出す

図4-15 化学浸透機構がATPを合成する

電子が電子伝達鎖の膜貫通性のタンパク質複合体間を受け渡されるにつれて、プロトンがマトリックスから膜間腔へと汲み出される。プロトンがATPシンターゼを通ってマトリックスに戻る際に、ATPが合成される。

ミトコンドリア内膜の高倍率写真。ミトコンドリアマトリックスに突き出ている棒付きキャンディー様構造は、ATPシンターゼのF_1ユニットであり、ATP合成を触媒する

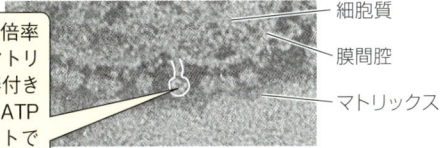

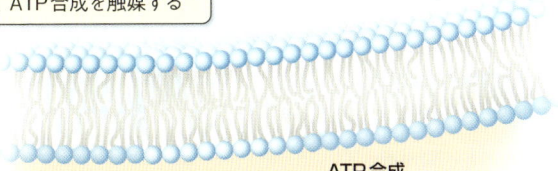

細胞質
膜間腔
マトリックス

ATP合成

H^+ H^+ H^+ H^+ H^+ H^+ H^+ H^+

シトクロムc

シトクロムc
オキシダーゼ

ATP
シンターゼ

e^-

IV

F_0ユニット

F_1ユニット

H^+

H_2O

O_2

ADP + P_i

H^+

ATP

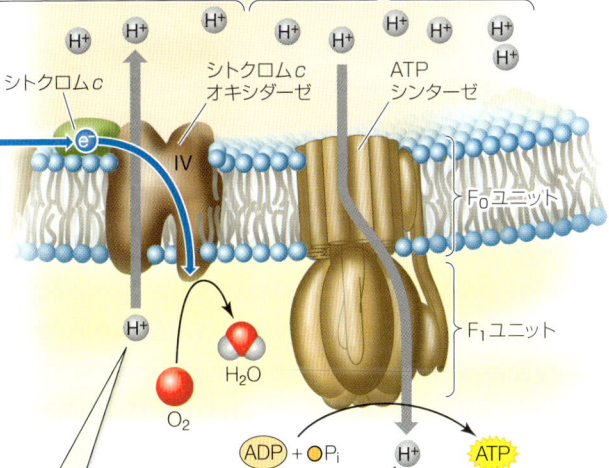

2 プロトンの汲み出しにより、膜間腔とマトリックスのあいだにH^+のアンバランス（それに伴う電位差）が生じる。このアンバランスがプロトン駆動力である

3 プロトン駆動力のために、プロトンはATPシンターゼのH^+チャネル（F_0ユニット）を通ってマトリックスに戻る。このプロトンの動きがF_1ユニットにおけるATP合成と共役している

するような電位差も生じる（言葉を換えると、膜間腔はマトリックスに比べてより酸性になる）。

　プロトンの濃度勾配と電位差が一緒になって**プロトン駆動力**と呼ばれる位置エネルギーの源となる。この駆動力によって、ちょうどバッテリーが放電するときにバッテリーの電位差が電子の流れを駆動するように、プロトンは内膜を越えてマトリックスに戻ろうとする。

　プロトンは単純拡散によってはミトコンドリア内膜の疎水性のリン脂質二重層を通過することができないので、プロトン駆動力の運動エネルギーへの変換は、阻害される。しかしながら、プロトンは**ATPシンターゼ**と呼ばれる特定のプロトンチャネルを通ることによって内膜を通過することができる。ATPシンターゼはプロトンの動きとATP合成を共役させる。このプロトン駆動力とATP合成の共役を「化学浸透機構」あるいは**化学浸透**と呼ぶ。

ATP合成の化学浸透機構　化学浸透機構はATPシンターゼによってプロトン（H^+）の拡散とATP合成を共役させる。この機構は3つの部分からなる。

①電子伝達鎖における電子伝達体間の電子の流れはミトコンドリア内膜で起こる一連の発エルゴン反応である。

②これらの発エルゴン反応が、ミトコンドリア内膜を越えるマトリックスから膜間腔へのH^+の吸エルゴン的な汲み出しを駆動する。このH^+の汲み出しにより、H^+の濃度勾配が形成・維持される。

③H^+の濃度勾配の位置エネルギーすなわちプロトン駆動力がATPシンターゼにより利用される。このタンパク質には2つの役割がある。1つはH^+がマトリックスへ拡散によって

戻るときに通過するチャネルとしての役割であり、もう1つはその拡散のエネルギーを利用してADPとPiからATPを合成する役割である。

ATP合成は可逆反応であり、ATPシンターゼはATPを加水分解してADPとPiにするATPアーゼとしても働きうる。

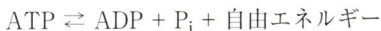

$$ATP \rightleftarrows ADP + P_i + 自由エネルギー$$

もし反応が右に進めば、自由エネルギーが放出されミトコンドリアマトリックスからのH$^+$汲み出しに用いられる。もし反応が左に進めば、このタンパク質はH$^+$のマトリックスへの拡散の自由エネルギーを使ってATPを合成する。どうしてこのタンパク質はATP合成をするように傾くのだろうか？　この問いには2つの答えがある。

- ATPは作られると同時に細胞内の他の部位で利用されるためにミトコンドリアマトリックスを去るので、マトリックス中のATP濃度は低く保たれ、その結果反応は左に進むことになる。
- H$^+$の濃度勾配は電子伝達とプロトン汲み出しにより維持される（電子はNADHとFADH$_2$の酸化に由来し、これらの電子伝達体は解糖系とクエン酸回路の酸化反応で還元される。だから、我々が食物を食べる理由の1つはH$^+$の濃度勾配を維持するためである！）。

> 毎日ヒトはおよそ10^{25}個のATP分子をADPに加水分解している。このADPの圧倒的大部分は、グルコースの酸化で得られる自由エネルギーを用いて"リサイクル"されATPに戻される。

実験は化学浸透を証明する　2つの重要な実験が、（1）ミトコンドリア内膜内外のプロトン勾配がATP合成を駆動しうること、（2）酵素ATPシンターゼがこの反応を触媒することを証明した（**図4-16**）。

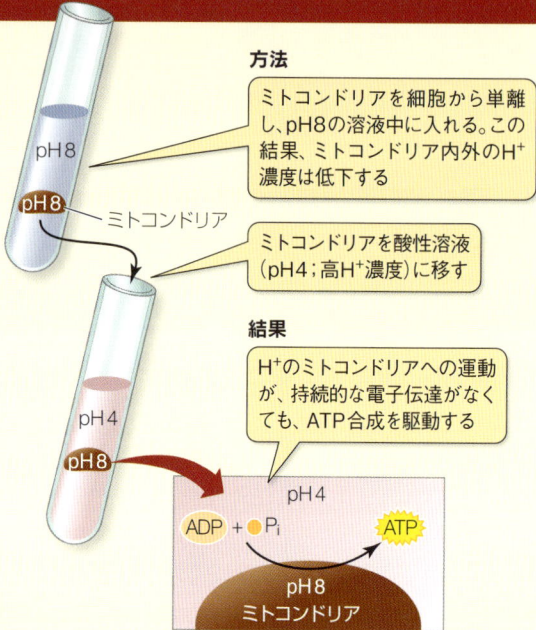

実験 1

仮説：H+勾配が単離したミトコンドリアによるATP合成を駆動する。

方法

ミトコンドリアを細胞から単離し、pH8の溶液中に入れる。この結果、ミトコンドリア内外のH+濃度は低下する

pH8

pH8

ミトコンドリア

ミトコンドリアを酸性溶液（pH4；高H+濃度）に移す

結果

H+のミトコンドリアへの運動が、持続的な電子伝達がなくても、ATP合成を駆動する

pH4

pH8

pH4

ADP + Pi → ATP

pH8
ミトコンドリア

結論：電子伝達がなくても、人工的なH+勾配だけでミトコンドリアによるATP合成には十分である。

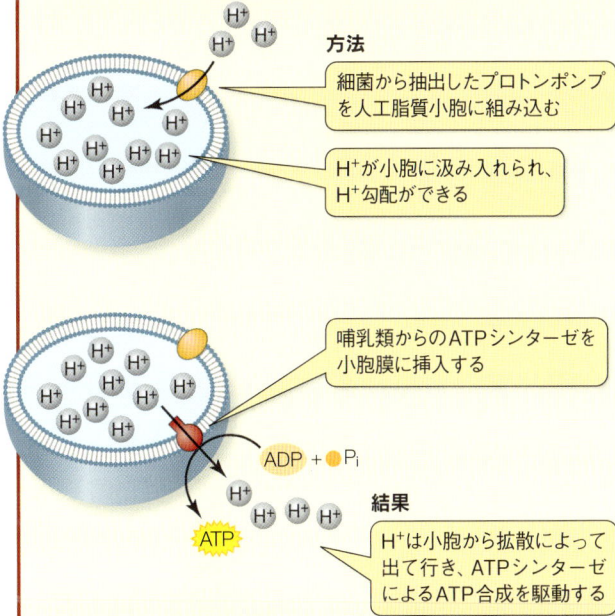

実験2

仮説：ATPシンターゼがATP合成には必要である。

方法

細菌から抽出したプロトンポンプを人工脂質小胞に組み込む

H^+が小胞に汲み入れられ、H^+勾配ができる

哺乳類からのATPシンターゼを小胞膜に挿入する

ADP + P_i

結果

H^+は小胞から拡散によって出て行き、ATPシンターゼによるATP合成を駆動する

ATP

結論：H^+チャネルとして機能するATPシンターゼがATP合成に必要である。

図4-16　2つの実験が化学浸透機構を証明する
膜内外のH^+勾配が酵素ATPシンターゼによるATP合成を駆動するのに必要なすべてである。この実験のようにH^+勾配が人工的に作られたものか、細胞内で電子伝達鎖によって作られたものなのかは問わない。
発展研究：実験2で、第二のATPシンターゼを、最初に挿入したものとは逆向きに膜に挿入するとどうなるだろうか？

■実験1はATP合成がミトコンドリア内膜内外のH$^+$勾配によって駆動されるという仮説を検証した。この実験では、環境のH$^+$濃度を上昇させることにより、食物源がないミトコンドリアを"騙して"ATPを合成させた。単離したミトコンドリアを低H$^+$濃度に曝した後で、急に高H$^+$濃度の溶液中に置いた。ミトコンドリア外膜は内膜とは異なりH$^+$が自由に通過できるので、H$^+$は急速に拡散により膜間腔に流入した。このためミトコンドリア内膜の内外に人工的にH$^+$勾配ができ、このH$^+$勾配を用いてミトコンドリアはADPとP$_i$からATPを合成した。この結果は仮説を支持し、化学浸透機構の強力な証拠を提供した。

■実験2は酵素ATPシンターゼがプロトン勾配をATP合成に共役させているという仮説を検証した。細菌から単離したプロトンポンプを人工の膜小胞に組み込んだ。適当なエネルギー源を与えてやると、H$^+$は小胞に汲み入れられてプロトン勾配が形成された。このとき、哺乳類のATPシンターゼを小胞膜に挿入してエネルギー源を除いてやると、小胞は電子伝達体がなくてもATPを合成した。この結果からATPシンターゼが共役因子であることが証明された。

ATP合成とプロトン拡散の脱共役　化学浸透機構を実証する別の方法は、H$^+$の拡散とATP合成が緊密に共役していること、すなわち、プロトンがミトコンドリアマトリックスに戻るためには、必ずATPシンターゼのチャネルを通らなければならないということを示すことである。もしミトコンドリア内膜に第二のタイプのH$^+$拡散チャネル（ATPシンターゼでないもの）を挿入すると、H$^+$勾配のエネルギーはATP合成と共役される代わりに熱エネルギーとして放出される。このような脱共役分

子が、ある種の生物ではATPの代わりに熱を産生するために意図的に用いられている。例えば、脱共役タンパク質サーモゲニンは、ある種の哺乳動物がある条件下で（例えば体を温かく保つ体毛がないヒトの新生児や冬眠中の動物など）体温を調節する際に重要な役割を果たしている。

ATPシンターゼはどのように働くのか：分子モーター　H^+勾配がATP合成に必要であることはわかったが、ATPシンターゼは実際どのようにしてADPとP_iからATPを合成するのだろうか？　これは生物学の根本的問題である。ほとんどの細胞のエネルギー獲得過程の基盤だからである。**図4-15**のATPシンターゼの構造を見てみよう。このタンパク質は2つのサブユニットから構成されている。H^+チャネルで膜貫通領域であるF_0ユニットと、ATP合成の活性部位を構成する、内膜から棒付きキャンディーのようにマトリックスに突き出ているF_1ユニットである。ATPシンターゼはH^+勾配の位置エネルギーを動きの運動エネルギーに変換すると考えられている。F_1サブユニットが回転し、ATP合成の活性部位が露出しATPが合成される。

4.5 どうして細胞呼吸は発酵に比べてはるかに多くのエネルギーを産生するのだろうか？

酸化的リン酸化は大量のエネルギーをATPに捕捉する。どうして酸化的リン酸化は発酵よりもはるかに効率的なのだろうか？

　1分子のグルコースが酸化されることによる解糖系と発酵で

の正味の総エネルギー収益は2分子のATPである。1分子の
グルコースから解糖系と細胞呼吸によって獲得しうる最大の
ATP収益ははるかに大きく、およそ32分子である（**図4-17**。
どこでATPが産生されるのかは**図4-7**、**4-10**、**4-15**を参照
のこと）。

　どうして酸素が存在する場合に働く代謝経路で産生される
ATPがはるかに多いのだろうか？　解糖系も発酵も、グルコ
ースの部分的酸化に過ぎないことを思い出してほしい。細胞呼
吸の最終産物の二酸化炭素に比べて、発酵の最終産物である乳
酸やエチルアルコールにはまだまだたくさんのエネルギーが残
っている。細胞呼吸では、電子伝達体（ほとんどがNADH）は
ピルビン酸酸化とクエン酸回路で還元され、電子伝達鎖で酸化
され、その際に化学浸透によりATPが合成される（NADH +
H^+ 1組あたり2.5分子のATPと$FADH_2$ 1分子あたり1.5分子
のATP）。好気的環境では、好気的代謝が可能な細胞や生物は
発酵しかできない細胞や生物に比べて優位に立っている（グル
コース1分子あたり獲得できるエネルギー量の点で）。

　解糖系と細胞呼吸によってグルコース1分子あたり獲得でき
る総ATP量は32である。しかしながら、その総計から2個を
引かなければならず、実際の収益は30ATPとなる。というの
は、動物細胞のミトコンドリア内膜はNADH不透過性で、解
糖系で産生されたNADHを1分子ミトコンドリアマトリック
スに取り込むためには1分子のATPを"通行料"として支払
わなければならないからである（訳注：グリセロリン酸シャト
ルを利用する場合。リンゴ酸-アスパラギン酸シャトルを利用
する場合は"通行料"は不要）。

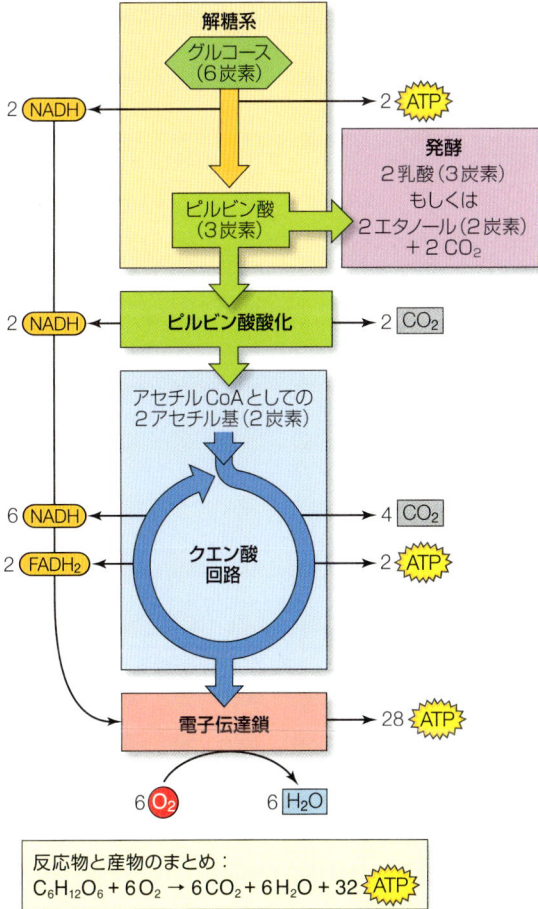

図4-17
細胞呼吸は解糖系に比べてはるかに多くのエネルギーを産み出す
電子伝達体はピルビン酸酸化とクエン酸回路で還元され、電子伝達鎖で酸化される。電子伝達鎖の反応は、化学浸透によりATPを合成する。

4.6 代謝経路はどのように関係し合い制御されているのだろうか？

　細胞がどのようにしてエネルギーを獲得するのかを見たので、細胞内でエネルギーがどのようにして、互いに繋がり合う代謝経路のあいだを伝わっていくのかを見ることにしよう。

　解糖系および細胞呼吸の経路は、代謝の他の経路から独立して働いているのではない。それどころか、これらの経路間には相互交換がある。すなわち解糖系および細胞呼吸の経路と他の代謝経路のあいだには生化学的な物質の流れがあり、解糖系および細胞呼吸の経路は、アミノ酸、核酸、脂質、その他の生命の構成要素の合成および分解の経路と密接に結び付いているのである。他の経路に由来する炭素骨格は、解糖系および細胞呼吸の経路に入り分解されてエネルギーを放出し（異化）、これらの経路から出た炭素骨格は細胞の主要な高分子構成要素の合成材料となる（同化）。これらの関係を図4-18にまとめる。

異化と同化は生物学的単量体の相互変換を伴う

　ハンバーガーや野菜バーガーは食物からの炭素骨格の三大要素を含んでいる。すなわち糖質（ほとんどが多糖であるデンプン）、脂質（ほとんどがグリセロールに3個の脂肪酸が結合したトリグリセリド）、タンパク質（アミノ酸の重合体）である。図4-18を見ると、これら3つのタイプの高分子がどのように異化、同化の経路で用いられるかがわかるだろう。

　異化相互変換　　多糖、脂質、タンパク質はすべて分解されてエネルギーを供給することができる。
■多糖は加水分解されてグルコースになる。グルコースは解糖

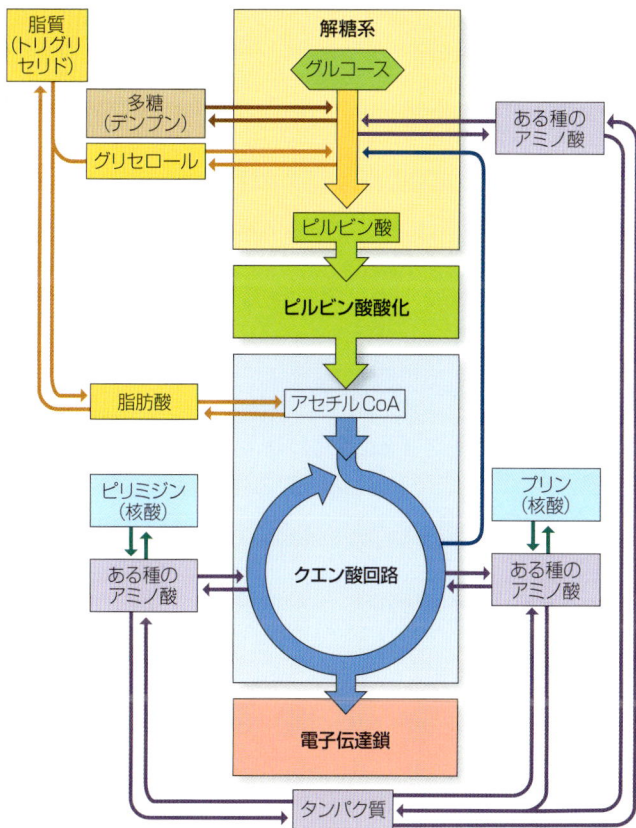

図4-18 細胞の主要な代謝経路の関係
この代謝経路ネットワークにおいて、解糖系とクエン酸回路が中心的位置を占めることを記憶せよ。また経路の多くが逆行できることも注意せよ。

系と細胞呼吸経路に入り、エネルギーはNADHとATPに捕
捉される。
- 脂質はその構成成分であるグリセロールと脂肪酸に分解される。グリセロールは解糖系の中間体であるジヒドロキシアセトンリン酸（DAP）に変換され、脂肪酸はミトコンドリアでアセチルCoAに変換される。どちらの場合も、二酸化炭素にまで酸化されてエネルギーが放出される。
- タンパク質は加水分解されてアミノ酸になる。20種の異なるアミノ酸は解糖系やクエン酸回路の異なる箇所でこれらの経路に入る。グルタミン酸というアミノ酸がクエン酸回路の中間体のα-ケトグルタル酸に変換される例を図4-19に示す。

同化相互変換　　多くの異化反応は逆方向にも働くことができる。解糖系およびクエン酸回路の中間体は、酸化されて二酸化炭素になる代わりに、還元されてグルコース合成の材料にもな

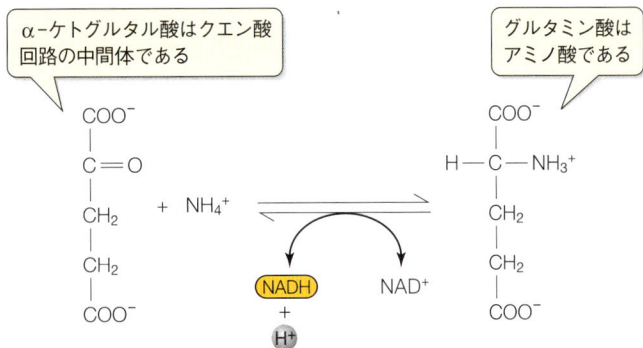

図4-19　代謝経路の共役
グルタミン酸とα-ケトグルタル酸の相互変換が起きるこの反応は、酵素グルタミン酸デヒドロゲナーゼによって触媒される。

244

ることができる。この経路を**糖新生**と呼ぶ。同様に、アセチルCoAから脂肪酸が合成される。最もよく見られる脂肪酸は偶数個、すなわち14、16、18個の炭素を持っている。これらの分子は、一度に2炭素のアセチルCoA"単位"が付加されて、最終的に適当な長さの炭素鎖が完成する。アミノ酸は**図4-19**に示されたような逆反応によって産生され、重合してタンパク質になる。

クエン酸回路の中間体の中には、多様な細胞構成成分の合成原料になるものがある。例えば、α-ケトグルタル酸はプリン合成の出発材料であり（訳注：グルタミンに変換されてから）、オキサロ酢酸はピリミジン合成の出発材料であるが（訳注：アスパラギン酸に変換されてから。アスパラギン酸はプリン合成にも必要）、プリン、ピリミジンはともに核酸のDNA、RNAの構成要素である。α-ケトグルタル酸はクロロフィル合成の出発材料でもある（訳注：スクシニルCoAに変換されてから）。アセチルCoAは多様な色素、植物の成長物質やゴム、動物のステロイドホルモンなどいろいろな分子の構成要素になる。

異化と同化は統合されている

ハンバーガーの中のタンパク質由来の炭素原子はいろいろな運命をたどりうるが、DNAになったり、脂肪になったり、二酸化炭素になったりもする。細胞はどのようにしてどの代謝経路をたどるかを"決定する"のだろうか？　これほどたくさんの相互変換の可能性があるとすれば、多様な生化学的分子の細胞内濃度は大きく変動するだろうと考えたくなる。例えば、細胞内のオキサロ酢酸濃度は、何を食べたか（食物分子の中にはオキサロ酢酸の原料となるものがある）、オキサロ酢酸が使われたかどうか（クエン酸回路やアスパラギン酸の合成で）に依

存するだろうと考えられる。驚くべきことに、これらの物質の
いわゆる“代謝プール”（細胞内のすべての生化学的分子の総
量）中の濃度はほとんど一定なのである。細胞は異化と同化の
酵素を制御して、バランスを維持するのである。この代謝ホメ
オスタシスは異常な状況下でしか乱されない。そのような異常
な状況の1つである栄養不足を考察してみよう。

　グルコースは優れたエネルギー源である。図4-18から、脂
質とタンパク質もまたエネルギー源となることがわかるだろ
う。どれか1つ、あるいはこれら3つすべてが、体が必要とす
るエネルギーを供給してくれる。実際には、ものごとはそれほ
ど簡単ではない。例えば、タンパク質は体の中で酵素や構造成
分として重要な役割を担っており、エネルギーのために貯蔵さ
れているわけではないので、エネルギーのためにタンパク質を
使うと、重要な反応のための触媒を失ってしまうことになる。

　多糖と脂肪（トリグリセリド）にはそのような触媒としての
役割はない。多糖は、多少極性があるので、大量の水を結合し
うる。脂肪は非極性物質なので、多糖ほどには大量の水を結合
しない。だから水の中では脂肪は多糖よりも軽い。それに加え
て、脂肪は糖質に比べてより還元された物質であり（C−OH
結合に比べてC−H結合を多く持っている）、その結合中に、
より多くのエネルギーを貯蔵している。これら2つの理由か
ら、脂肪は多糖に比べてより優れたエネルギー貯蔵の手段とい
える。だからヒトは1日分の食物のエネルギーに相当する分を
グリコーゲン（多糖）として、1週間分の食物のエネルギーに
相当する分を血中の利用可能なタンパク質として、1月分以上
の食物のエネルギーに相当する量を脂肪として蓄えているの
は、驚くべきことではない。

　もしヒトが、同化作用と生物学的活動に必要な量のATPと

NADHを産生するために十分な食物を摂取しない場合、どうなるだろうか？　この状況は、体重減少のために意図的にもたらされることもあるだろうが、大部分は、十分な食料が得られない結果としてもたらされることが多い。どちらにせよ、体の中でまず最初に使われる貯蔵エネルギー源は、筋細胞と肝細胞中に貯蔵されているグリコーゲンである。この貯蔵源は長続きせず、次には脂肪が使われる。

　脂肪酸が分解されるとアセチルCoA濃度が上昇する。しかしながら、ここで問題が生じる。脂肪酸は血中から脳へは移行できないので、脳はグルコースしかエネルギー源として利用できない。グルコースはすでに底をついているので、体は脳のために、何か他のものをグルコースに変換しなければならない。この糖新生という経路は、ほとんどの場合、タンパク質を分解して得られたアミノ酸を原料とする。十分な食料が得られなければ、タンパク質（糖新生の材料として）および脂肪（エネルギー源として）を使わざるを得なくなる。こうした飢餓状態が数週間に及ぶと、貯蔵脂肪は底をつき、残された唯一のエネルギー源はタンパク質だけとなる。この時点で、筋肉のタンパク質や感染と戦うために用いられる抗体などの重要なタンパク質が分解され始める。このようなタンパク質が失われることにより、重度の病気がもたらされ、最終的には死に至る。

> ズグロアメリカムシクイという小さな鳴鳥はカナダと南米を周期的に移動するが、その燃料となるのは10〜12グラムの脂肪であり、これはその体重のおよそ半分を占める。同量のエネルギーを供給するために必要なグリコーゲンの重量は10倍以上である。その場合、この鳥は飛べないのはもちろん、歩くことすらできないだろう。

代謝経路は制御されたシステムである

　これまで代謝経路間の関係を記述し、これらの経路は一緒に働いて細胞と生物にホメオスタシスをもたらしていることを述べた。しかし、細胞はどのようにしてこれらの経路のあいだの相互変換を制御し一定の代謝プールを維持しているのであろうか？　最も単純な意味で、これはシステム生物学の問題である（**図3-17**参照）。

　ハンバーガーのパンに含まれるデンプンがどうなるかを考えてみよう。消化管で、デンプンは加水分解されて、グルコースになる。グルコースは血流に入り、体全体に配分される。しかしながらその前に、調節のためのチェックが行われる。体の需要を充たすのに十分な血中グルコースがすでに存在しているのではないか？　もし存在していれば、余分なグルコースは肝臓でグリコーゲンに変換されて貯蔵される。もし食事によって十分なグルコースが供給されなければ、グリコーゲンが分解されるか他の分子が糖新生によってグルコースに変換される。

　以上のような制御の結果、血中のグルコース濃度（血糖値）は一定に保たれる。グルコースの相互変換には多くの反応が関与し、こうした反応は酵素によって触媒され、調節ポイントはこれらの酵素であることを銘記してほしい。

　解糖系、クエン酸回路、電子伝達鎖は関与する酵素のアロステリック制御によって調節されている。3.5節で述べたように、代謝経路では、後に続く反応の産物が高濃度に存在すると、上流の反応を触媒する酵素は阻害される。一方で、ある経路の産物が過剰に存在すると、それが他の経路の反応をスピードアップし、原材料を最初の産物の合成から別の経路へと振り替える（**図4-20**）。これらのネガティブフィードバック調節機構とポジティブフィードバック調節機構はエネルギー獲得経路の多く

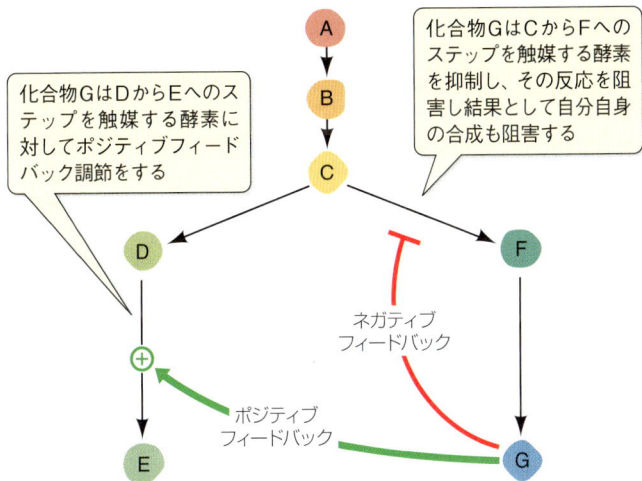

図4-20
ネガティブフィードバックおよびポジティブフィードバックによる調節
アロステリック調節は代謝経路において重要な役割を果たしている。
ある産物が過剰に蓄積した場合は、その合成が抑制され、同じ原材料
を使う他の産物の合成が促進される。

の箇所で用いられている。概要を**図4-21**に示す。

■ 解糖系の主要調節ポイントは酵素ホスホフルクトキナーゼで
ある（**図4-7**の反応**3**）。この酵素はATPによってアロス
テリックに抑制され、ADPもしくはAMPによってアロステ
リックに活性化される。発酵が進行して比較的少量のATP
が産生されるあいだは、ホスホフルクトキナーゼは全活性を
発揮する。しかし、細胞呼吸によって発酵の16倍のATPが
産生され始めると、豊富に存在するATPがこの酵素をアロ
ステリックに抑制し、フルクトース6-リン酸からフルクト
ース1,6-ビスリン酸への変換とグルコース利用の速度は減

少する。

- クエン酸回路の主要調節ポイントは、イソクエン酸を α-ケトグルタル酸に変換する酵素イソクエン酸デヒドロゲナーゼである（**図4-10**の反応 **3**）。$NADH + H^+$ と ATP がこの反応のフィードバック阻害因子である。ADP と NAD^+ は活性化因子である。もし過剰な ATP が蓄積すると、あるいは $NADH + H^+$ が電子伝達鎖で消費されるよりも速く産生されると、イソクエン酸の変換は遅くなり、クエン酸回路は実際上シャットダウンする。クエン酸回路がシャットダウンすると、豊富に存在する ATP と $NADH + H^+$ によってアセチル CoA からクエン酸への変換も遅くならなければ、大量のイソクエン酸とクエン酸が蓄積してしまう。過剰なクエン酸は解糖系の初期反応を触媒するホスホフルクトキナーゼに対してフィードバック阻害因子として作用する。その結果、もし豊富に ATP が存在する結果として（酸素欠乏の結果としてではなく）クエン酸回路の回転が遅くなると、解糖系の速度も遅くなる。ATP の濃度が低下して再び必要になった場合には、クエン酸回路も解糖系も再び活動するようになる。アロステリック調節が両者のバランスを取るように働く。

- もう 1 つの調節ポイントはアセチル CoA が関与する。もし過剰な ATP が産生され、クエン酸回路がシャットダウンした場合は、蓄積したクエン酸はアセチル CoA を貯蔵用の脂肪酸合成に振り向けるように働く。これが食べ過ぎの人が脂肪を蓄積する理由の 1 つである。これらの脂肪酸は後で代謝されてさらに多くのアセチル CoA を産生するようになる。

- 最終的な調節ポイントは細胞分化とともに生じる。例えば、この章の最初に記したように、$PPAR\delta$ という単一のタンパク質が遅筋線維の増殖を調節している。これらの細胞はミト

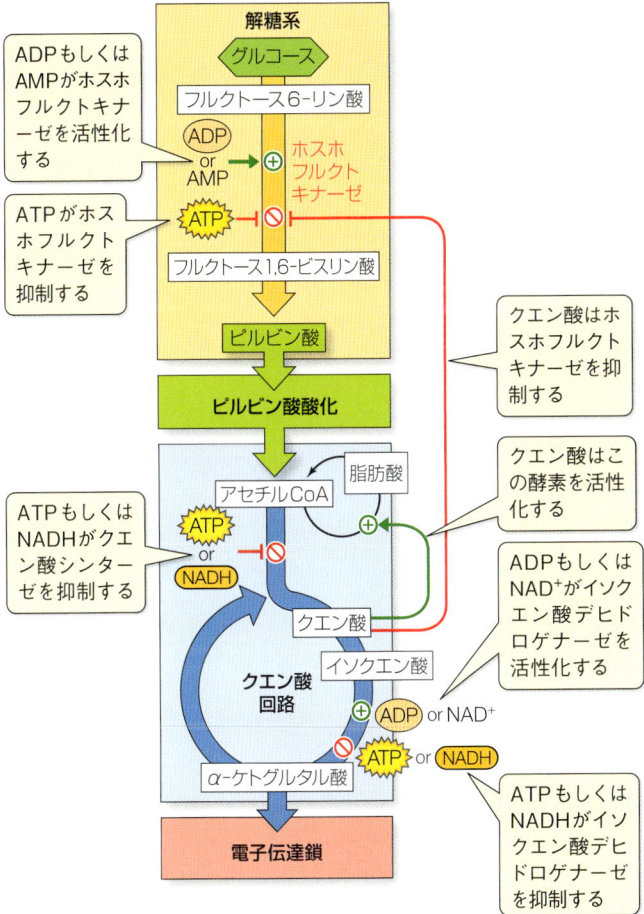

図4-21　解糖系とクエン酸回路のアロステリック制御
アロステリックなフィードバック制御が重要な初期段階で解糖系とクエン酸回路を調節し、その効率を上げ、中間体が過剰に蓄積するのを防いでいる。

コンドリアに富み、脂肪と糖質を好気的に異化する。その結果定常的にATPが産生され、その加水分解によって筋肉が持続的に活動できるようになる。長距離走は肥満に打ち克つ良い方法なのである。

チェックテスト （答えは1つ）

1. 我々の細胞における酸素ガスの役割に関する以下の記述のうち、正しいものはどれか？

ⓐ 解糖系の反応を触媒する。
ⓑ CO_2 を産生する。
ⓒ ATPを産生する。
ⓓ 電子伝達鎖からの電子を受容する。
ⓔ グルコースと反応して水を分離させる。

2. 酸化と還元に関する以下の記述のうち、正しいものはどれか？

ⓐ タンパク質の獲得ないしは損失を伴う。
ⓑ 電子の損失と定義される。
ⓒ 両者ともに吸エルゴン反応である。
ⓓ 常に一緒に起こる。
ⓔ 好気的条件でのみ進行する。

3. NAD^+ に関する以下の記述のうち、正しいものはどれか？

ⓐ 一種の小器官である。
ⓑ タンパク質である。
ⓒ ミトコンドリア内にしか存在しない。
ⓓ ATPの一部分である。
ⓔ エタノールを産生する反応で生じる。

4. 解糖系に関する以下の記述のうち、正しいものはどれか？

ⓐ ミトコンドリア内で起こる。
ⓑ ATPは産生しない。
ⓒ 電子伝達鎖とは関係ない。
ⓓ 発酵と同じである。
ⓔ グルコース1分子が処理される毎に2分子の NAD^+ が還元される。

5. 発酵に関する以下の記述のうち、正しいものはどれか？

ⓐ ミトコンドリア内で起こる。
ⓑ すべての動物細胞で起こる。
ⓒ 酸素を必要としない。
ⓓ 乳酸を必要とする。
ⓔ 解糖系を抑制する。

6. ピルビン酸に関する以下の記述のうち、正しくないものはどれか?

ⓐ 解糖系の最終産物である。
ⓑ 発酵の過程で還元される。
ⓒ アセチルCoAの前駆物質である。
ⓓ タンパク質である。
ⓔ 3つの炭素原子を含んでいる。

7. クエン酸回路に関する以下の記述のうち、正しいものはどれか?

ⓐ ミトコンドリア内で起こる。
ⓑ ATPは産生しない。
ⓒ 電子伝達鎖とは繋がっていない。
ⓓ 発酵のことである。
ⓔ グルコース1分子が処理される毎に2分子のNAD^+が還元される。

8. 電子伝達鎖に関する以下の記述のうち、正しいものはどれか?

ⓐ ミトコンドリアマトリックスに局在する。
ⓑ 膜内在性タンパク質を含む。
ⓒ いつもATPを産生する。
ⓓ 還元された補酵素を再酸化する。
ⓔ 発酵と同時に起こる。

9. 発酵と比較した場合のグルコースの好気的代謝に関する以下の記述のうち、正しいものはどれか?

ⓐ より多くのATPを産生する。
ⓑ ピルビン酸を産生する。
ⓒ ミトコンドリアで汲み出されるプロトンの産生量が少ない。
ⓓ CO_2の産生量は少ない。
ⓔ より多くの酸化型補酵素を産生する。

10. 酸化的リン酸化に関する以下の記述のうち、正しくないものはどれか?

ⓐ 電子伝達鎖によるATP産生のことである。
ⓑ 化学浸透によって行われる。
ⓒ 好気的条件を必要とする。
ⓓ ミトコンドリア内で起こる。
ⓔ その機能は発酵によって代替可能である。

テストの答え　1.ⓓ　2.ⓓ　3.ⓔ　4.ⓔ　5.ⓒ
　　　　　　　　 6.ⓓ　7.ⓐ　8.ⓑ　9.ⓐ　10.ⓔ

第5章

....

光合成：
日光からの
エネルギー

究極のエネルギー源

　地球上の光合成によって1年で合成される糖質をすべて使って角砂糖にすると、30京（1京は10^{16}）個にも達する。それらを積み重ねると、地球から冥王星にまで達する。それほど光合成は凄いものである（**図5-1**）。

　地球上の光合成が減少するとどうなるかを想像してみよう。そのような大災害はおよそ6500万年前に実際に起こった。巨大な隕石が今のメキシコ南部に激突したときである（**図5-2**）。地質学的な証拠から、その衝突により巨大な粉塵の雲が形成され、太陽を遮り、光合成を減少させたことがわかっている。これにより植物の成長は抑制され、植物に依存している種の生存も脅かされた。その結果、恐竜（および他の種も）の絶滅に至ったと考えられる。しかし恐竜の絶滅は初期の哺乳類にとっては有益であった。というのも大きな爬虫類と競争することなく生き延びることができたからである（もし6500万年前の光合成の大幅な減少がなかったら、私たちはこの世に存在していなかったかもしれない）。

図5-1　主要な生産者
熱帯雨林は地球の表面の2％も占めていないが、大気中の酸素ガスのおよそ5分の1を産生する光合成工場である。

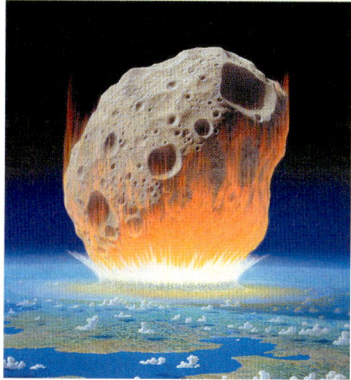

図5-2
光合成をめぐる大災害
6500万年前に巨大隕石が地球に衝突した時の想像図。この衝突により粉塵の雲が形成され、大気を覆い尽くし、地球全体にわたって光合成を激減させた。

　緑色植物は日光のエネルギーを使って、光合成の反応を行い、環境中の単純な化合物（二酸化炭素と水）を糖質に変換する。光合成の出現は、生命の進化の上で非常に重要な出来事であった。これにより外部のエネルギー源（日光のエネルギー）を生命世界に取り込めるからである。太陽エネルギーを用いて自分自身の養分を産生する光合成生物は、化学エネルギーに生物圏への玄関口を提供する。他のほとんどの生物は、代謝の原材料（例えばグルコースなど）を、大気中の酸素と同様に、光合成生物に依存する。

　地球上では、毎年100億トン以上の炭素が植物によって"固定"されている。固定とは、単純なガス（CO_2）の一部だった炭素原子が、より複雑な還元された分子（糖質）の一部に変換され、こうして炭素が養分として利用可能となる、ということである。地球の"食物連鎖"は大量の光合成を必要とする。アフリカの平原では、草食のガゼル1頭の成育を支えるために、6エーカー（2万4280m²）の草原によってCO_2を植物材料に変えなければならない。

ヒトは地球の光合成による産物を大量に消費する。どのぐらい消費するのかを算定するために、メリーランド州にあるNASAセンターのマーク・インホフ（Mark Imhoff）らは、地球上の光合成生物の正味の生産性（光合成生物が固定する二酸化炭素の量から自身の成長と生殖のために消費する二酸化炭素の量を引いたもの）を算出した。利用可能な固定炭素を算出してから、彼らはヒトの糖質消費を算出した。直接消費には食品、燃料、繊維、木材として消費されるすべての糖質が含まれる。間接消費には消費されず捨てられる作物、土地を拓くために燃やされる草原や森林（焼き畑など）、都市をつくるために伐採される森林などが含まれる。

　すると、驚くべき結論が得られた。ヒトは毎年固定される炭素の3分の1を消費し、ヒト以外の生物圏全体に残されるのは、たった3分の2なのである。これはこれまでの進化の歴史の中で、1つの種が消費する割合としては最大のものである。われわれは光合成による産物をこのように消費し続けることが無限にできるのだろうか？　2002年の国連のサステナビリティ（持続可能性）会議では、我々は光合成生物の未来を守るために手段を講じなければならないという結論に達した。生態系のサステナビリティを調べる重要な最初の一歩は光合成を理解することである。

この章では 最初に、光合成でどのようにして光エネルギーが還元された電子伝達体とATPの形で化学エネルギーに変換されるのかを調べる。次に、これら2つの形の化学エネルギーがどのようにして二酸化炭素から糖質を合成する反応を駆動するのかを調べる。これら2つの過程のあいだの関係が、いかに植物の生長にとって必須のものであるかを見てみよう。

5.1　光合成とは何か？

　光合成とは、日光のエネルギーを捕捉し、それを利用して二酸化炭素（CO_2）と水（H_2O）を糖質（$C_6H_{12}O_6$）と酸素ガス（O_2）に変換する代謝経路である（**図5-3**）。19世紀初頭までには、科学者はこういった光合成のアウトラインを把握し、光合成についていくつかの事実を見つけていた。

■ 陸生植物では、光合成に必要な水は主として土壌から得られ、根から葉に移動しなければならない。

■ 植物は気孔と呼ばれる葉の小さな穴を通して二酸化炭素を取り込み、水と酸素を放出する（**図5-3**参照）。

■ 光は酸素と糖質の産生のために絶対不可欠である。

　1804年までに、科学者たちは光合成を以下の式にまとめた。

　　　二酸化炭素 ＋ 水 ＋ 光エネルギー → 糖質 ＋ 酸素

　分子の観点からすると、この式は細胞呼吸の全体式とは逆のように見える（4.1節参照）。より正確には、以下の式に表すことができる。

$$6CO_2 + 6H_2O \rightarrow C_6H_{12}O_6 + 6O_2$$

　この式は本質的には正しいが、この式からは光合成の過程について多くのことはわからない。光合成は実際には細胞呼吸の逆反応ではないからである。光合成の反応はどういうものなのか？　これらの反応で光はどんな役割を果たすのか？　どのようにして炭素同士が結合して糖質が形成されるのか？　酸素ガスはどのようにして生じるのだろうか？　それは二酸化炭素からなのか、水からなのか？

　光合成で生じる酸素の源を決定するのには、さらに約1世紀が必要だった。放射性同位元素を利用した最初の生物実験の1つは、植物での酸素の流れを追う実験だった。サミュエル・ルーベン（Samuel Ruben）とマーティン・ケーメン（Martin

Kamen）は植物を2つのグループに分けて光合成を行わせた（**図5-4**）。第一のグループの植物には酸素の同位体^{18}Oを含む水と普通の酸素の同位体^{16}Oしか含まないCO_2を与えた。第二のグループの植物には^{18}Oで標識されたCO_2と^{16}Oしか含まな

日光

CO_2

H_2O

O_2

光合成の産物である糖質は植物全体を輸送される

葉の表面に開いている気孔と呼ばれる小さな穴を通して、CO_2は取り込まれ、O_2と水は放出される。これらの穴は条件次第で開いたり閉じたりする

葉

茎

H_2O

根

図5-3 光合成の材料
典型的な陸生植物は日光、土壌からの水分、大気からの二酸化炭素を使い、光合成によって糖質を合成する。

い水を与えた。それぞれのグループの植物から酸素ガスを採取し、解析した。^{18}Oを含む酸素ガスは^{18}Oで標識された水を与えられた植物によって大量に産生されたが、^{18}Oで標識された二酸化炭素を与えられた植物からは産生されなかった。

　これらの結果から、光合成の過程で産生される酸素ガスはすべて水由来であることが明らかになった。このことを考慮に入れて式を書き直すと以下のようになる。

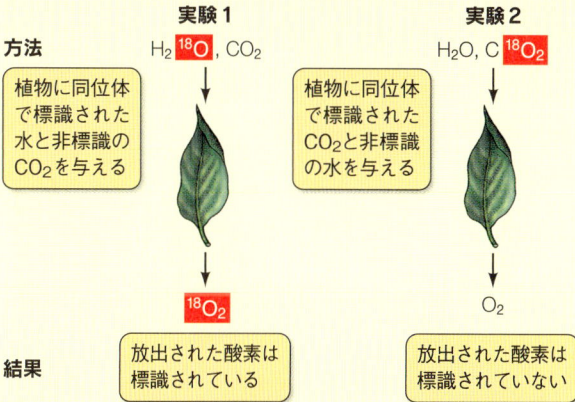

図5-4　水が光合成で産生される酸素の源である
同位体で標識された水を与えられた植物だけが同位体で標識されたO_2を放出するので、この実験から光合成のあいだに放出される酸素の源は水であることが明らかになった。

$$6CO_2 + 12H_2O \rightarrow C_6H_{12}O_6 + 6O_2 + 6H_2O$$

水は式の両辺に存在する。なぜなら水は反応物（左辺の12
分子）でもあり、産物（右辺の新しい6分子）でもあるからで
ある。この式で、産生される酸素ガスすべてに必要な水分子す
べての出入りが説明される。

光合成は2つの経路から構成される

前述の式は、光合成の全過程を要約しているが、一つ一つの
ステップを記述していない。解糖系や細胞内でエネルギーを獲
得する他の代謝経路のように、光合成も1つの反応から構成さ
れているのではなく、多くの反応から構成されている。光合成
の反応は通常2つの主要経路に分けられる。

■ **明反応（光化学反応）**は光エネルギーによって駆動される。
この経路は光エネルギーをATPと還元された電子伝達体
（NADPH + H[※]）の形の化学エネルギーに変換する。

※**訳注**：NADPHはニコチンアミドアデニンジヌクレオチドリン酸の
還元型。構造はNADHのアデノシン部分のリボースの2'位の炭素に結
合する水酸基をリン酸基で置換したもので（図4-6参照）、非常によ
く似ていて共に細胞内での電子運搬体であるが、役割は大いに異なる。
NADHは燃料を燃やしたときに得られる化学エネルギーの運び手とし
て用いられる（最終的にはそのエネルギーはATP合成に用いられる）
が、NADPHは細胞の還元力通貨として用いられる（高分子生合成や
過酸化物の還元など）。NADPHは光合成の明反応の他に、ペントース
リン酸経路でも合成される。ペントースリン酸経路は、解糖系と並ん
で重要なグルコースの代謝経路で、NADPHの他に核酸合成用のリボー
ス5-リン酸を細胞に供給する。

■ **暗反応（光非依存性反応）**は光を直接は利用せず、ATP、
NADPH + H[※]（明反応によって産生された）、CO_2を利用し
て糖質を産生する。CO_2を還元する暗反応には3つの異なる
タイプがある。カルヴィンサイクル、C_4光合成、ベンケイ

ソウ型有機酸代謝の3つである。

　暗反応（光非依存性反応）は直接光エネルギーを必要としないのでこう命名された。しかしながら、明反応も暗反応もともに暗闇では停止する。ATP合成とNADP$^+$還元には光が必要だからである。両方の経路の反応はともに葉緑体内で進行するが、葉緑体の異なる部位で進行する（**図5-5**）。2つの経路はATPとADPの交換、NADP$^+$とNADPHの交換によってリンクしており、それぞれの経路の速度は相手の速度に依存している。

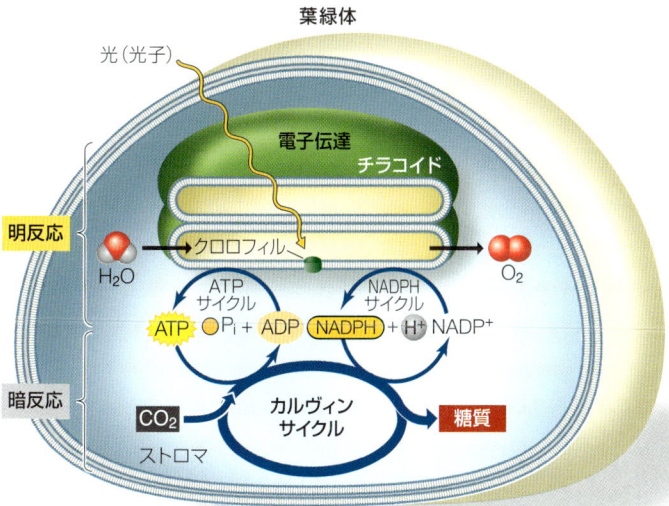

図5-5　光合成の概観図
光合成は2つの経路から構成される：明反応と暗反応である。明反応は葉緑体のチラコイド中で、暗反応は葉緑体のストロマ（葉緑体の包膜〈葉緑体を包む二重膜〉とチラコイド膜のあいだの部分）中で起きる。

5.2 どのようにして光合成は光エネルギーを化学エネルギーに変換するのだろうか?

後に明反応と暗反応を別々に詳述することになるが、これら2つの光合成経路は日光のエネルギーによって駆動されるので、光の物理的性質とそのエネルギーを捕捉する特異的な光合成分子について説明することから始めよう。

光はエネルギーと情報の源である。ここではエネルギーの源としての光に焦点を当てよう。

光には粒子としての性質と波としての性質がある

光は一種の**電磁波的放射**である。光は**光子**という粒子の性質と波として伝搬する性質を持つ。1つの光子が持つエネルギー量はその**波長**に逆比例する。波長が短ければ短いほど、光子のエネルギーは大きい。生物的反応で活性を持つためには、光子は受容分子によって吸収されなければならない。また要求される化学的仕事を遂行するために十分なエネルギーを持っていなければならない。

光子を吸収することにより色素分子は励起される

光子がある分子と出会うと以下の3つのうち1つが起こる。
- 光子はその分子によって撥ね返される。光子は散乱ないし反射する。
- 光子はその分子を通り抜ける。光子は透過する。
- 光子はその分子によって吸収される。

最初の2つの場合、その分子には何の変化ももたらされない。3番目の**吸収**の場合には、光子は消失する。しかしながら、光子のエネルギーは消失するわけではない。なぜなら、熱

力学第一法則によれば、エネルギーは産生も破壊もされないからである。その代わり、ある分子が光子を吸収すると、その分子は光子のエネルギーを獲得する。その結果、その分子は**基底状態**（低エネルギー）から**励起状態**（高エネルギー）に変換される（**図5-6A**）。

分子の基底状態と励起状態の自由エネルギー差は、だいたい吸収された光子のエネルギーに等しい（少量はエントロピーとして失われる）。エネルギーの増加により、分子内の電子の1つが原子核からより離れた殻に押し上げられ、この電子と核との結合はゆるくなり（**図5-6B**）、分子は化学的により反応性に富むものとなる。

吸収波長は生物的活性と相関関係がある

電磁波スペクトル（**図5-7**）は光子が持ちうる波長の広いレンジ（したがってエネルギーレベル）を包含する。ある特定の分子によって吸収される特異的な波長はその分子種に特徴的なものである。可視スペクトル（ヒトに光として見えるスペクトル領域）の波長を吸収する分子を**色素**と呼ぶ。

白光（すべての可視光を含む光）の光線が色素に当たると、ある波長の光が吸収される。残りの波長の光が散乱したり透過したりすることによって、色素が我々の目に見える色になる。例えば、もしある色素が青い光と赤い光の両者を吸収する場合（クロロフィルは両者を吸収する）、我々が見るのは残っている光であり、それは主として緑色である。

ある精製された色素によって吸収される光の波長をプロットすると、その色素の**吸収スペクトル**を得ることができる。ある光合成生物の生物的活性をその生物が曝される光の波長の関数としてプロットすると、**活性スペクトル**が得られる。**図5-8**に

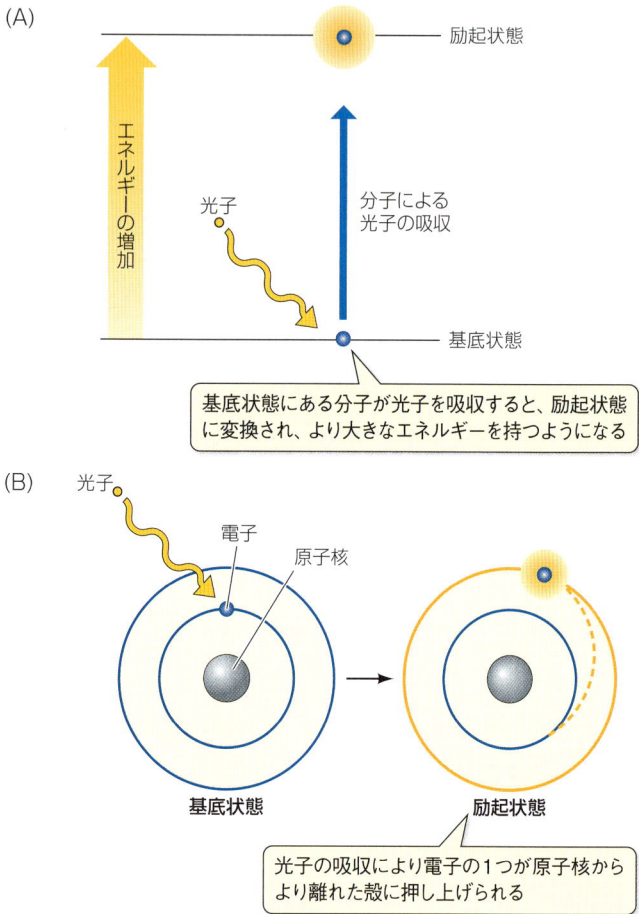

(A) 励起状態

エネルギーの増加

光子

分子による光子の吸収

基底状態

基底状態にある分子が光子を吸収すると、励起状態に変換され、より大きなエネルギーを持つようになる

(B) 光子

電子

原子核

基底状態

励起状態

光子の吸収により電子の1つが原子核からより離れた殻に押し上げられる

図5-6　分子の励起
（A）分子が光子のエネルギーを吸収すると、基底状態から励起状態に変換される。（B）励起状態では、電子の1つが原子核からより離れた殻に押し上げられ、核との結合はゆるいものとなる。

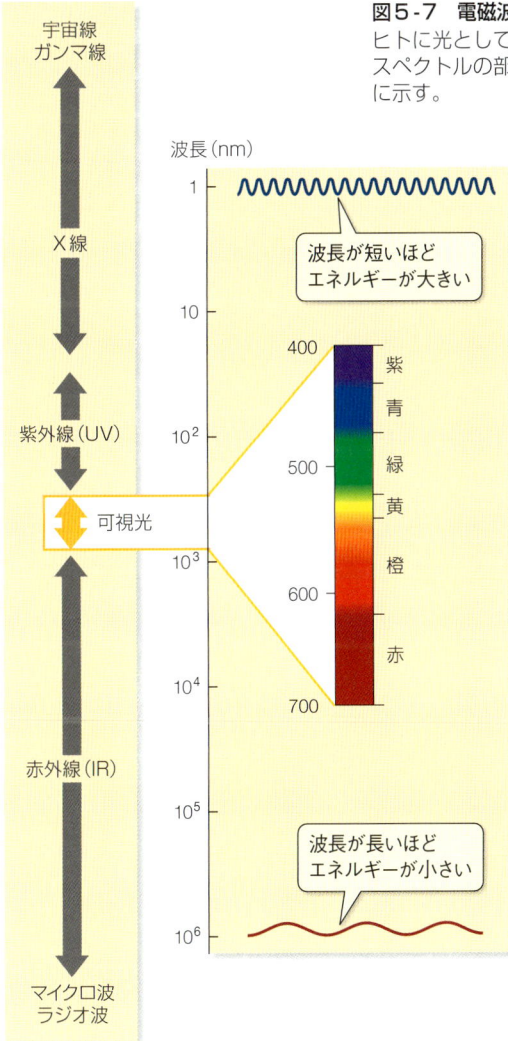

図5-7　電磁波スペクトル
ヒトに光として見える電磁波スペクトルの部分を右に詳細に示す。

ある植物の葉から単離したクロロフィルaという色素の吸収スペクトルとその植物の光合成活性の活性スペクトルを示す。2つのスペクトルを比較すると、光合成が最大となる波長とクロロフィルaが光を吸収する波長が同じであることがわかる。

光合成はいくつかの色素によって吸収されたエネルギーを利用する

光合成に用いられる光エネルギーはただ1種類の色素によって吸収されるのではない。いくつかの異なる吸収スペクトルを持つ異なる色素が、光合成に用いられるエネルギーを吸収する。すべての種類の光合成生物（植物、原生生物、細菌）で、これらの色素にはクロロフィル、カロテノイド、フィコビリンが含まれる。

クロロフィル　植物の主要な**クロロフィル**は、クロロフィルaとクロロフィルbである。これら2つの分子はほんの少し分子構造が異なるだけである。両者ともにヘモグロビンのヘム基に似た複雑な環状構造を持っている。それぞれのクロロフィル環の中心にはマグネシウム原子があり、環の周辺には長い炭化水素の"尾部"が結合しており、これがクロロフィル分子を葉緑体のチラコイド膜の内在性タンパク質に繋ぎ止めている（**図5-9**：**図1-16**の葉緑体の構造を参照のこと）。

古代ローマの料理本には"omne holus smaragdinum fit, si cum nitro coquatur"と書いてある。これは「すべての緑色野菜は硝石と一緒に調理するとエメラルドのような色になる」という意味である。緑色野菜をニトラムとゆでると鮮緑色を保つことができる。ニトラム（nitrum、現在ではnitrogen〈窒素〉の由来となったniter〈硝石、硝酸カリウム〉のこと）とは、重炭酸ナトリウムの天然物を指し、緩衝作用を発揮してクロロフィルの明緑色を維持する。

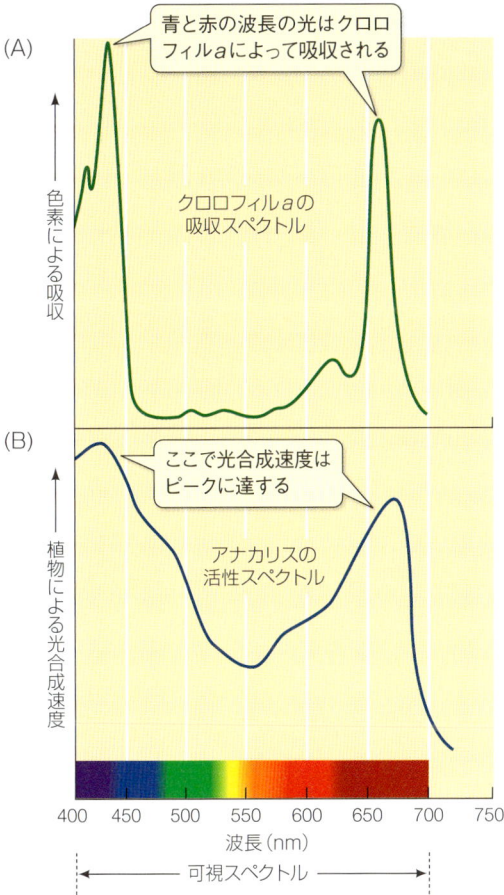

(A)
青と赤の波長の光はクロロフィルaによって吸収される

色素による吸収

クロロフィルaの吸収スペクトル

(B)
ここで光合成速度はピークに達する

植物による光合成速度

アナカリスの活性スペクトル

波長（nm）
可視スペクトル

図5-8　吸収スペクトルと活性スペクトル
水生植物であるアナカリスから精製した色素クロロフィルaの吸収スペクトル（A）は、異なる波長の光をその植物に当てたときの光合成速度を測定して得られる活性スペクトル（B）に等しい。

補助色素 　**図5-8**に見るように、クロロフィルは可視スペクトルの両端に近い青と赤の波長を吸収する。このため、もし光合成でクロロフィルだけが働くとしたら、可視スペクトルの大部分は利用されない。しかしながら、すべての光合成生物は**補助色素**を持っており、これらが赤と青の波長のあいだの中間のエネルギーを持つ光子を吸収し、そのエネルギーの一部をクロロフィルに受け渡す。これらの補助色素には、青と青緑色の波長を吸収し濃い黄色に見える β-カロテンなどの**カロテノイド**がある。紅藻類とシアノバクテリアに存在する**フィコビリン**は黄緑色、黄色、橙色など多様な波長を吸収する。

光の吸収により光化学的変化が起きる

　どんな色素分子でも、その吸収スペクトルが入ってくる光子のエネルギーと一致する場合には、励起されうる。色素分子が光子を吸収し励起状態に入った後で（**図5-6**参照）、その分子は基底状態に戻る。このときに、吸収されたエネルギーの一部は熱として失われ、残りは光エネルギー、すなわち蛍光として放出される。吸収されたエネルギーの一部が熱として失われるので、蛍光は吸収光よりもエネルギーが低く長波長である。蛍光が出るときには、永続的な化学的変化ないし生物作用は起こらず、化学的仕事はなされない。蛍光が出ないときには、色素分子は吸収エネルギーを別の分子に受け渡すこともある。その標的分子が、非常に近く適切な位置関係にあり、エネルギーを受け取るのに適切な構造を持っている場合には、そのようなことが起こる。

　光合成生物の色素は、エネルギー吸収**アンテナシステム**へと構造化されている。このシステムでは、吸収された光子からの励起エネルギーがある色素分子から別の色素分子へと受け渡さ

図5-9　クロロフィルの分子構造
クロロフィルは複雑な環状構造（緑色）からなり、その中心にはマグネシウム原子が存在し、炭化水素の"尾部"を持つ。この"尾部"がクロロフィル分子をチラコイド膜の内在性タンパク質に繋ぎ止めている。クロロフィルaとクロロフィルbはほとんど同じ構造で、唯一異なっているのは右上のメチル基（$-CH_3$）がアルデヒド基（$-CHO$）で置き換わっている点だけである。

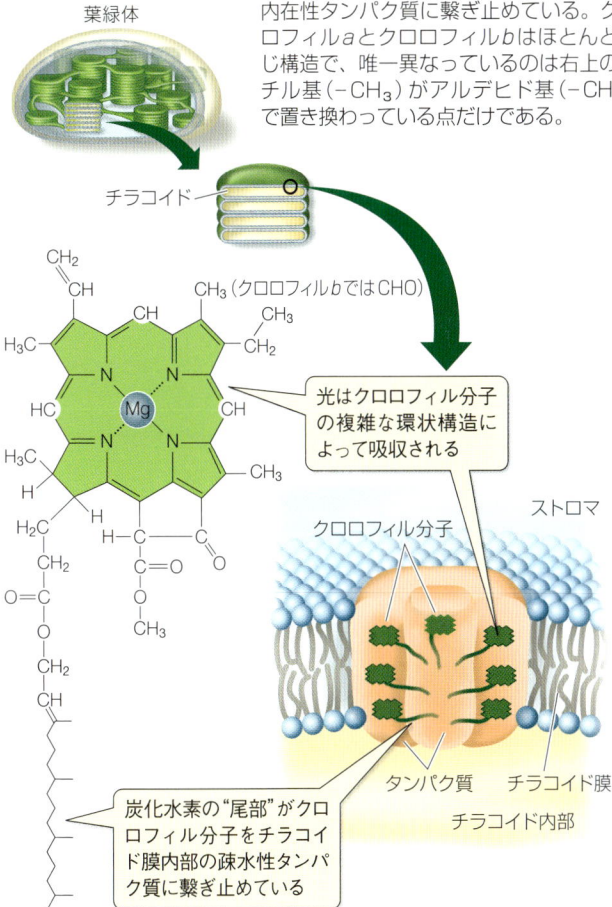

葉緑体

チラコイド

CH_3（クロロフィルbではCHO）

光はクロロフィル分子の複雑な環状構造によって吸収される

クロロフィル分子

ストロマ

タンパク質　　チラコイド膜

チラコイド内部

炭化水素の"尾部"がクロロフィル分子をチラコイド膜内部の疎水性タンパク質に繋ぎ止めている

271

れるように、色素はチラコイド膜タンパク質に結合した形でぎっしりと詰め込まれている（**図5-10**）。励起エネルギーは、より短波長（高エネルギー）の光を吸収する色素からより長波長（低エネルギー）の光を吸収する色素へと移動する。このようにして、励起はアンテナシステムの中で最も長波長の光を吸収する色素分子で終わることになる。この分子はアンテナシステムの**反応中心**に位置する。

　吸収された光エネルギーを化学エネルギーに変換するのは、反応中心である。色素分子が十分なエネルギーを受け取って励起された電子を放出し（化学的に酸化され）、プラスに荷電するのはこの反応中心においてである。植物では、反応中心の色素分子は常にクロロフィル a の1分子である。アンテナシステムには他にも多数のクロロフィル a 分子が存在するが、これらはすべて反応中心のクロロフィル a 分子よりも短波長の光を吸収する。

反応中心の励起されたクロロフィルは還元剤として働く

　クロロフィルは光合成において2つの非常に重要な役割を果たす。

■ クロロフィルは光エネルギーを吸収してそれを電子の形の化学エネルギーに変換する。

■ クロロフィルはそれらの電子を他の分子に転移する。

　これまで第一の役割について述べてきたので、第二の役割について述べよう。

　光合成は、反応中心に存在する励起されたクロロフィル分子を還元剤（電子供与体）として用いて安定な電子受容体を還元することにより、化学エネルギーを獲得する（**図5-10**参照）。基底状態のクロロフィル（Chl）は還元力が弱いが、励起され

たクロロフィル（Chl*）は良い還元剤である。Chl*の還元力を理解するには、励起された分子では電子の1つが原子核から離れた殻上を飛び回っていることを思い出せばいい。原子核との結合が弱いので、この電子はレドックス反応で酸化剤に受け渡されうる。このようにChl*は（Chlはそうではないが）以下のような反応で酸化剤Aと反応しうる。

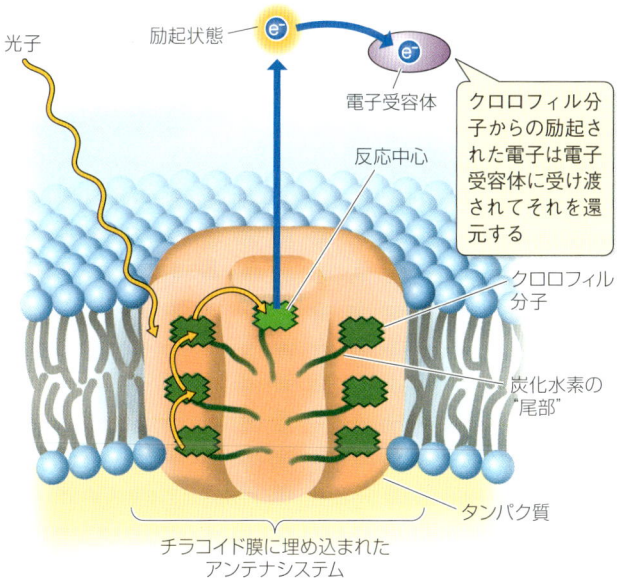

図5-10　エネルギー転移と電子伝達
光子からのエネルギーは、蛍光として失われるのではなく、ある色素分子から別の色素分子へと転移される。アンテナシステムでは、励起された色素分子は一連の他の色素分子を介してエネルギーを反応中心の色素分子へと転移する。その色素分子は十分なエネルギーを受け取って、励起された電子を放出する。その電子は電子受容体へと受け渡される。

$$Chl^* + A \rightarrow Chl^+ + A^-$$

これがクロロフィルによる光吸収の最初の結果である。クロロフィルは還元剤（Chl^*）となりレドックス反応に関与する（生じたChl^+は以下に記すように強力な酸化剤である）。

還元反応は電子伝達に繋がる

Chl^*によって還元された酸化剤Aは、葉緑体のチラコイド膜に存在する一連の電子伝達体（「電子伝達」と名づけられた過程に関与する）の最初の構成要素である。このエネルギー的に"下り坂"の一連の酸化・還元反応は、ミトコンドリアの電子伝達鎖で起きる反応と同様のものである（4.4節参照）。最終的な電子受容体は**NADP$^+$（ニコチンアミドアデニンジヌクレオチドリン酸）**であり、これが還元される。

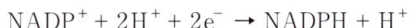

$$NADP^+ + 2H^+ + 2e^- \rightarrow NADPH + H^+$$

エネルギーに富むNADPH + H^+は、安定な還元型の補酵素である。その酸化型はNADP$^+$である。NAD$^+$が細胞呼吸の代謝経路を共役するように、NADP$^+$は光合成の2つの経路を共役する。NADP$^+$はNAD$^+$とほとんど同一だが、前者はリボース部分にリン酸基が1つ余分に付いている（**図4-6**参照）。NAD$^+$が異化に関与するのに対して、NADP$^+$は、例えば、還元力のエネルギーを必要とするCO_2からの糖質合成のような、同化反応に関与する。

光合成における電子伝達には2つの異なるシステムが存在する。

- 非循環経路ではNADPH + H^+とATPが産生される。
- 循環経路ではATPしか産生されない。

光リン酸化（これはミトコンドリアにおける酸化的リン酸化

274

に非常によく似た過程である）における化学浸透の役割を考察する前に、これら2つのシステムについて考えてみよう。

電子伝達の非循環経路ではATPとNADPHが産生される

電子伝達の非循環経路では、光エネルギーを用いて水が酸化され、O_2、H^+、電子が産生される。

クロロフィルが光励起（光子を吸収することにより励起状態に変換されること）によって電子を失うと、クロロフィルには"電子穴"ができて、失った電子を補充するために別の分子から電子を"奪い取ろうとする"強い傾向を持つ。化学用語で表すと、Chl^+は強い酸化剤である。補充のための電子は水からやってくる。その結果$H-O-H$結合は解離する。電子が水からクロロフィルへ、そして最終的には$NADP^+$へと受け渡されるときに、電子はチラコイド膜の一連の電子伝達体を通る。これらのレドックス反応は発エルゴン的であり、放出される自由エネルギーの一部が最終的には化学浸透によるATP産生に用いられる。

2つの光化学系が必要である　非循環経路は2つの異なる**光化学系**を必要とする。光化学系とはチラコイド膜に存在する光によって駆動される分子ユニットである。2つの光学系は、それぞれ別のエネルギー吸収アンテナシステム中の、タンパク質に結合した多くのクロロフィル分子と補助色素から構成される。
- **光化学系 I** は光エネルギーを用いて$NADP^+$を還元し$NADPH + H^+$を産生する。
- **光化学系 II** は光エネルギーを用いて水分子を酸化し、電子、プロトン（H^+）、O_2を産生する。

光化学系Ⅰの反応中心はP_{700}と呼ばれるクロロフィルa分子を含んでいる。この分子は700nmの波長の光を一番良く吸収するからこう呼ばれる。光化学系Ⅱの反応中心はP_{680}と呼ばれるクロロフィルa分子を含んでいる。この分子は680nmの波長の光を一番良く吸収するからこう呼ばれる。このように光化学系Ⅱは、光化学系Ⅰが必要とする光子よりもより高いエネルギーの（すなわちより短波長の）光子を必要とする。非循環経

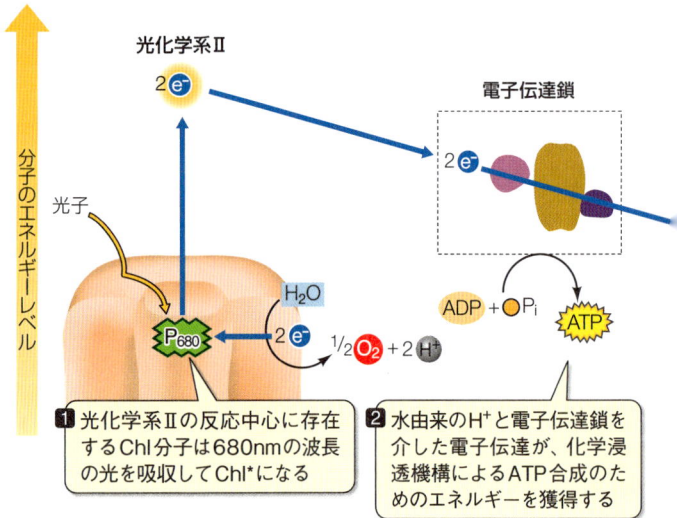

光化学系Ⅱ

電子伝達鎖

分子のエネルギーレベル

光子

H_2O

$2\,e^-$ $1/2\,O_2 + 2\,H^+$

$ADP + P_i$ ATP

❶ 光化学系Ⅱの反応中心に存在するChl分子は680nmの波長の光を吸収してChl*になる

❷ 水由来のH^+と電子伝達鎖を介した電子伝達が、化学浸透機構によるATP合成のためのエネルギーを獲得する

路が作動し続けるためには、両方の光化学系が常に光を吸収し、電子をより高い殻へと押し上げ、それらの電子が特定の酸化剤によって捕獲されなければならない。光化学系ⅠとⅡは互いに補い合い、**Zスキーム**と呼ばれるモデルで記述されるような形で相互作用する（電子の経路を、縦軸をエネルギーレベルにしてプロットすると、Zという文字を横に倒したような形になることからこう命名された。**図5-11**）。

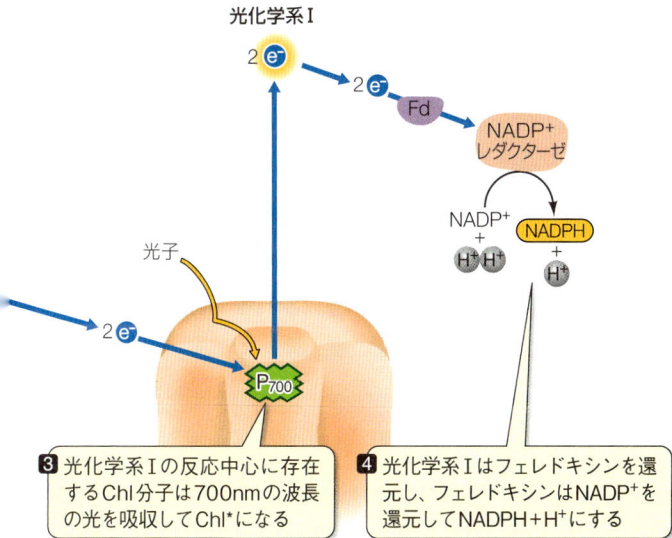

❸ 光化学系Ⅰの反応中心に存在するChl分子は700nmの波長の光を吸収してChl*になる

❹ 光化学系Ⅰはフェレドキシンを還元し、フェレドキシンはNADP$^+$を還元してNADPH+H$^+$にする

図5-11　電子伝達の非循環経路は2つの光化学系を利用する
光化学系ⅠとⅡの反応中心に存在する励起されたクロロフィル分子のエネルギーによって電子が励起され、それが電子伝達体を還元することにより、電子伝達が開始される。"Zスキーム"という用語は、エネルギーレベルを"グラフ"のy軸としてプロットしたとき、電子が2つの光化学系のあいだを移動する経路（青い矢印）の形を表している。

電子伝達：Zスキーム　水からNADP$^+$への電子伝達の非循環経路の反応を記述するZスキームモデルでは、光化学系IIは光化学系Iの前に来る。光化学系IIが光子を吸収すると、電子はP$_{680}$から最初の電子受容体（電子伝達鎖の最初の電子伝達体）に受け渡され、P$_{680}$は酸化されてP$_{680}^+$になる。水の酸化によって生じた電子がP$_{680}^+$に渡され、P$_{680}^+$はP$_{680}$に還元されて再び光子を吸収できるようになる。光化学系IIからの電子は、電子伝達鎖（チラコイド膜を越えるプロトン汲み入れに間接的に共役する）の一連の発エルゴン反応を経て伝達される（**図5-13**に示す）。このときのプロトン汲み入れがプロトン濃度勾配を形成し、化学浸透機構によるATP合成のためのエネルギーを供給する。

　光化学系Iでは、P$_{700}$を含む反応中心は励起されてP$_{700}^*$となり、その下流で**フェレドキシン**（Fd）と呼ばれる酸化剤が還元され、P$_{700}^+$が産生される。P$_{700}^+$は光化学系IIから電子伝達鎖を受け渡されてきた電子を受け取ることにより基底状態に戻る。

　光化学系Iに入る電子の由来についての説明は済んだので、今度は光化学系Iから出る電子の運命について考えてみよう。これらの電子は電子伝達の非循環経路の最後のステップで用いられる。すなわち2個の電子と2個のプロトンを用いて1分子のNADP$^+$が還元されNADPH + H$^+$が産生される。

　要約すると：

■ 電子伝達の非循環経路は、光化学系IとIIで吸収した光子を利用して、水から電子を引き出し、この電子を最終的にNADPH + H$^+$に受け渡すことにより、ATPを合成する。

■ 電子伝達の非循環経路により、NADPH + H$^+$、ATP、O$_2$が産生される。

電子伝達の循環経路はATPを産生するがNADPHは産生しない

　電子伝達の非循環経路はATPとNADPH + H^+を産生する。しかしながら、これから見るように、光合成の暗反応はNADPH + H^+よりもATPの方をたくさん使う。**電子伝達の循環経路**は、ある種の生物で、葉緑体内のNADPH + H^+のNADP$^+$に対する比率が高いときに起きる。このATPしか産生しない経路は、経路の最初に励起されたクロロフィル分子から受け渡された電子が、一連の反応の最後に、同じクロロフィル分子へと戻されることから循環経路と呼ばれる（**図5-12**）。

　電子伝達の循環経路が始まる前は、光化学系Ⅰの反応中心に存在するクロロフィル分子であるP_{700}は、基底状態にある。P_{700}は光子を吸収してP_{700}^*になる。P_{700}^*は酸化型フェレドキシン（Fd_{ox}）と反応して還元型フェレドキシン（Fd_{red}）を産生する。この反応は発エルゴン反応で、自由エネルギーを放出する。還元型フェレドキシン（Fd_{red}）はその付加された電子を別の酸化剤である**プラストキノン**（PQ、小さな有機分子）に受け渡す。プラストキノンは2個のH^+をチラコイド膜を越えて汲み入れる。このようにFd_{red}はPQを還元し、PQ_{red}は電子伝達鎖内で電子をシトクロム*bf*（Cyt）、**プラストシアニン**（PC）へと受け渡す。電子は最終的にP_{700}^+に戻され、非荷電型のP_{700}が再生されて循環経路が完成する。P_{700}^*からの電子が電子伝達鎖を経てP_{700}^+を還元するために戻ってくるまでには、元の光子からの全エネルギーは放出されている。この回路は一連のレドックス反応から構成されており、これらの反応はすべて発エルゴン反応で、放出されたエネルギーはプロトン勾配の形で保存されATP産生に用いられる。

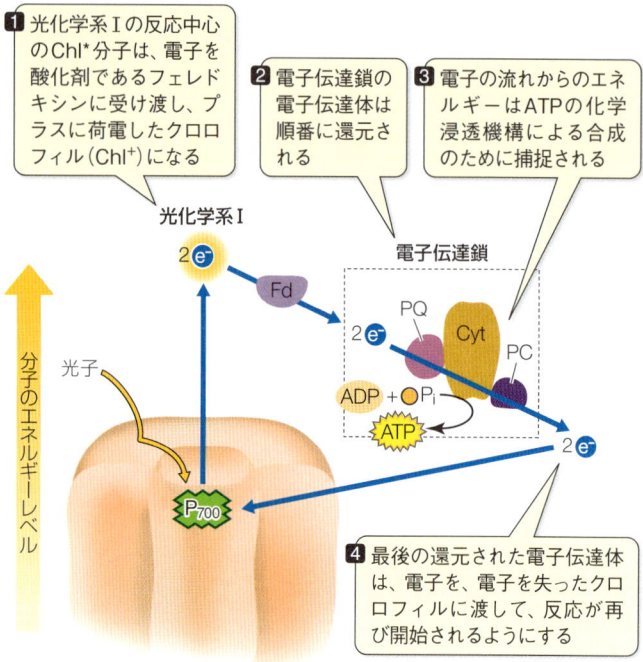

図5-12　電子伝達の循環経路は光エネルギーをATPとして捕捉する
電子伝達の循環経路はATPを産生するが、NADPH＋H$^+$は産生しない。経路のはじめに電子を受け渡したクロロフィル分子自身が経路の最後に電子を受け取って、再び経路を開始する。光化学系Ⅰと電子伝達分子は非循環経路と同一である（図5-11参照）。循環経路では光化学系Ⅱは関与しない。電子伝達鎖内のPQはプラストキノン、Cytはシトクロムbf、PCはプラストシアニンを表している。

化学浸透が光リン酸化で産生されるATPの源である

　4.4節でミトコンドリアでのATP合成の化学浸透機構について考察した。同様の化学浸透機構が、**光リン酸化**という光によって駆動される葉緑体内でのADPとP_iからのATP産生でも働いている。葉緑体では、電子伝達鎖における電子伝達はチラコイド膜を越えたプロトン（H^+）の輸送と共役しており、このプロトン輸送によりチラコイド膜内外のプロトン勾配が形成される（**図5-13**）。

> 葉緑体のATPシンターゼにおけるアミノ酸配列のおよそ60％は、ヒトのミトコンドリアのATPシンターゼと相同である。植物と動物の最も新しい共通の祖先が10億年以上前のものであることからすると、これは顕著な相同性であるといえる。

　チラコイド膜の電子伝達体はプロトンがストロマからチラコイドの管腔へと移動するように配置されている。このためチラコイドの管腔はストロマと比べて酸性になる。この濃度差のため、プロトンはチラコイド管腔からチラコイド膜の特定のタンパク質性チャネルを通ってストロマへと拡散することになる。これらのチャネルはATPシンターゼという酵素であり、ミトコンドリアの場合（**図4-15**参照）と同様に、プロトンの拡散をATP合成と共役させる。これら2つの酵素の作用機構も同様である。差異があるのは、その方向だけである。植物ではプロトンはATPシンターゼを通ってチラコイド管腔からストロマへと流出するが、動物ではプロトンはATPシンターゼを通って膜間腔からミトコンドリアマトリックスへと流入する。

チラコイド内部
(高H⁺濃度) → チラコイド内部 (高H^+濃度)

電子伝達

H_2O

H^+

$\frac{1}{2}O_2$

H^+ H^+ H^+ H^+

H^+ H^+ H^+ H^+

PC

$2e^-$

$2e^-$

PQ

$2e^-$

$2e^-$

Cyt

$2e^-$

光子

光化学系II

H^+

プロトンは電子伝達鎖のタンパク質によって、光化学系IIからのエネルギーを利用して、チラコイド管腔へと汲み入れられる

ストロマ
(低H⁺濃度) → ストロマ (低H^+濃度)

図5-13　葉緑体はATPを化学浸透機構で合成する
電子伝達のあいだにプロトン（H⁺）がストロマからチラコイド膜を越えてチラコイド管腔に汲み入れられ、チラコイド管腔はストロマに比べて酸性になる。このpH勾配に駆動されて、プロトンはATPシンターゼチャネルを通ってストロマへと拡散する。ATPシンターゼチャネルは、プロトン拡散のエネルギーとADPとPᵢからのATP合成を共役させる。図4-15と比較すると、似たような過程がミトコンドリアで見られる。光子はチラコイドの外部から影響を及ぼすことに注意（この場合、図の下側から）。

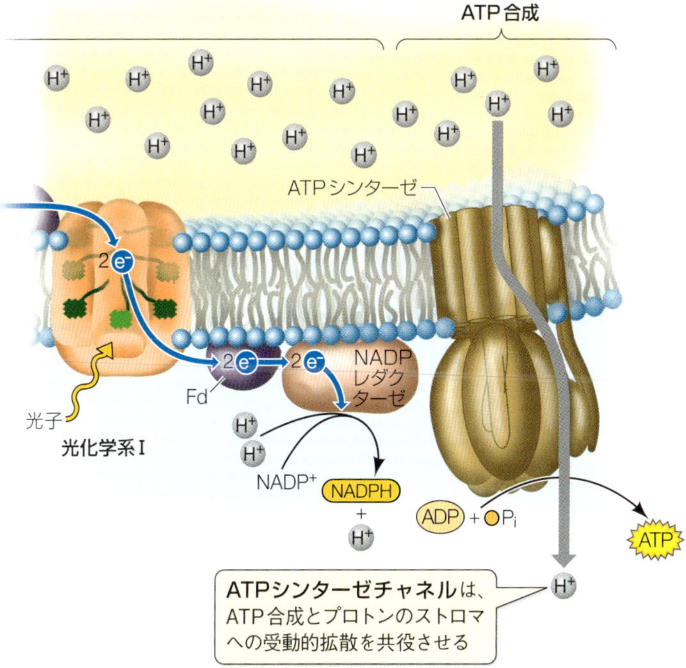

5.3 化学エネルギーはどのようにして糖質合成に用いられるのか？

どのようにして光エネルギーによってATPとNADPH＋H^+の合成が行われるかを見てきた。次は、光合成の暗反応を見てみよう。暗反応ではこれら2つのエネルギーに富む補酵素を使ってCO_2を還元し糖質を合成する。

CO_2固定反応を触媒する酵素のほとんどは葉緑体のストロマに存在しており、そこがCO_2固定反応が行われる場である。しかしながら、これらの酵素はチラコイド内で明反応により合成されたATPとNADPHのエネルギーを利用して、CO_2を還元し糖質を合成する。これらのエネルギーに富む補酵素の備蓄は存在しないので、暗反応はこれらの補酵素が産生される明るいときにのみ進行する。

放射性同位元素標識実験でカルヴィンサイクルの諸段階が明らかになった

CO_2の炭素が糖質になる反応の筋道を明らかにするために、科学者たちはCO_2を標識する方法を見出し、標識されたCO_2が光合成細胞によって取り込まれた後にそれを追跡することが可能になった。1950年代にメルヴィン・カルヴィン（Melvin Calvin）、アンドリュー・ベンソン（Andrew Benson）らによって行われた実験で、放射性同位元素で標識されたCO_2が用いられた。すなわち、CO_2の炭素原子の一部は通常の^{12}Cではなくその放射性同位元素の^{14}Cであった。^{14}Cは放射線を放出することから識別できるが、化学的には非放射性の^{12}Cとほとんど同様に振る舞う。一般的に、酵素はその基質の構成要素の同位体を区別しないので、光合成細胞は$^{14}CO_2$を$^{12}CO_2$と同様

に利用する。

　カルヴィンらは単細胞の緑藻であるクロレラの培養系を$^{14}CO_2$に30秒間曝した。それからすぐに細胞を殺し、その有機成分を抽出した。そしてそれをペーパークロマトグラフィーによって分離した（**図5-14**）。この技法はこのときよりほんの数年前に2人のイギリス人科学者によって開発されたばかりだった。緑藻の抽出物をアルコールに溶解し、濾紙に塗布した。有

図5-14　CO_2の経路を追跡する

下の歴史的な写真は、カルヴィンらが放射標識された二酸化炭素分子（$^{14}CO_2$）が光合成によって変換される過程を追跡する際に用いた器具である。

実験

仮説：CO_2固定の最初の産物は3炭素分子である。

方法

$^{14}CO_2$をここに注入した

明るい光源
（光合成のためのエネルギー）

緑藻を沸騰しているエタノールに入れることによってすばやく殺し、その代謝物を抽出した

緑藻の入った
薄いフラスコ

緑藻抽出物をここにスポットし、化合物を分離するために2方向に展開した

最初の展開

2番目の展開

ペーパークロマトグラム

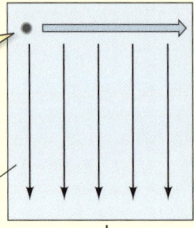

分離後に、クロマトグラムの上にX線フィルムを載せて放射線に暴露させた。個々の黒点は ^{14}C で標識された化合物である

結果

GLUT
ALA
GLY SER
ASP CIT
SUC G3P
3PG
HEXOSE-P

3PG

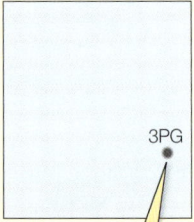

$^{14}CO_2$ に3秒間曝した後に作られたクロマトグラムで、^{14}C は3PG（3-ホスホグリセリン酸）にしか存在しないことが分かる

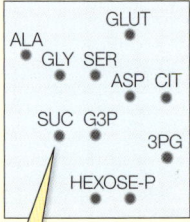

$^{14}CO_2$ に30秒間曝した後に作られたクロマトグラムで、^{14}C が多くの化合物中に存在することが分かる

結論：CO_2 固定の最初の産物は3PGである。

結論：CO_2 由来の炭素から多くの化合物が合成される。

機成分は濾紙のセルロースと水素結合を形成した。次に濾紙を
フェノール-水系の展開溶媒に浸した。展開溶媒は毛細管現象
によって濾紙を上昇していった（水がペーパータオルに染み込
んでいくように）。緑藻抽出物中の多様な分子が展開溶媒に溶
解し、濾紙上を展開溶媒とともに移動した。しかしながら溶媒
が移動するにつれて、抽出物中の分子の中には、溶媒分子との
親和性が濾紙との親和性に比べて次第に弱くなるものがあっ
た。最終的にそれらの分子は溶媒から離れて濾紙上に残った。
この点に関して分子はそれぞれに異なる性質を示すので、第2
の溶媒を異なる方向で用いるとさらに分子を分離することがで
きる。X線フィルムを濾紙に重ねることにより、放射性化合物
の位置を同定することができた。

　しかしながら、緑藻抽出物中の多くの化合物（単糖やアミノ
酸を含む）が^{14}Cを含んでいた。そこで、標識された炭素が最
初に現れる化合物を見つけるために（それによりCO_2固定経
路の最初の反応がわかる）、カルヴィンらはクロレラを$^{14}CO_2$
にちょうど3秒間だけ曝した。この3秒間の暴露により、ただ
1つの化合物だけが標識された。3-ホスホグリセリン酸
（3PG）という3炭糖リン酸だった（^{14}Cは赤で示す）。

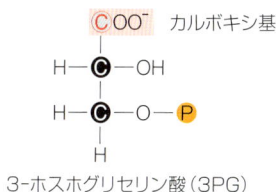

3-ホスホグリセリン酸（3PG）

次第に暴露時間を長くして反応を追跡することにより、カル
ヴィンらはCO_2として取り込まれた炭素が変換されていく一連
の化合物を発見することができた。その経路はCO_2をより大き

な分子に"固定"し、糖質を合成し、最初のCO_2受容体を再生する回路であることが明らかになった。この回路は発見者の名前を取って**カルヴィンサイクル**と命名された（**図5-15**）。

カルヴィンサイクルの第1反応では、1炭素CO_2を受容体分子である5炭素化合物**リブロース1,5-ビスリン酸（RuBP）**に付加する。産物は6炭素の中間体であり、これは速やかに分解して2つの3炭素分子3PGになる（カルヴィンらが観察したとおり；**図5-16**）。この固定反応を触媒する酵素、**リブロースビスリン酸カルボキシラーゼ/オキシゲナーゼ（ルビスコ）**は地球上で最も豊富に存在するタンパク質であり、植物の葉のすべてのタンパク質の50％を占める。

カルヴィンサイクルは3つの過程から構成される

カルヴィンサイクルは、明反応によりチラコイドで作られた高エネルギー補酵素（ATPとNADPH）を用いてストロマ中でCO_2を還元し、糖質を合成する。3つの過程がサイクルを構成する。

- CO_2固定。すでに見たように、この反応はルビスコによって触媒され、産物は3-ホスホグリセリン酸（3PG）である。
- 3PGの還元によるグリセルアルデヒド3-リン酸（G3P）生成。この一連の反応はリン酸化（明反応で合成されたATPを利用）と還元（明反応で合成されたNADPHを利用）を伴う。
- CO_2受容体RuBPの再生。G3Pの大部分はRuMP（リブロース1-リン酸）になり、ATPが使われてこの化合物はRuBPに変換される。サイクルが1回転する度に、1分子のCO_2が固定され、CO_2受容体が再生される。

このサイクルの産物はグリセルアルデヒド3-リン酸（G3P）という3炭糖リン酸であり、トリオースリン酸とも呼ばれる。

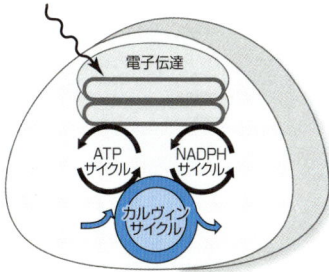

図5-15　カルヴィンサイクル
カルヴィンサイクルはCO_2と明反応で産生されたATPとNADPH$+H^+$を用いてグルコースを合成する。この図には重要なステップしか示していない。数値はグルコース1分子を合成するのに必要な分子数である。1分子のグルコースが合成されるためにはサイクルは6周しなければならない。

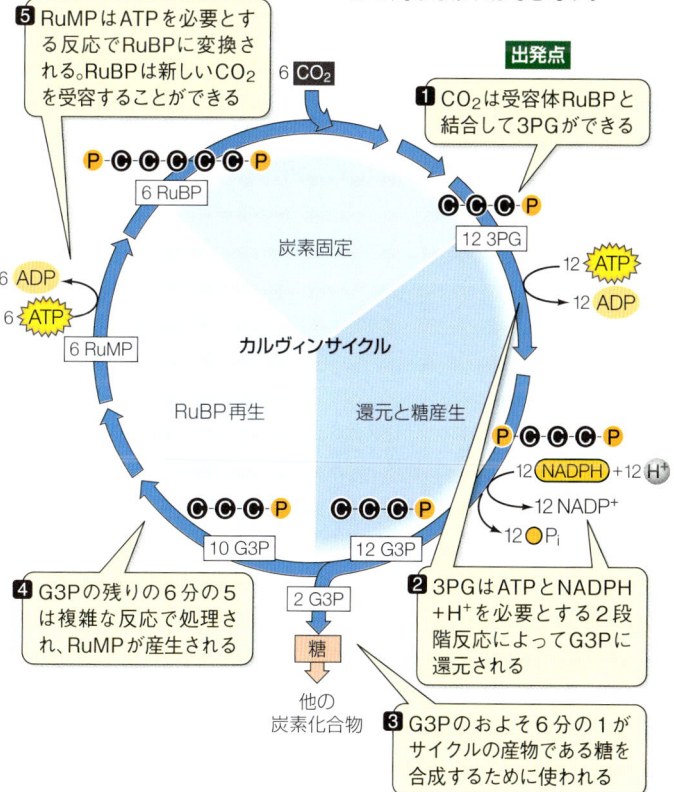

5 RuMPはATPを必要とする反応でRuBPに変換される。RuBPは新しいCO_2を受容することができる

6 CO_2

出発点

1 CO_2は受容体RuBPと結合して3PGができる

6 RuBP

12 3PG

12 ATP
12 ADP

6 ADP
6 ATP

6 RuMP

炭素固定

カルヴィンサイクル

RuBP再生

還元と糖産生

12 NADPH $+12 H^+$
12 NADP$^+$
12 P_i

10 G3P

12 G3P

2 G3P

糖

他の炭素化合物

4 G3Pの残りの6分の5は複雑な反応で処理され、RuMPが産生される

2 3PGはATPとNADPH$+H^+$を必要とする2段階反応によってG3Pに還元される

3 G3Pのおよそ6分の1がサイクルの産物である糖を合成するために使われる

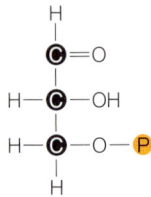

グリセルアルデヒド3-リン酸（G3P）

　多くの植物の葉では、G3Pの6分の5はRuBPへとリサイクルされる。残りの6分の1のG3Pには2つの運命がある。

- G3Pの3分の1は多糖であるデンプンになり、葉緑体中に貯蔵される。
- G3Pの3分の2はサイトゾル中で二糖であるスクロース（ショ糖）に変換され、葉から植物の他の器官に輸送され、そこで加水分解され構成単糖であるグルコースとフルクトースになる。

　これらの糖質はその後、植物によって他の化合物合成に用いられる。その炭素原子はアミノ酸、脂質、核酸の構成成分に取り込まれる。

　カルヴィンサイクルの産物は生物圏全体にとって非常に重要である。というのは、カルヴィンサイクルによって合成された糖質の共有結合の量は光合成生物が光から獲得した総エネルギー収量だからである。これらの生物は、独立栄養生物とも呼ばれ、このエネルギーのほとんどを解糖系と細胞呼吸で放出させ、それを自身の生長、発生、生殖に用いる。多くの植物材料は動物などの従属栄養生物によって消費される。従属栄養生物は光合成を行うことができず、原材料とエネルギー源の双方に関して独立栄養生物に依存する。従属栄養生物では、解糖系と細胞呼吸が食物から自由エネルギーを放出させ、そのエネルギーが利用される。

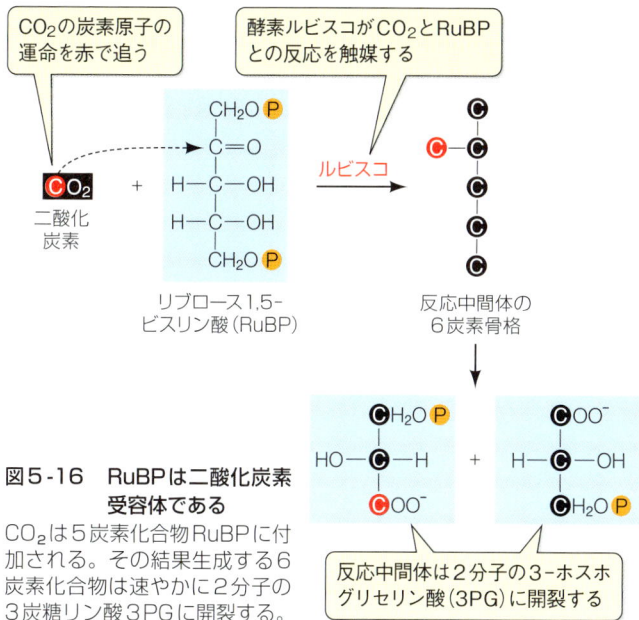

図5-16　RuBPは二酸化炭素受容体である
CO_2は5炭素化合物RuBPに付加される。その結果生成する6炭素化合物は速やかに2分子の3炭糖リン酸3PGに開裂する。

光はカルヴィンサイクルを促進する

　カルヴィンサイクルはNADPHとATPを利用する。これらはすでに見たように、光リン酸化で合成される。次に述べる2つの過程が、明反応とこのCO_2固定経路とを結び付ける。これらの結び付きはともに間接的なものだが重要なものである。
■ 光によって誘導されるストロマのpH変化は、カルヴィンサイクルのある種の酵素を活性化する。ストロマからチラコイドへのプロトン汲み入れはストロマのpHを7から8へと増加させる（プロトン濃度は10分の1に低下する）。この変化によりルビスコは活性化される。

■光によって誘導される電子の流れによりジスルフィド結合が
還元され、4つのカルヴィンサイクル酵素が活性化される
（図5-17）。光化学系Iでフェレドキシンが還元されると（**図
5-11**参照）、フェレドキシンは電子の一部をチオレドキシン
という小さな可溶性タンパク質に受け渡す。このタンパク質
は電子をCO_2固定経路の4つの酵素に受け渡す。これらの酵
素はすべて活性部位の近くにジスルフィド架橋を持ち、ジス
ルフィド（S-S）結合※の還元により架橋は壊される。その結
果、三次元構造が変化してこれら4つの酵素は活性化される。

※**訳注**：ペプチド内のシステイン残基のチオール基（−SH）が、他の
システイン残基のチオール基と脱水反応（酸化）により作る結合。

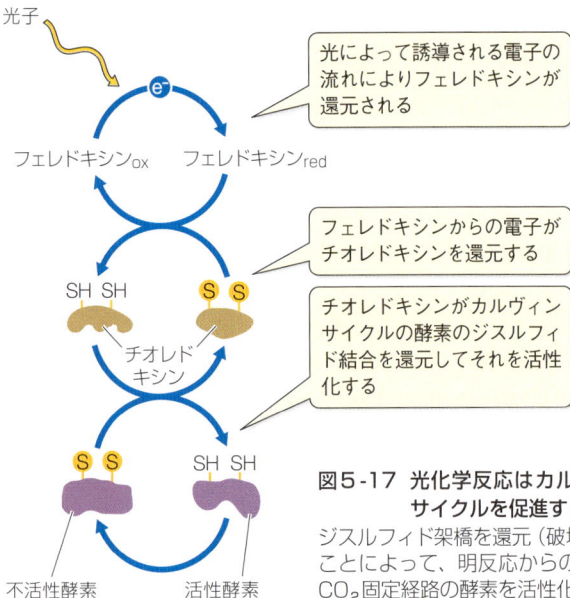

光子

光によって誘導される電子の
流れによりフェレドキシンが
還元される

フェレドキシン$_{ox}$　フェレドキシン$_{red}$

フェレドキシンからの電子が
チオレドキシンを還元する

SH SH　　S S

チオレドキシンがカルヴィン
サイクルの酵素のジスルフィ
ド結合を還元してそれを活性
化する

チオレドキシン

S S　　SH SH

不活性酵素　活性酵素

**図5-17　光化学反応はカルヴィン
サイクルを促進する**

ジスルフィド架橋を還元（破壊）する
ことによって、明反応からの電子は
CO_2固定経路の酵素を活性化する。

5.4　どのようにして植物は光合成の非能率性に適応しているのだろうか？

すべての緑色植物がカルヴィンサイクルを持っているが、ある種の植物では環境条件に応じて暗反応の変異（あるいは付加的段階）が進化した。これらの環境条件とそれを回避するために進化した代謝経路のバイパスを見てみよう。

ルビスコの大きな限界の１つは、CO_2の代わりにO_2と反応する傾向があることである。この反応のために光呼吸という過程が生じる。光呼吸はCO_2固定全体の速度を低下させる。この問題を考えた後で、ルビスコの限界を代償するための生化学経路と植物の解剖学的特徴（いかに光呼吸を抑えるか）を見てみよう。

ルビスコはCO_2だけでなくO_2とRuBPの反応も触媒する

その正式名称が示すように、ルビスコは**カルボキシラーゼ**であるだけでなく**オキシゲナーゼ**でもある。すなわちルビスコは受容分子RuBPにCO_2の代わりにO_2を付加することもできるのである。これら２つの反応は互いに競合し合う。そのため、RuBPはO_2と反応すると、CO_2と反応することはできない。O_2との反応は、糖質に変換されるCO_2の総量を低下させ、植物の生長を制限する。

RuBPにO_2が付加されたときの産物の１つは、２炭素化合物のホスホグリコール酸である。

$$RuBP + O_2 \rightarrow ホスホグリコール酸 + 3PG$$

植物はカルヴィンサイクルからホスホグリコール酸産生へと導かれた炭素を部分的に回収する代謝経路を進化させた。ホス

ホグリコール酸はグリコール酸になり、ペルオキシソームと呼ばれる膜で囲まれた器官に拡散する（**図5-18**）。そこでグリコール酸は一連の反応によりグリシンというアミノ酸になる。

グリコール酸 → グリシン

グリシンはミトコンドリアに拡散し、そこで2分子のグリシンはグリセリン酸（3炭素分子）とCO_2に変換される。

2グリシン → グリセリン酸 + CO_2

この経路は**光呼吸**と呼ばれる。O_2を消費しCO_2を放出するからである。光呼吸はカルヴィンサイクルと同様に、明反応で産生されたATPとNADPHを消費する。正味の効果は、2分子の2炭素分子の取り込みと1分子の3炭素分子の合成であ

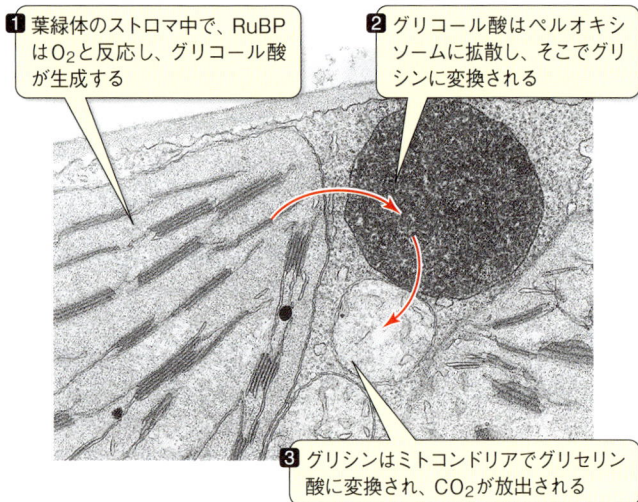

❶ 葉緑体のストロマ中で、RuBPはO_2と反応し、グリコール酸が生成する

❷ グリコール酸はペルオキシソームに拡散し、そこでグリシンに変換される

❸ グリシンはミトコンドリアでグリセリン酸に変換され、CO_2が放出される

図5-18　光呼吸の小器官
光呼吸の反応は葉緑体、ペルオキシソーム、そしてミトコンドリアの中で起こる。

る。だから、4個の炭素のうち、1個の炭素はCO_2として放出され、3個（75％）の炭素は固定炭素として回収される。言葉を換えると、光呼吸はカルヴィンサイクルによって固定される正味の炭素を25％減少させる。

どのようにしてルビスコはオキシゲナーゼとして働くかカルボキシラーゼとして働くかを"決定"するのだろうか？　3つの因子が関係している。

■ ルビスコのCO_2に対する親和性はO_2に対する親和性の10倍高いので、CO_2固定の方が優先される。

■ 葉では、CO_2とO_2の相対的な濃度は変動する。O_2が比較的豊富な場合は、ルビスコはオキシゲナーゼとして働き光呼吸が起こる。CO_2が豊富な場合は、ルビスコはCO_2を固定し、カルヴィンサイクルが起こる。

■ 光呼吸は温度が高い場合に起こりやすい。暑い乾いた日には、気孔が閉じて、蒸散による水の喪失を防ぐ（**図5-3**参照）。しかしこれにより、葉からのガスの出入りも妨害される。葉のCO_2濃度は光合成によってCO_2が消費されるために低下する。O_2濃度は光合成によってO_2が合成されるために上昇する。CO_2のO_2に対する比率が低下するために、ルビスコのオキシゲナーゼ活性が優位に立ち、光呼吸が進行する。

C₄植物は光呼吸をバイパスすることができる

バラ、小麦、米などの植物では、豊富にルビスコを含む葉緑体が充満している柵状**葉肉**細胞が葉の表面の直下に位置している（**図5-19A**）。暑い日には、これらの葉は気孔を閉じて水分を保存しようとする。光合成が進行するにつれて葉の空隙のCO_2濃度は低下し、O_2濃度は上昇する。この条件下では、ルビスコはオキシゲナーゼとして働き、光呼吸が起こる。これら

の植物のCO_2固定の最初の産物は3炭素分子の3PGなので、これらの植物は**C_3植物**と呼ばれる。

トウモロコシ、サトウキビ、その他の熱帯性の植物（**図5-19B**）も暑い日には気孔を閉じるが、光合成の速度は低下しないし、光呼吸も起こらない。これらの植物ではルビスコ周囲のCO_2のO_2に対する比は高く保たれ、ルビスコはカルボキシラーゼとして働き続ける。これらの植物がこういうことができるのは、部分的には、4炭素（C）化合物のオキサロ酢酸をCO_2固定の最初の産物として産生することによる。そのためこれらの植物は**C_4植物**と呼ばれる。

C_4植物は通常のカルヴィンサイクルも行うことができる。しかしC_4植物は、光呼吸で炭素を失うことなくCO_2を固定する付加的な初期反応を行うことができる。この初期CO_2固定反応は、低CO_2濃度下に高温でも機能しうるので、C_4植物はC_3植物では抑制されるような条件下でも光合成を効率的に行うことができる。C_4植物はCO_2固定のために2つの別々の酵素を持っており、これらの酵素はそれぞれ葉の異なる部位に局在している（**図5-20**；**図5-19B**参照）。第一の酵素は、葉の表面の近くの葉肉細胞のサイトゾルに局在し、CO_2を3炭素（C）の受容化合物の**ホスホエノールピルビン酸（PEP）**に固定し、4炭素（C）の固定産物であるオキサロ酢酸を合成する。この酵素、**PEPカルボキシラーゼ**はルビスコに比べて2つの利点を持っている。

- オキシゲナーゼ活性を持たない。
- CO_2濃度が非常に低くてもCO_2を固定することができる。

このため、気孔が閉じるような暑い日で、葉のCO_2濃度が低くO_2濃度が高くても、PEPカルボキシラーゼはCO_2を固定し続ける。

（A）C₃植物の葉の細胞配列

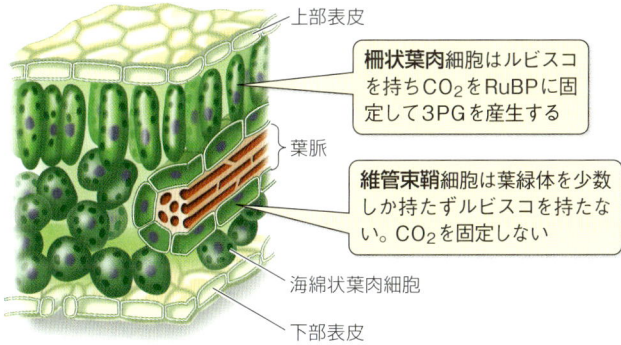

上部表皮

柵状葉肉細胞はルビスコを持ちCO_2をRuBPに固定して3PGを産生する

葉脈

維管束鞘細胞は葉緑体を少数しか持たずルビスコを持たない。CO_2を固定しない

海綿状葉肉細胞

下部表皮

（B）C₄植物の葉の細胞配列

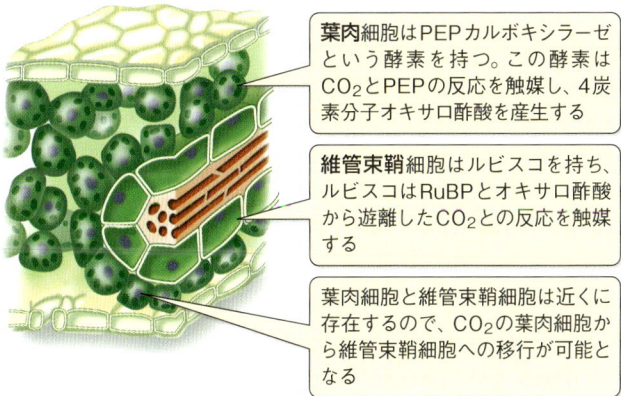

葉肉細胞はPEPカルボキシラーゼという酵素を持つ。この酵素はCO_2とPEPの反応を触媒し、4炭素分子オキサロ酢酸を産生する

維管束鞘細胞はルビスコを持ち、ルビスコはRuBPとオキサロ酢酸から遊離したCO_2との反応を触媒する

葉肉細胞と維管束鞘細胞は近くに存在するので、CO_2の葉肉細胞から維管束鞘細胞への移行が可能となる

図5-19　C₃植物とC₄植物の葉の解剖学
（A）C₃植物と（B）C₄植物の葉では、二酸化炭素固定は異なる小器官と異なる細胞で起きる。

オキサロ酢酸は葉肉細胞から葉の内部に存在する**維管束鞘細胞**へと拡散する（**図5-19B**参照）。維管束鞘細胞の葉緑体は豊富にルビスコを含んでいる。維管束鞘細胞内で、4炭素（C）のオキサロ酢酸は炭素を1つ失い（脱カルボキシル化）、CO_2が放出され3炭素（C）受容化合物のPEPが再生される。このように、PEPの役割は、葉で大気中のCO_2を結合し、それを維管束鞘細胞に運び、そこでルビスコで処理されるように放出することである。この過程によりルビスコ周辺のCO_2濃度は上昇し、ルビスコはカルボキシラーゼとして働き、カルヴィンサイクルが開始される。

C_3植物のケンタッキーブルーグラスは4月と5月には芝生上で繁茂する。しかし夏の盛りには、元気がなくなり、C_4植物のバーミューダグラス（メヒシバ）が芝生を占拠する。穀物にとって同じことが地球レベルで起こる。大豆、米、小麦、大麦などのC_3植物は温暖な気候のところでヒトの食物生産のために育てられてきた。一方、トウモロコシ、サトウキビなどのC_4植物は熱帯原産で、主として熱帯で育てられている。**表5-1**でC_3光合成とC_4光合成を比較する。

C_3植物はC_4植物よりも古くから存在する。C_3光合成はおよそ35億年前に始まったが、C_4光合成はおよそ1200万年前に始まった。C_4経路が出現した理由の1つとして大気中のCO_2濃度の低下が考えられる。恐竜が地球を支配していた1億年前には、大気のCO_2濃度は現在の4倍高かった。その後CO_2濃度が低下するにつれて、より効率的なC_4植物のほうがC_3植物に比べて有利だったのだろう。しかしながらここ200年間はCO_2濃度が上昇してきている。ハワイの火山の山頂や南極の氷の中の泡などの、産業由来のガス源から遠く離れた場所での大気中

(A)

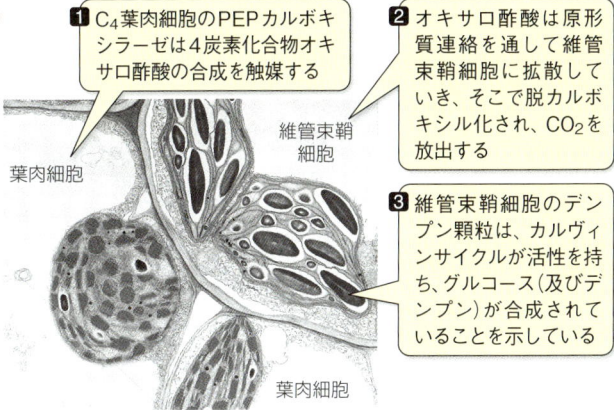

1 C₄葉肉細胞のPEPカルボキシラーゼは4炭素化合物オキサロ酢酸の合成を触媒する

2 オキサロ酢酸は原形質連絡を通して維管束鞘細胞に拡散していき、そこで脱カルボキシル化され、CO₂を放出する

3 維管束鞘細胞のデンプン顆粒は、カルヴィンサイクルが活性を持ち、グルコース（及びデンプン）が合成されていることを示している

葉肉細胞

維管束鞘細胞

葉肉細胞

(B)

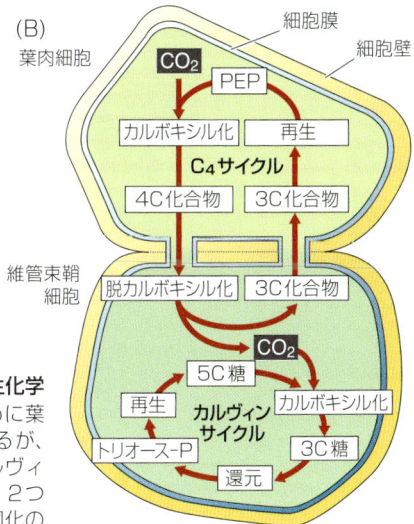

細胞膜
細胞壁
葉肉細胞
CO₂
PEP
カルボキシル化　再生
C₄サイクル
4C化合物　3C化合物
維管束鞘細胞
脱カルボキシル化　3C化合物
CO₂
5C糖
再生　カルヴィンサイクル　カルボキシル化
トリオース-P　3C糖
還元

図5-20
C₄炭素固定の解剖学と生化学
(A) 二酸化炭素ははじめに葉肉細胞の中で固定されるが、維管束鞘細胞の中でカルヴィンサイクルに入る。(B) 2つのタイプの細胞はCO₂同化のための互いに繋がった生化学経路を共有している。

のCO_2濃度測定から、このガスの濃度が1800年の250ppmから現在の370ppmまで著しく上昇したことが示されている。このCO_2濃度上昇は光合成と植物生長に影響を及ぼしているだろう。現在のところ、CO_2濃度はルビスコによるCO_2固定の最大活性には十分ではなく、光呼吸が起こりC_3植物の生長は制限されC_4植物の生長が促進されている。もしも大気中のCO_2濃度がさらに上昇していけば、逆のことが起こり、C_3植物がC_4植物に比べて有利になるだろう。

> 気象学者は2100年までに大気中のCO_2濃度は600ppmまで上昇するだろうと予測している。もしこうなったら、米や小麦などの穀物の生長は促進されるだろう。これが食糧増産につながるかどうかは、ヒトが原因のCO_2増加の他の効果（地球温暖化など）が、どのように地球のエコシステムに影響を及ぼすかにかかっている。

表5-1　C_3植物とC_4植物の光合成の比較

項目	C_3植物	C_4植物
光呼吸	盛ん	わずか
カルヴィンサイクル	活性を持つ	活性を持つ
主要なCO_2受容体	RuBP	PEP
CO_2固定酵素	ルビスコ	PEPカルボキシラーゼとルビスコ
CO_2固定の最初の産物	3PG（3炭素化合物）	オキサロ酢酸（4炭素化合物）
CO_2に対するカルボキシラーゼの親和性	中程度	高度
葉の光合成細胞	葉肉細胞	葉肉細胞と維管束鞘細胞
葉緑体の種類	1種類	2種類

CAM植物もPEPカルボキシラーゼを使う

　C_4植物以外の植物もPEPカルボキシラーゼを使ってCO_2を固定し蓄積する。このような植物には、いくつかのベンケイソウ科の水分貯蔵植物（多肉植物）、多くのサボテン、パイナップル、他の数種類の種子植物が含まれる。これらの植物のCO_2代謝は、このタイプの代謝が見つかった多肉植物の名前を取って、**ベンケイソウ型有機酸代謝（CAM）**と呼ばれる。CAMはCO_2が最初に4炭素化合物へ固定されるという点でC_4植物の代謝によく似ている。しかしながら、CAM植物では初めのCO_2固定とカルヴィンサイクルは空間的にではなく時間的に隔てられている。

■ 涼しくて水分喪失が少ない夜は、気孔が開く。CO_2は葉肉細胞で固定され4炭素化合物のオキサロ酢酸が合成される。オキサロ酢酸はリンゴ酸に変換される。

■ 昼には、水分喪失を少なくするために気孔が閉じ、蓄積したリンゴ酸は葉緑体に輸送され、そこでリンゴ酸の脱カルボキシル化で生じたCO_2がカルヴィンサイクルに用いられ、必要なATPとNADPH + H^+を明反応が供給する。

5.5 光合成は植物の他の代謝経路とどのように繋がっているのだろうか？

　光合成が糖質を産生する機構を調べたので、これらの糖質が植物の代謝にエネルギーを与える機構と、光合成の経路が植物の他の代謝経路とどのように繋がっているかを調べてみよう。

　緑色植物は独立栄養生物であり必要な分子はすべて、CO_2、H_2O、リン酸、硫酸、アンモニウムイオン（NH_4^+）などの単純な出発材料から合成することができる。NH_4^+はアミノ酸産生に必要であり、植物の根から吸収した土壌の水分中の窒素含有分子の変換か、細菌による大気中のN_2ガスの変換により供給される（訳注：大気中の分子状窒素〈N_2ガス〉をアンモニアに還元する能力を持つ菌を「窒素固定菌」と呼ぶ）。

　植物は光合成によって産生された糖質を用いて能動輸送や同化作用などの過程にエネルギーを供給する。植物では細胞呼吸も発酵も起こるが、細胞呼吸の方がはるかに一般的である。植物の細胞呼吸は光合成とは違って、明るいときにも暗いときにも起こる。解糖系はサイトゾルで、細胞呼吸はミトコンドリアで、光合成は葉緑体で起こるので、これらの過程はすべて同時進行することができる。

　光合成と細胞呼吸はカルヴィンサイクルを介して密接に繋がっている（**図5-21**）。G3Pの配分が特に重要な役割を担っている。

■ カルヴィンサイクル由来のG3Pの一部は解糖系に入りピルビン酸に変換される。このピルビン酸は、細胞呼吸で用いられてエネルギーを供給したり、その炭素骨格が同化作用で用いられて、脂質、タンパク質、他の糖質を合成したりする（**図4-18**参照）。

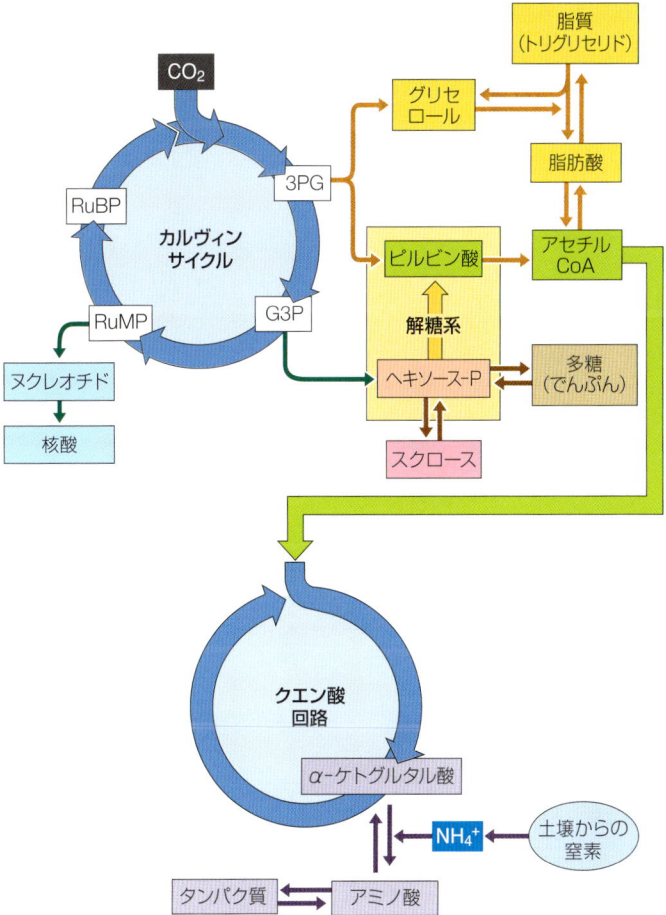

図5-21　植物細胞の代謝相互作用
カルヴィンサイクルの産物は細胞呼吸（解糖系とクエン酸回路）の反応に用いられる。

303

- G3Pの一部は解糖系の逆の経路（糖新生。4.6節参照）に入る。この場合には、ヘキソースリン酸とスクロースが合成され、植物の非光合成組織（根など）に輸送される。

エネルギーは、日光から、光合成の還元された炭素を経て、細胞呼吸のATPへと流れる。エネルギーは、多糖、脂質、タンパク質などの高分子の結合の中にも貯蔵される。植物が生長するためには、エネルギー貯蔵（体構造としての）はエネルギー放出を上回らなければならない。すなわち、光合成による炭

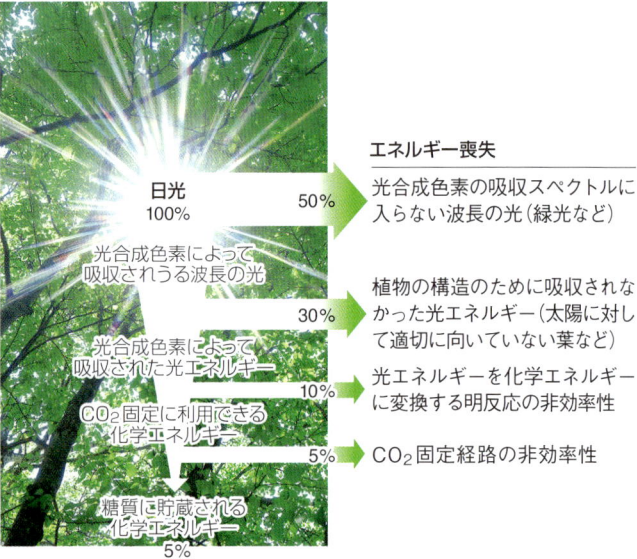

図5-22　光合成のあいだのエネルギー喪失
光合成の未来がますます不確かなものになりつつある現在、光合成の非効率性を理解することは次第に重要になってきている。光合成経路は太陽光のエネルギーの5%しか糖質中の化学エネルギーとして保存していない。

素固定は細胞呼吸を上回らなければならない。この原則が生態学的な食物連鎖の基礎をなす。

　この章の冒頭では人類がどれほど光合成に依存しているのかを明らかにしている。光合成の未来が不確かであること（気候変動などにより）を考えると、我々の光合成に対する依存度を減らす方法や光合成の効率を上げる方法を探さなければならない。**図5-22**に太陽エネルギーが利用され失われる様子を示す。本質的には、地球に達する日光の５％しか植物の生長に利用されない。光合成のこの効率の低さは、基本的な化学と物理学（光エネルギーのあるものは光合成の色素によっては吸収されないなど）、および生物学（植物の解剖学、光呼吸、代謝経路の非効率性など）によるものである。化学と物理学を変えることは困難だが、生物学者は植物の知識を利用し、バイオテクノロジーを用いて、光合成の効率を向上させることが可能である。これが資源のより有効な利用と食料生産の改善につながると考えられる。

1. 電子伝達の非循環経路では水はどのような目的で利用されるか？

ⓐ クロロフィルを励起する。
ⓑ ATPを加水分解する。
ⓒ クロロフィルを還元する。
ⓓ NADPHを酸化する。
ⓔ クロロフィルを合成する。

2. 光に関する以下の記述のうち、正しいものはどれか？

ⓐ 吸収スペクトルは生物学的効率を波長に対してプロットしたものである。
ⓑ 吸収スペクトルは色素を同定するための有用な手段となりうる。
ⓒ 光は生物効果を生み出すためには必ずしも吸収される必要はない。
ⓓ ある分子は、いかなるエネルギーレベルも取りうる。
ⓔ 色素は光子を吸収するとエネルギーを失う。

3. クロロフィルに関する以下の記述のうち、正しくないものはどれか？

ⓐ クロロフィルは可視スペクトルの両端に近い光を吸収する。
ⓑ クロロフィルはカロテノイドなど他の色素からエネルギーを受け取ることができる。
ⓒ 励起されたクロロフィルは他の物質を還元するか蛍光を発することができる。
ⓓ 励起されたクロロフィルは酸化剤として作用しうる。
ⓔ クロロフィルはマグネシウムを含んでいる。

4. 電子伝達の循環経路に関する以下の記述のうち、正しいものはどれか？

ⓐ 酸素ガスが放出される。
ⓑ ATPが産生される。
ⓒ 水が電子とプロトンを与える。
ⓓ NADPH＋H$^+$が産生される。
ⓔ CO$_2$がRuBPと反応する。

5. 電子伝達の非循環経路で起こらないものは以下の記述のうちどれか？

ⓐ 酸素ガスが放出される。
ⓑ ATPが産生される。
ⓒ 水が電子とプロトンを与える。
ⓓ NADPH＋H$^+$が産生される。
ⓔ CO_2がRuBPと反応する。

6. 葉緑体に関する以下の記述のうち、正しいものはどれか？

ⓐ 光はプロトンのチラコイド内部から外への汲み出しを誘導する。
ⓑ プロトンがチラコイドに汲み入れられるときにATPが産生される。
ⓒ 光によりチラコイド管腔はストロマに比べてより酸性になる。
ⓓ プロトンはタンパク質性のチャネルを通って受動的にストロマに
　戻っていく。
ⓔ プロトン汲み入れにはATPが必要である。

7. カルヴィンサイクルに関する以下の記述のうち、
　正しくないものはどれか？

ⓐ CO_2はRuBPと反応して3PGができる。
ⓑ 3PGの代謝によりRuBPが産生される。
ⓒ 3PGが還元されてATPとNADPH＋H$^+$が産生される。
ⓓ もし光が入らなくなると3PGの濃度は上昇する。
ⓔ ルビスコはCO_2とRuBPの反応を触媒する。

8. C$_4$光合成に関する以下の記述のうち、正しいものはどれか？

ⓐ 3PGがCO_2固定の最初の産物である。
ⓑ ルビスコがこの経路の第1段階を触媒する。
ⓒ 維管束鞘細胞内でPEPカルボキシラーゼによって4炭素有機酸が
　合成される。
ⓓ C$_3$植物に比べてより低いCO_2濃度で光合成が進行しうる。
ⓔ RuBPから放出されたCO_2はPEPに受け渡される。

9. 緑色植物での光合成は昼間しか起こらない。 植物で呼吸が起こるのは以下のうちどれか?

ⓐ 夜間だけである。
ⓑ 十分にATPがあるときだけである。
ⓒ 昼間だけである。
ⓓ いつも起こる。
ⓔ 光合成の後で葉緑体中で起こる。

10. 光呼吸に関する以下の記述のうち、正しいものはどれか?

ⓐ C_4植物でしか起こらない。
ⓑ ペルオキシソームで行われる反応も含まれる。
ⓒ 光合成の効率を増加させる。
ⓓ PEPカルボキシラーゼによって触媒される。
ⓔ 光の強さには依存しない。

著者略歴（『LIFE』eighth editionより）

デイヴィッド・サダヴァ（David Sadava）

クレアモント大学に設立されたケック・サイエンス・センターで教えるプリツカー家財団記念教授。これまで生物学入門、バイオテクノロジー、生理化学、細胞生物学、分子生物学、植物生物学、がん生物学などの講座を担当し、優れた教育者に与えられるハントゥーン賞を2度受賞。この15年間は、ヒト小細胞がんの抗がん薬多剤耐性の機序を解明し、臨床応用することを目指している。

H・クレイグ・ヘラー（H. Craig Heller）

スタンフォード大学で生物科学および人体生物学を講じるローリー・I・ロッキー／ビジネス・ワイア記念教授。1970年にイェール大学で生物学の博士号を取得。1972年以来、スタンフォード大学で生物学の必修講座を担当しており、生物学科主任、研究担当副学長などを歴任。科学雑誌『サイエンス』の出版元でもあるアメリカ科学振興協会（AAAS）の会員であり、優れた教育者に贈られるウォルター・J・ゴレス賞を受けている。専門分野は睡眠と日周性、哺乳類の冬眠、体温調節、スポーツ選手の生理学などである。

ゴードン・H・オーリアンズ（Gordon H. Orians）

ワシントン大学名誉教授。生態学・動植物相保護・進化学の権威である。1960年にカリフォルニア大学バークリー校で博士号を取得。全米科学アカデミー、米国学士院の会員、オランダ王立学士院の海外会員。熱帯研究機構長（1988～1994）、米国生態学会長（1995～1996）を歴任。行動生態学、植物と草食動物の相互関係、共同体構造、環境政策などの研究で世界中を飛び回っている。現在は執筆活動及び環境政策立案の科学的指導に専念している。

ウィリアム・K・パーヴィス（William K. Purves）

カリフォルニア州クレアモントのハーヴェイ・マッド・カレッジの生物学名誉教授であり、同大学生物学部の創設者であるとともに学部長も務めた。1959年、イェール大学にて博士号を取得。AAAS会員であり、コネチカット州立大学ストーズ校にて生命科学グループを率い、カリフォルニア州立大学サンタバーバラ校にて生物科学部の学部長を務めた。専門分野は植物の生長における植物ホルモンの調節。1995年に早期退職し、科学の学習法と教育法の研究に専念している。

デイヴィッド・M・ヒリス（David M. Hillis）

テキサス大学オースティン校のアルフレッド・W・ローク百周年記念総合生物学教授であり数理生物学センター所長。同校の生物科学部長も兼任。これまでに、入門生物学、遺伝学、進化学、系統分類学、そして生物多様性などを担当。米国学士院会員に選出され、進化学会および生物分類学会の会長も歴任。研究は、ウイルス進化の実験的研究、天然分子の進化の経験主義的研究、系統発生学の応用、生物多様性分析、進化のモデル実験など、進化生物学の多分野に及ぶ。

【監訳・翻訳】　石崎泰樹

東京大学医学部医学科卒業後、東京大学大学院医学系研究科を修了、医学博士号を取得。生理学研究所、東京医科歯科大学、ロンドン大学ユニヴァシティカレッジ、神戸大学を経て、現在は群馬大学大学院医学系研究科教授（分子細胞生物学）。著書に『イラストレイテッド生化学』（丸善、監訳）、『症例ファイル生化学』（丸善、監訳）など。

丸山　敬

東京大学医学部医学科卒業後、東京大学大学院医学系研究科を修了、医学博士号を取得。トロント大学医学部、東京大学助手、東京都精神医学総合研究所主任研究員、東京都臨床医学総合研究所主任研究員、国立生理学研究所助教授、東京都精神医学総合研究所室長を経て、現在は埼玉医科大学医学部教授（薬理学）。主な著書に『休み時間の薬理学』（講談社）、『MR薬理学』（恒心社）、『イラストレイテッド生化学』（丸善、監訳)、『症例ファイル生化学』（丸善、監訳）など。

【翻訳協力】　　浅井　将　　埼玉医科大学助教（薬理学）
　　　　　　　　　吉河　歩　　埼玉医科大学助教（薬理学）

314

N.D.C.460　　318p　　18cm

ブルーバックス　B-1672

カラー図解 アメリカ版 大学生物学の教科書
第1巻 細胞生物学

2010年 2 月20日　第 1 刷発行
2010年11月26日　第 9 刷発行

著者	D・サダヴァ 他
監訳・翻訳者	石崎泰樹
	丸山 敬
発行者	鈴木 哲
発行所	株式会社講談社
	〒112-8001 東京都文京区音羽2-12-21
電話	出版部　03-5395-3524
	販売部　03-5395-5817
	業務部　03-5395-3615
印刷所	（本文印刷）豊国印刷 株式会社
	（カバー表紙印刷）信毎書籍印刷 株式会社
製本所	株式会社国宝社

定価はカバーに表示してあります。
Printed in Japan

ISBN978-4-06-257672-7

発刊のことば

科学をあなたのポケットに

二十世紀最大の特色は、それが科学時代であるということです。科学は日に日に進歩を続け、止まるところを知りません。ひと昔前の夢物語もどんどん現実化しており、今やわれわれの生活のすべてが、科学によってゆり動かされているといっても過言ではないでしょう。

そのような背景を考えれば、学者や学生はもちろん、産業人も、セールスマンも、ジャーナリストも、家庭の主婦も、みんなが科学を知らなければ、時代の流れに逆らうことになるでしょう。

ブルーバックス発刊の意義と必然性はそこにあります。このシリーズは、読む人に科学的に物を考える習慣と、科学的に物を見る目を養っていただくことを最大の目標にしています。そのためには、単に原理や法則の解説に終始するのではなくて、政治や経済など、社会科学や人文科学にも関連させて、広い視野から問題を追究していきます。科学はむずかしいという先入観を改める表現と構成、それも類書にないブルーバックスの特色であると信じます。

一九六三年九月

野間省一